中国地质调查成果 CGS 2023-024
0001212022CC60001；0001212020CC60002项目资助出版

三峡库区
滑坡灾害监测分析

叶润青　付小林　李明　陈瑶　著

WUHAN UNIVERSITY PRESS
武汉大学出版社

图书在版编目(CIP)数据

三峡库区滑坡灾害监测分析/叶润青等著．—武汉：武汉大学出版社，2024.4

ISBN 978-7-307-23905-0

Ⅰ.三…　Ⅱ.叶…　Ⅲ. 三峡水利工程—滑坡—地质灾害—监测预报　Ⅳ.P642.22

中国国家版本馆 CIP 数据核字(2023)第 146410 号

责任编辑：胡　艳　　　责任校对：汪欣怡　　　版式设计：马　佳

出版发行：**武汉大学出版社**　(430072　武昌　珞珈山)

(电子邮箱：cbs22@ whu.edu.cn 网址：www.wdp.com.cn)

印刷：武汉邮科印务有限公司

开本：787×1092　1/16　印张：14.75　字数：349 千字　插页：2

版次：2024 年 4 月第 1 版　　2024 年 4 月第 1 次印刷

ISBN 978-7-307-23905-0　　定价：58.00 元

编委会

著者 叶润青 付小林 李 明 陈 瑶

前　言

我国是世界上地质灾害最严重、受威胁人口最多的国家之一，2011—2017 年，全国共发生地质灾害 8 万多起，造成近 2700 人死亡失踪[1]。我国高度重视地质灾害防治，2018 年中央财经委第三次会议，提出了建立高效科学的自然灾害防治体系，标志着我国地质灾害防治向体系化方向发展。如何建设地质灾害防治体系和有效防灾减灾是当前最受关注的问题，除了实施地质灾害工程治理，以“治”消除重大隐患外，更重要的是在全国范围做好“防”，做到地质灾害隐患的早期识别和有效监测，灾情、险情的及时发现和预警预报，以及有效应对处置等。一方面，要构建地质灾害监测预警体系，推进地质灾害监测新技术、新方法的研发与应用，由人防向技防发展，从人工监测迈向自动化监测；另一方面要发展地质灾害监测预警分析技术，提升监测数据处理和分析能力。

三峡库区地质环境条件复杂脆弱，暴雨洪水频繁，自古以来地质灾害高发、频发。据史料记载，长江水道曾多次因崩塌、滑坡堵江断航，造成重大人员伤亡和经济损失。新中国成立后，国家高度重视三峡库区地质灾害防治，尤其是三峡工程论证以来，持续防治库区地质灾害，开创了我国区域性地质灾害规模性集中防治的先河，先后实施了前期地质灾害调查评价、科学研究和重大崩塌、滑坡工程治理，完成了二期、三期地质灾害规模性集中防治，以及实施三峡后续工作库区地质灾害防治，对库区数以千计的地质灾害隐患采取了调查评价、监测预警、工程治理和搬迁避让等防治措施，经受住了 135 米、156 米、175 米蓄水和超百年一遇的暴雨考验，避免了蓄水初期地质灾害大规模发生及重大人员伤亡，保护了库区移民和长江航运安全，保障了三峡工程顺利建设和正常运行，取得了显著的防治成效。

地质灾害监测是防灾减灾的有效手段，三峡库区地质灾害监测始于 1977 年新滩滑坡，历时 8 年专业监测，于 1985 年成功预报，被称为滑坡史上的奇迹，成为我国首例地质灾害监测预警成功案例，向世人展示了地质灾害是可以预警预报的。20 世纪 90 年代，我国开展了三峡库区地质灾害监测预警试验示范研究，探索建立了重大崩塌滑坡隐患点综合立体监测网络。2001 年开始实施三峡库区地质灾害监测预警工程：2003 年初步构建了三峡库区地质灾害监测预警体系；2007 年对监测预警体系进行了补充建设，建成了集专业监测、群测群防和信息系统为一体覆盖全库区的地质灾害监测预警体系；2016 年对三峡库区地质灾害监测预警体系再次进行升级和优化，实现了地质灾害专业监测自动化和群测群防网格化管理，正在朝着预警预报智能化迈进。总的说来，三峡库区地质灾害监测预警运行时间长、工作基础好、技术成果丰富，取得了显著成效。实施地质灾害监测预警工程以来，极大程度地降低了因灾人员伤亡。

作为地质灾害防治体系的重要组成部分，监测预警如何建设及监测数据如何分析应用已成为当前最受关注的问题之一，亟待系统开展三峡库区地质灾害监测预警总结分析，梳理形成地质灾害监测预警理论方法及技术规范，提升地质灾害监测预警理论水平与技术指导能力。对于地质灾害监测预警，监测只是手段，预警预报才是目的，而监测分析则是发现和研判险情的关键。但是，在地质灾害监测分析方面也存在着诸多问题，如对地质灾害监测分析概念和内涵、任务和内容上缺乏统一及全面的认识；注重地质灾害单点分析，缺乏面上监测分析；面对地质灾害大数据，智能化分析不足；等等。

本书从地质灾害监测分析的概念和内涵出发，探讨了地质灾害监测分析内容与方法，结合三峡库区地质灾害监测分析工作，总结凝练了三峡库区地质灾害多年监测成果经验，吸收融合了监测科研成果，凝聚了地质灾害专业监测单位和专业技术人员的智慧，汇集了三峡库区监测预警专家智慧。在此，向长期致力于三峡库区地质灾害监测预警工作的专业技术和管理人员，以及为三峡库区地质灾害监测预警和防灾减灾事业作出贡献的管理部门和技术支撑单位，表达崇高的敬意，本书得到了以下项目及项目组人员的支持：国家重大水利工程建设基金三峡后续工作地质灾害防治项目（0001212022CC60001、0001212020CC60002、0001212012AC50021），国家自然科学基金区域创新发展联合基金重点支持项目（U21A2031），湖北省重点研发计划项目（2021BAA040）。在此一并表示感谢。

作　者

2023 年 12 月

目　录

第 1 章　三峡库区地质灾害监测预警

1.1　三峡库区地质灾害概况

三峡库区地质条件复杂，暴雨洪水频繁，受内、外动力共同作用，地质灾害广泛发育[2]。三峡地区长江水道曾多次因崩塌、滑坡堵江断航，造成重大人员伤亡和经济损失。据史料记载，湖北省秭归县长江三峡之一的西陵峡的兵书宝剑峡出口处，新滩附近曾多次发生滑坡、崩塌，给百姓带来灾难，击沉过往船只，数次堵江碍流，1542—1624 年阻断长江达 82 年[3]。1985 年 6 月 12 日凌晨 3 点，新滩再次发生滑坡，广家崖—姜家坡—新滩斜坡上发生了体积约 $3000\times10^4m^3$ 的特大型滑坡，摧毁了位于长江岸边的新滩古镇，毁坏镇上 481 户居民的房屋、市政设施及 780 多亩良田[4]。

三峡工程是我国著名的水利水电工程，其规模之巨大、位置之重要、影响之深远，是我国乃至世界水利建设史上前所未有的，在防洪、发电和航运等多方面效益显著。然而，三峡工程建设以来，在库区实施了大规模移民迁建与基础设施复建，水库蓄水也使得库区水位大幅抬升，并且每年水位升降幅度达 30m，打破了数万年自然塑造的地质环境平衡。特别是在沿江地带乃至全流域，给生态与环境带来一系列的影响。斜坡岩土体由气候差异引起的灾害突出，是库区广泛存在的地质问题，已成为库区经济社会可持续发展的最大威胁和障碍。也令三峡库区成为我国地质灾害的重点防治区域[5-6]。据统计，三峡水库高水位蓄水运行后，库区查明涉水滑坡达 2000 余处，导致大量古、老滑坡复活变形及新生滑坡产生[7]。仅在 2003 年蓄水至 135m 时，三峡库区就有 200 余处滑坡产生变形[8]。秭归县境内长江一级支流青干河，在 135m 蓄水后 1 个月发生了千将坪特大型岩质顺层滑坡，造成 14 人死亡、10 人失踪和 1200 人受灾，毁坏 4 家工厂和 129 栋房屋[9-10]。

1.2　地质灾害监测预警历程

三峡库区地质灾害监测预警工作始于 20 世纪 70 年代。1977 年，湖北省西陵峡岩崩工作处开始在湖北省秭归县境内的特大型新滩滑坡上进行专业监测。1985 年 6 月 10 日，通过多年的监测分析和经验，发出红色预警信息。在专业人员的建议下，当地政府在滑坡大规模滑动之前转移了居住在滑坡体上的群众，避免了 1300 余人伤亡，长江上 10 余艘客货轮也得到通知及时避险[11]。新滩滑坡的成功预报，是我国首个地质灾害专业监测成功预报案例，同时在三峡库区播种下一颗地质灾害是可以监测预报的“信心种子”。

1998—2000 年，原国土资源部先后启动了《三峡库区地质灾害监测工程试验示范区研究》和《长江三峡地质灾害监测与预报》2 个专项计划。以三峡库区常见的降雨型滑坡、水库型滑坡为主要研究对象，开展监测预警新技术、新方法的试验与应用，并在链子崖、黄腊石、黄土坡等重大地质灾害点进行了综合监测示范，攻克解决了一系列地质灾害监测预警难题，研制出多型地质灾害专业监测仪器，并成功将 GPS 定位测量仪器应用于地质灾害监测，实现了崩塌滑坡位移时间预报的突破，为三峡库区开展区域性地质灾害规模性监测预警奠定了基础。

2001 年，国家启动实施三峡库区地质灾害规模性集中防治，地质灾害监测预警工程是其中一项重要工作。2003 年，初步建立了三峡库区地质灾害监测预警体系并投入运行[12]，成为我国首个开展区域性地质灾害监测预警体系化建设和运行的地区。随后，在 2007 年对地质灾害监测预警体系进行了补充建设，群测群防实现了对库区范围内已知地质灾害隐患点监测的全覆盖；在 2016 年对地质灾害监测预警体系进行了优化升级，建立了专业监测自动化和群测群防网格化的监测预警体系；2020 年以后，以大规模推广普适型监测为特点的专群结合监测预警体系开始逐步构建，已形成了多级专业监测体系。因此，可以将三峡库区地质灾害监测预警工作划分为 5 个阶段(表 1-1)。总体上，2001 年以前为地质灾害监测预警试验研究阶段，主要开展斜坡地质灾害监测技术方法的试验应用和监测仪器研发，包括首次将 GPS 应用于山区斜坡地质灾害监测应用；2001 年以后为区域性、规模性监测运行阶段，通过二期、三期和后规监测预警工程建设，建立和完善了三峡库区地质灾害监测预警体系。2020 年之后，开始普适型监测预警实验，在部分群测群防点上安装普适型监测设备。

表 1-1　　三峡库区地质灾害监测预警阶段

分期	时间	阶段	建设内容	主要特点
前期	2001 年以前	监测技术方法试验研究	监测预警试验研究；建立典型地质灾害立体综合监测网	监测新技术新方法试验和应用研究
二期	2003 年建设	监测预警网络初步建立	建立 133 处重大地质灾害专业监测网	初步建立了地质灾害监测预警网络体系
三期	2007 年建设	监测预警网络扩充完善	在二期基础上补充建设 122 处重大地质灾害专业监测网，群测群防	实现了地质灾害监测预警全覆盖
后规	2016 年建设	监测预警网络调整优化	改造建立 189 处地质灾害专业监测网，群测群防	实现了地质灾害专业监测自动化和群测群防网格化
后规延续	2020 年以后	普适型监测预警实验	普适型预警实验建立集一级重点专业监测、二级一般专业监测、三级普适型监测的多级专业监测预警体系	普适型监测实验，专群结合监测体系

1.3 地质灾害监测预警体系

在国家专项资金支持下，2001 年三峡库区地质灾害规模性集中防治拉开序幕。原国土资源部在 2003 年初步建立了三峡库区地质灾害监测预警网络体系并投入运行，在 2006 年和 2016 年分别对监测预警网络进行了补充完善和升级改造，完成了三峡库区二期、三期地质灾害监测预警工程建设和运行。自此，由全球定位系统(GPS)、综合立体监测(CS)和遥感动态监测(RS)的“3S”专业监测系统，以及“区县—乡镇—村组”三级群测群防监测预警体系正式建成，实现了三峡库区地质灾害隐患点监测预警全覆盖，构建了专业监测、群测群防和信息系统“三位一体”的三峡库区地质灾害监测预警体系。

三峡库区地质灾害监测预警体系以专业监测为重点，以专业监测单位和专业技术人员为支撑，对重点地质灾害隐患实施立体综合监测，及时预警并有效应对地质灾害灾(险)情；以群测群防为基础，组织、培训和技术指导群众对已知隐患点开展巡查和简易监测；以信息系统为决策支持，在出现重大地质灾害灾情和险情时，为应急处置提供地质灾害监测相关信息资料和分析计算功能，为科学决策提供支撑和依据。三峡库区地质灾害监测预警体系是一种在专业技术单位和专家队伍指导下，以广大群众为主体，监测所有已知隐患的群众性防灾减灾模式，实现了“群专结合”。这种“群专结合”的地质灾害防灾减灾模式不仅很好地做到了点与面、宏观与微观、定性与定量的结合，还普遍提升了社会和群众的防灾减灾意识和水平。

党的十八大以来，国家实施防灾、减灾、救灾新战略，更加重视地质灾害防治。根据自然资源部、中国地质调查局部署，近年来一批地质灾害普适型监测仪器成功研制，应用于三峡库区地质灾害监测预警，并在一部分群测群防监测点建立起地质灾害三级专业监测网。如今，普适型监测仪器凭借低成本、低功耗的优势，成为三峡库区地质灾害监测预警的“新生代”。这将推动地质灾害监测预警从“人防”向“人防+技防”转变，进而构建“群专结合”监测预警新模式。

1.4 地质灾害监测预警成效

三峡库区地质灾害监测预警工程的实施，建立了覆盖全库区的专业监测和群测群防监测预警体系，对三峡库区 4000 处崩塌滑坡地质灾害点开展监测预警，涉及保护库区群众 57.7 万人以及长江航运和公路交通的安全。

据统计，三峡库区二期、三期地质灾害防治期间(2003—2015 年)，监测及时发现 465 处崩塌滑坡的变形迹象，并成功预警，使 5.7 万余人成功避险；经受住了三峡水库 135 米、156 米、175 米蓄水和每年 30 米涨落的水位，以及 2014 年“8・31”暴雨和 2017 年秋汛久雨等极端天气的严峻考验，实现了自 2003 年以来的地质灾害“零伤亡”。

值得一提的是，2012 年 6 月发生在重庆市奉节县的曾家棚滑坡(图 1-1)。6 月 1 日，专业监测显示，重庆市奉节县鹤峰乡三坪村曾家棚滑坡出现险情，附近 9 户 42 人的生命财产安全面临直接威胁。专业监测单位中国地质调查局成都探矿工艺研究所立即将险情预警上报。奉节县人民政府及时将险区内群众全部撤离。6 月 2 日，曾家棚滑坡东侧发生大规模滑动，滑动体积 460 万立方米，前缘滑入大溪河距离约 30 米，险区内房屋全部被毁。由于预警及时，滑坡未造成人员伤亡。

图 1-1　曾家棚滑坡全貌

2015 年 6 月，重庆市巫山县红岩子滑坡(图 1-2)的成功预警是群测群防与专业监测预警结合的典型范例。2015 年 6 月 21 日，巫山龙江红岩子滑坡群测群防员巡查发现裂缝及小型滑塌，及时向巫山县国土资源与房屋管理局报告。6 月 23 日，专业监测人员加密监测发现，滑坡变形加剧。当日晚，巫山县对受滑坡威胁区域的 9 户 33 人进行了撤离。6 月 24 日早上，监测发现裂缝变形急剧增加，巫山县紧急撤离影响区群众 56 户 196 人，并将滑坡险情通知了海事、航道和巫山航务处等相关部门。6 月 24 日 18 时 25 分，约 23 万立方米的滑坡体下滑入江，形成了约 6 米高的涌浪，波及范围约 10 千米。

图 1-2　红岩子滑坡航拍全貌(2015 年 6 月 26 日)

2019 年 12 月 10 日 16 时 50 分许，湖北省秭归县泄滩乡陈家湾村长江北岸支流泄滩河左岸卡门子湾发生滑坡，38 万立方米坡体整体下滑。因预报及时，水域、陆域均未造成人员伤亡。但该滑坡仍存在再次滑动的危险。技术单位调查分析认为，卡门子湾滑坡是一处由库水长期作用下导致岩体劣化而产生的新生岩质滑坡，之前并不在监测预警范围内。据湖北省地质局水文地质工程地质大队调查资料，2019 年 11 月 20 日，该滑坡公路上下区域发现有变形裂缝，“四位一体”网格化协管员和地方政府设置了简易观测点；11 月 29 日，滑坡出现初始变形，该队技术人员进行应急调查，根据滑坡现场的初期变形特征，设定了监测部位和巡查路线；12 月 5 日，滑坡变形出现加剧趋势，专家到现场进行调查，针对当日滑坡处于变形加剧阶段，但未达到整体大规模变形，提出加密监测和交通管制措施(白天监测通行、夜间禁止通行)；12 月 10 日上午，通过监测发现滑坡出现快速变形迹象，对滑坡体进行了加密巡查，并提出地方政府加强道路管制。通过现场调查分析，召开了会商会议，讨论部署了相关工作，并迅速发布公告及时封闭道路交通及影响水域。10 日 16 时 50 分左右，滑坡中下部出现整体滑移，部分滑体滑入泄滩河，损毁乡镇要道，致使交通中断，影响约 1.23 万人出行，乡镇供水管道及 380 伏高压线中断，滑坡区柑橘园损毁。

1.5 面临的困难与挑战

三峡后续工作库区地质灾害专业监测预警，共有 10 余家专业监测单位对库区 200 余处重大滑坡、崩塌地质灾害开展专业监测，每年采集近 1000 万条监测数据，取得了丰富的专业监测成果资料。随着地质灾害专业监测自动化，当前地质灾害监测分析还存在以下方面挑战。

1. 监测已实现自动化，监测分析能力待提升

专业监测由二期、三期延续人工采集监测数据到后续发展为自动化获取和传输监测数据，监测工作发生了巨大变化。监测数据自动获取代替了人工现场采集；监测人员只需定期开展宏观巡查和必要的仪器维护检修工作，极大减少了监测人员繁重且耗时的野外工作量，可腾出时间和精力开展监测预警分析。地质灾害监测工作的重点从过去的野外数据采集转为室内监测数据分析。同时，自动化监测极大地提升了监测数据获取能力，而当前实时监测数据的处理和分析能力却明显不足，数据获取能力和数据分析能力不对称，监测分析尚不能跟上自动化监测的步伐，监测分析的实时性和动态性明显不足。

2. 技术手段发展滞后，监测分析效率待提高

对于地质灾害监测分析工作而言，仅从已有监测手段和内容上往往难以达到监测分析目的。例如，三峡库区大部分开展专业监测的滑坡，皆以 GNSS 监测为主导，甚至只有地表 GNSS 监测。仅从单一的 GNSS 监测数据，不一定满足滑坡监测预警需要的参数需求，往往需要结合其他的数据进行综合分析判断。面对多源、异构、实时、海量的监测数据，因缺乏对地质灾害监测数据有效管理和分析技术手段支撑，监测数据分析人员时常会感到力不从心。地质灾害自动化监测以后，实时监测数据的有效分析利用问题更加凸显。因此，当前缺乏强大的信息系统支撑地质灾害监测分析工作，一定程度上影响监测数据应用和监测预警成果。

3. 局限的监测分析，阻碍数据挖掘深度

主要表现在以下几方面：一是单纯地注重对地质灾害专业监测数据的分析，结合地质分析或者综合分析不足，对监测对象的成因机理和破坏机制等方面认识不足。在专业监测建设的过程中，尚未建立监测对象的地质力学模型、变形破坏模型、预警预报模型和预报判据。二是专业监测单位的监测人员总体由测绘和地质人员两部分组成，甚至有相当部分人员是基础地质转型，地质灾害预警预报方面专业技术力量不足，在专业监测分析上明显力量薄弱。三是专业监测往往就点论点，面上综合分析不足。三峡库区仅有 4.5%的地质灾害点实施了专业监测，仅对这些专业监测点分析是明显不够的，不利于全面理解和认识监测区域的地质灾害发育规律、成因机理、变形特征、影响因素以及预警判据等。

4. 监测分析不统一，亟待技术规范指导

三峡库区已经建立了区域性、规模性地质灾害监测预警体系，取得了自 2003 年以来地质灾害“零死亡”的显著成效，成为行业的标杆。但是，在过去地质灾害监测汇总分析工作中，我们发现，不同专业监测单位提交的监测报告内容、成果图件等风格不一、各具特色，在分析内容、分析方法、成果表达等方面存在较大差异。专业监测单位在开展监测分析工作中，各显神通，各具优势和特色。换而言之，也说明当前的地质灾害监测预警分析工作，尚不能做到规范统一。究其原因，主要是缺乏对监测分析工作的统一认识与规范性的文件指导。

第2章　滑坡监测分析探讨

2.1　监测分析概念与内涵

2.1.1　监测工作的内涵与外延

通常认为，监测分析主要是对实施专业监测的滑坡点的监测数据进行处理和分析，一般是指针对滑坡预警预报而开展的相关分析工作，其目的是为预警预报提供关键参数与判据，即大家所熟悉的滑坡预警工作。其实，这仅是对滑坡监测分析的狭义理解，不能满足滑坡监测预警需求，不利于滑坡监测预警体系综合效益发挥，主要体现在以下方面：

1. 监测目的

滑坡监测分析除了为预警预报服务外，还应提供滑坡防控决策[13]、施工及安全监测[14-15]、工程效果监测[16-17]等相关信息与建议。依据不同的监测目的，在确定监测内容和参数及选择监测仪器设备、监测网布设等方面存在明显不同，监测分析的内容、方法、结果和侧重点也存在显著差异。例如，针对已出现险情的滑坡开展应急监测，其主要目的是掌握变形特征、稳定性阶段，研判滑坡发展趋势，并根据较短时间(一般为数天)的监测及数据分析，为滑坡应急处置和防控决策提供科学依据。2014年秭归杉树槽滑坡险情发现后，紧急转移撤离滑坡及影响区的沙镇溪初级中学师生、当地村民、电站职工家属共计953人[18]。对于险情转移撤离的居民群众何时返回居住区生活、学校何时复课以及对滑坡体的防治处置等，需要通过应急监测分析提供依据。

2. 监测范围

从滑坡监测预警体系建设上，不仅应包括针对单体滑坡的专业监测或者群测群防，还应有区域上的滑坡隐患早期识别与隐患监测。因此，滑坡监测分析，应对专业监测和群测群防数据进行综合分析。大量的群测群防监测资料分析能够获取滑坡宏观变形迹象，为预警预报提供临灾异常判据[19]，如地表变形异常、动物异常等。而且，采用群测群防监测的隐患点数量多于专业监测，因此对群测群防监测数据进行分析，可以更好地把握区域上滑坡变形特征及规律。专业监测结合群测群防监测分析形成的结论判断，能够有效指导群测群防监测预警，为群测群防监测预警提供依据。

3. 监测对象

对于滑坡防灾减灾，监测工作不仅要监控已知滑坡隐患点，还包括对未发现的滑坡隐患点开展识别与监测，如发育于高位的崩塌、滑坡，或者是极端条件下(如暴雨)产生的新生型滑坡，即滑坡隐患早期识别与监测。滑坡早期识别问题，是当前亟待解决的问题。目前主要是通过“空-天-地”一体化监测预警技术，尤其是遥感技术为主的应用[20-21]，已成为当前研究和应用的热点，但也仅仅是隐患识别。而滑坡早期识别，则具有时间概念，应该纳入监测预警范畴，是当前滑坡监测预警的难点问题。

4. 监测要素

滑坡监测要素主要是形变监测、影响因素监测、动力因素监测等。但是并不是所有实施专业监测的滑坡灾害，其监测要素就能够获取监测目的(如预警预报)所需的全部参数。由于滑坡的复杂性、随机性和不确定性，一些地质结构、变形破坏机理、影响因素等复杂的滑坡隐患点，需要建立综合预警预报模型和预报判据。这种预警预报模型和判据，需考虑地质条件、力学机制、变形特征等，建立能综合反映斜坡变形破坏内部作用机理与其外部表现相统一的综合地质-力学机理-形变耦合模型(GMD 模型)[22-23]。滑坡监测分析与数值模拟甚至物理模型试验相结合，建立滑坡综合预警预报模型和判据[24]。

5. 监测运行

从滑坡监测运行及监测自身发展上看，滑坡监测是一项长期持续工程，需要多期次更新建设和长期运行。自实施地质灾害监测预警工程以来，三峡库区经历了二期、三期和后续规划 3 个阶段。对于滑坡监测运行，通过长时间监测，可以分析监测方案和监测网布设的合理性，为监测优化提供依据。区域性规模性监测预警建设和运行，也能检验不同监测方法和仪器设备的适宜性及其效果，以及各种监测仪器设备性能和可靠性等。

2.1.2　监测分析概念与定义

综合前面对监测工作内涵与外延的讨论，滑坡监测分析首先应针对不同监测目的，包括预警预报、防控决策或应急处置、施工安全、工程效果评价等。其次，要兼顾单体和区域、已知(已查明的)和未知(未查明的或潜在的)的滑坡隐患。再次，不仅要对监测数据，包括单体监测数据和区域(含遥感)监测数据等进行监测分析，也要结合其他相关成果，如调(勘)查、稳定性评价、数值模拟、物理试验等进行综合分析。

因此，我们认为，监测分析是指围绕着滑坡监测目的(预警预报、防控决策、施工安全、工程效果评价等)、监测内容和监测方法，对滑坡监测数据(专业监测、群测群防监测、宏观地质巡查)及相关成果资料开展综合性的动态分析工作。

2.1.3　监测分析主要特点

基于前面监测分析的定义，可以得出监测分析工作有以下特点：

1. 综合性

监测分析是一项综合性的工作，主要体现于分析资料、方法手段和结论判断的综合性。

(1)分析资料的综合性。分析资料的综合性表现在分析过程中，我们除了要对监测获取的数据进行分析，还要辅以其他的资料分析，以达到分析目的。监测数据方面，对于重大的滑坡专业监测一般会进行多要素监测，获取到多种数据，如地表 GNSS 监测和地裂缝监测数据，钻孔倾斜监测和地下水监测，以及滑坡影响因素(如降雨)监测等。而滑坡监测分析中，除了监测数据分析，还有对滑坡调查、勘查资料的分析。

(2)方法手段的综合性。由于滑坡监测分析资料多样、分析目的不同、监测手段多样、分析内容较多，监测分析手段也较多。既有滑坡变形阶段、稳定性、影响因素等定性分析判断，又有变形速率、累计位移、切线角等定量分析，还有相关性分析、预测分析、综合分析等，涉及不同分析方法和计算公式。

(3)结论判断的综合性。在结论判断方面，通过单一的监测手段，或仅对监测数据分析，难以得出科学合理的结论或判断。在三峡库区滑坡专业监测中，除了安装仪器设备以获取预警预报关键参数外，还要定期开展宏观地质巡查，进行宏观分析判断，甚至要结合稳定性分析和数值模拟等，建立变形、降雨等预警判据进行综合判断。

2. 动态性

滑坡监测预警是一个动态的过程，其动态性体现在监测数据采集、滑坡变形状态与发展趋势、预警级别及其对应的防治措施建议的动态性。

(1)数据获取的动态性。以往人工监测的时候，每个月开展 1~2 次监测，野外数据采集之后回到室内进行处理分析。如今基本实现了自动化监测，监测数据获取频次达到了小时或者分钟，近乎实时获取监测数据。监测是一个动态的，甚至实时获取数据过程，因此监测分析也是具有动态性甚至实时性。

(2)状态趋势的动态性。对于滑坡来说，典型滑坡的变形破坏过程经历初始变形阶段、匀速变形阶段、加速变形阶段。不同时期，滑坡所处的变形阶段、稳定性状态不同，发展趋势也是动态变化的。因此，分析判断并确定滑坡稳定性状态、所处的变形阶段、发展趋势是监测分析的一个重要内容。

(3)预警级别的动态性。预警级别可以根据监测滑坡的变形量、所处的变形阶段和发展趋势进行动态调整，不同变形发展阶段对应着不同的预警级别。加速变形阶段对应黄色预警、加加速变形阶段对应橙色预警，临灾阶段对应红色预警。可以根据滑坡监测分析及预测，确定是否进入预警阶段，是否需要调增或调减预警级别，甚至解除预警。

(4)防范应对的动态性。滑坡防治措施建议应该是依据其变形特征、所处变形阶段、稳定性状态及发展趋势以及经济性原则等综合确定，具有动态性。针对滑坡所处的不同阶段，其防治建议也不一样。例如，对于处于初始变形甚至匀速变形阶段滑坡，变形量较小时，可以采取监测预警工作为主；当变形较大威胁对象较多时，需要避险搬迁或者采取工程治理。

3. 针对性

(1)分析目的的针对性。一切监测与分析工作要紧紧围绕监测目的。从监测内容方法、监测仪器设备选型、监测点布设，到监测分析内容、技术方法、分析结果等，要针对监测目的获取所需的关键参数、可靠数据、分析结果、结论判断等。

(2)分析方法的针对性。针对不同的监测数据、所需要的分析结论或成果，有不同的分析方法。例如，可以用相关性方法分析变形与影响因素之间的相关性；利用预测方法分析滑坡变形发展趋势；针对结论判断一般采取综合分析方法；以及数据分析、图形分析、定量分析与定性分析；等等。

(3)措施建议的针对性。一般来说，监测分析在形成对滑坡变形状态及趋势，或者在治理工程效果等给出明确的结论判断之外，还应提出相关措施建议，这是监测分析的落脚点。例如，对于滑坡监测分析，既要给出监测对象的稳定性现状、所处的变形阶段以及稳定性发展趋势，提出预警级别建议，还应根据具体情况提出针对性的应急处置措施建议。

2.2 监测分析目标任务

监测的目标是为滑坡防治提供可靠的监测数据，为政府管理部门防灾减灾提供科学依据，最大限度减少人员伤亡和降低经济财产损失，为经济社会发展和治理工程施工提供地质安全保障。

监测分析主要任务包括以下方面：一是认识了解监测隐患点的变形特征、成因机理，掌握其变形破坏诱发因素及相关性，实现对隐患点变形及趋势的动态跟踪预测，判识稳定性现状及发展趋势，建立滑坡预报模型和判据，预测滑坡体可能发生大规模活动破坏的时间节点及其影响、威胁的空间范围和对象，建议预警等级和防控对策，在出现大规模变形破坏前，能够做出及时、准确的预警；同时，还要分析监测内容、方法选择及监测网点布设是否合理，提出监测优化建议，为仪器设备选型与安装提供依据；二是分析工程治理隐患点在施工期的整体稳定性和工程扰动对隐患点的影响，并动态指导工程实施，调整工程部署，安排施工进度等；三是分析防治工程施工后滑坡点是否停止变形而稳定下来，或者变形显著趋缓可控，已实施的防治加固措施是否达到设计效果，发挥预期作用，防治工程是否正常运行。

简而言之，监测分析的主要任务是认识隐患点的地质属性特征、变形特征、影响因素、发展趋势，分析各观测方法、结果及其关联性、适宜性、有效性等，提出监测分析结论和相关建议。监测分析是实现监测目标，达成监测效果的关键步骤。

针对不同的监测目标，其监测分析的任务有所不同：

(1)对于滑坡预警预报，监测分析的任务是跟踪和掌握滑坡变形状态和发展趋势，建立预警模型，提供关键参数，确定预报判据，提出监测运行与防灾减灾建议。

(2)对于滑坡防控决策，监测分析的任务是为后期滑坡防治措施选择及防治措施布置提供监测数据、结论判断与建议措施，为科学实施滑坡防控提供依据。

(3)对于施工安全监测，监测分析的任务是识别潜在危险并提前预警，确定危害范围、对象，提出科学的风险防控措施，为工程施工提供安全保证，也为施工和设计调整提供依据。

(4)对于工程效果监测，监测分析的任务是评价工程及灾害体变形是否达到设计目标，或者满足保护对象的变形容许范围内等，提出工程维护和后期是否进一步采取措施的建议或方案。

(5)对于监测优化，监测分析的任务是通过一段时间的单体滑坡监测，分析监测网络或内容能否为监测目标提供所需关键参数、获取关键变化过程、监控关键部位等，提出监测方案优化建议；通过区域上一定数量滑坡点监测，比如三峡库区二期、三期专业监测等，对滑坡监测内容、监测方法、监测仪器设备等进行适宜性、可靠性分析，为开展下一阶段监测规划和方案设计等提供科学依据。

2.3 监测分析主要内容

监测分析主要工作内容包括观测数据处理，绘制监测曲线、图表，监测分析与综合判断，监测结论和建议等。

2.3.1 监测预警分析

滑坡预警预报分析分为单体滑坡监测预警分析和区域滑坡监测预警分析。

1. 单体滑坡监测预警分析

单体滑坡监测分析以监测数据动态分析为主，结合前期的地质分析、数值模拟分析等相关手段所建立起来的预警模型和判据，提出相关建议。

(1)分析滑坡变形特征(变形速率、变形量、加速度等)、变形部位、变形阶段及变形发展趋势。

(2)分析滑坡体变形与外动力因素的相关性、影响程度及其变形响应规律。

(3)分析不同观测量之间的内在关系，如地下水位和降雨或库水，推力和变形等。

(4)分析滑坡稳定性现状及发展趋势，分析稳定性随变形或影响因素的变化。

(5)分析滑坡变形破坏模式及强度(破坏范围，运动速度、过程、距离等)，影响范围和威胁对象。对于水库型滑坡或者高位远程滑坡，还应分析其引发的次生灾害，如涌浪、气浪、液化碎屑流等，或者灾害链危害。

(6)建立滑坡预警模型及判据。

(7)按照预警判据，结合监测分析结果，提出滑坡预警级别建议、防控措施建议等。

(8)进行动态跟踪和预测，优化滑坡预警模型和判据。

2. 区域滑坡监测分析

区域滑坡监测分析主要是在收集区域地质环境条件、滑坡调查勘查资料、历史滑坡灾害编录、气象数据以及已有研究成果等资料基础上，结合该区域专业监测数据和群测群防监测数据，重点开展隐患早期识别与监测预警分析。

(1)分析滑坡孕灾条件、时空规律、主要类型及成因机理等。

(2)开展滑坡易发区域或者潜在隐患识别，分析确定可能发生滑坡的隐患区域或斜坡单元，分析可能诱发新生滑坡或者导致滑坡复活工况条件。

(3)开展承灾体和诱发因素监测分析，如分析降雨或人类工程活动强度及变化，在此基础上开展区域滑坡危险性与风险动态评价。

(4)分析触发区域上滑坡普遍或大量发生的主要因素及其阈值条件，如诱发区域上滑坡发生的降雨量、降雨强度等，建立区域滑坡预警判据等。

(5)分析区域滑坡变形特征，总结滑坡临灾可能出现的宏观迹象或异常现象。

2.3.2　防控决策分析

决策分析方法一般是指从若干可能的方案中，通过决策分析技术，选择其一的决策过程的定量分析方法。专业监测，尤其应急专业监测，通过对滑坡体一段时期的监测分析，应为滑坡应急处置决策或者防治措施及防治方案的选择提供科学依据。

重点分析滑坡变形特征及阶段，稳定性现状及发展趋势，考虑滑坡体威胁范围、威胁对象及其重要性等，提出是否进一步采取工程措施建议。当变形较大且趋于不稳定时，依据经济分析以及治理可行性分析，确定是否采取工程治理还是搬迁避让；当变形趋势减缓或趋于稳定时，可持续进行专业监测，甚至降级为群测群防监测。

(1)当确定采取工程治理措施时，可在分析滑坡变形状态(局部变形或整体变形)、变形破坏机理(推移式或牵引式)、变形影响因素(库水、降雨或人工活动)、滑动面级次及其埋深等的基础上，提出初步防治方案建议。

(2)当监测分析确定为搬迁避让时，应进一步分析，合理确定搬迁对象范围和搬迁安置方式。当采取集中安置时，提出集中安置位置建议及相关要求。

(3)当监测分析确定继续实施专业监测预警时，可以由应急监测转变为常规专业监测，并提出专业监测建设运行方案建议，包括监测方法选择、监测设备选型及监测网布设方案及要求或者建议；当监测分析确定采取群测群防监测预警时，可以进一步提出群测群防建设方案建议，包括监测内容、简易监测点位置、巡查路线以及监测要求等。

2.3.3　施工安全监测分析

通过施工监测分析，掌握滑坡治理工程施工期间，其稳定性状况及趋势，保障施工安全，为施工方案调整优化提供依据和建议，用以动态指导施工。工程施工过程中出现异常情况时，应通过监测分析找出引起异常的原因，当监测值达到(由设计单位确定的)报警值和警戒值时，应及时反馈设计、监理、业主和滑坡主管部门，为优化工程设计、调整施工方案或工序、制定应急应对措施等提供监测数据和依据。

(1)监测与分析围绕着保障施工安全为首要目的，首先是保证施工期间人员安全，重点监测分析滑坡体变形量、变形速率是否在设计容许范围之内。监测分析发现异常情况时，或者灾害体朝着稳定性变差、变形速率加快或者形变量超过设计值时，提出处置措施建议。

(2)当监测发现在施工过程中出现较为明显变形，稳定性变差等现象时，监测分析应结合勘查设计资料与监测数据分析，找出滑坡变形原因，是属于工程勘查、设计问题，还是工程施工方法、施工工序不当或者工程扰动导致，或是受到外界条件因素如降雨等影响。必要时，可以开展会商研判。

(3)通过监测分析评估工程对滑坡体稳定性影响，结合未来一段时间降雨等因素预测，研判滑坡稳定性发展趋势，提出滑坡体应急处置建议，如开展滑坡应急工程治理。必要时，对工程施工提出相关建议，暂停施工，改变施工方案(如爆破改为人工开挖)，甚至停止施工或者改变工程设计等。

2.3.4 工程防治效果分析

按照滑坡治理工程竣工验收要求，治理工程完工后，一般要开展一个水文年的工程效果监测。通过监测数据，分析治理工程实施后滑坡稳定性状况及趋势，检验是否达到工程治理目标，治理工程是否发挥其预期作用。

(1)通过监测分析，了解工程治理对象(滑坡体)及其保护对象的变形特征是否在容许的范围之内，一般是对实施治理工程的滑坡体进行变形监测。一方面是分析工程治理前、后，滑坡体的变形是否明显趋缓或者不变形。如果变形量或变形速率，在工程治理设计容许范围之内，则表明达到治理目标；另一方面是监测灾害体上房屋建筑及基础设施变形情况，分析滑坡体上建筑物及构筑物是否在滑坡工程治理后免遭进一步变形破坏而保障安全使用。

(2)针对实施的工程措施进行监测，包括工程结构的受力、变形等，分析工程措施是否发挥了作用。以滑坡治理常用的抗滑桩为例，主要是分析抗滑桩内侧的受力和应变以及桩顶的变形情况。当桩体内侧受到来自滑坡体土压力，出现容许范围内的微小变形，表明桩体发挥了抗滑作用。

(3)对工程措施的完整性以及是否受到滑坡变形作用产生过大变形或者出现局部破损现象等进行监测。当防治工程出现局部或部分失效时，应分析评估工程的失效程度，及其对治理滑坡整体稳定性的影响，提出相关处置意见或建议。

2.3.5 监测优化分析

监测优化分析主要是在监测网建设完成之后，通过一段时间的监测运行，分析评价已有监测网的运行效果，使其能够满足监测目的需要或达到建设目标。监测优化分析可以分为监测布网优化分析、监测仪器设备优化分析、监测数据采集优化分析。

1. 监测内容方法能否为监测目的等提供关键指标参数

不管是在监测建设还是运行过程中，我们应充分认识监测只是手段，包括监测内容、监测方法、仪器设备和监测网型等，一切都是围绕监测目的而开展，因此，监测分析的重点是尽量获取关键指标参数，监控变化特征，研判其发展趋势。

2. 监测网及其布设能否监控滑坡隐患点的关键部位

滑坡监测网型的选择的最基本原则就是要监控滑坡变形的关键部位，这些部位变形决定着滑坡整体稳定性，控制滑坡的滑动规模或者能够监控滑坡大规模变形的启动等，如滑坡的强变形区、推移式滑坡的阻滑段、牵引式滑坡后缘拉裂变形区等关键部件。

3. 监测仪器设备能否捕捉影响稳定性的关键因素及其变化信息

通过对监测数据分析，结合宏观巡查，了解监测仪器设备精度和频次、工作运行状态及监测适宜性等。

(1)监测设备采集是否达到监控关键参数的精度，监测数据采集频次是否满足监测需求，应能够监控或捕捉监测要素变化。

(2)监测仪器设备或监测方法内容的适宜性分析，包括是否适宜于监测对象，或是适用于此区域此类型滑坡。

(3)从监测数据的连续性、数据异常等分析，监控监测仪器设备的运行状态。

(4)分析监测设备数据采集及传输的稳定性、仪器故障率及故障原因、环境适应性等，为监测仪器设备选型及仪器设备升级改进提供参考和依据，为新装备研发和技术新方法的试验和应用提供需求分析。

将以上三个“关键”作为评判依据，评价监测方案及监测点布设的合理性，分析监测效果。在此基础上，提出监测优化完善的措施建议。

2.4　监测分析技术流程

监测分析技术流程主要包括滑坡资料收集与地质分析、监测数据处理、监测分析(监测数据分析和综合分析)、监测结论判断与防范对策建议、分析成果与报告编制等。首先是滑坡资料收集与地质分析，建立监测对象地质模型、力学模型、监测模型、预测预警模型；其次是监测数据处理，对监测数据进行质量分析、插值运算、异常数据剔除、数据滤波或平滑处理等，确保监测数据可靠性和可用性；再次是针对监测目的和需要，开展监测分析，先后开展一元监测数据分析(如变形监测点的变形量、变形速率、加速度，地下水的水位等)、多元监测数据分析(不同监测变量的相关性分析、同一监测变量的多个监测点对比分析和趋势分析)，以及监测综合分析(稳定性判断现状判断、发展趋势预测，或者结合地质分析和其他资料综合分析判断)。随后是在综合分析的基础上，提出监测结论和防控措施建议。最终形成相关监测成果和监测报告。如图 2-1 所示。

2.4.1　资料收集与地质分析

滑坡资料收集与地质分析是做好监测分析工作的前提和基础。对滑坡开展监测工作，首先是充分了解和认识滑坡的地质特征，建立地质模型；其次是建立监测模型，然后是针对不同需求开展监测分析工作。

1. 收集滑坡资料

为了更好开展监测分析，得到更科学、可靠的分析成果，应尽可能收集监测滑坡或区域相关资料，包括：

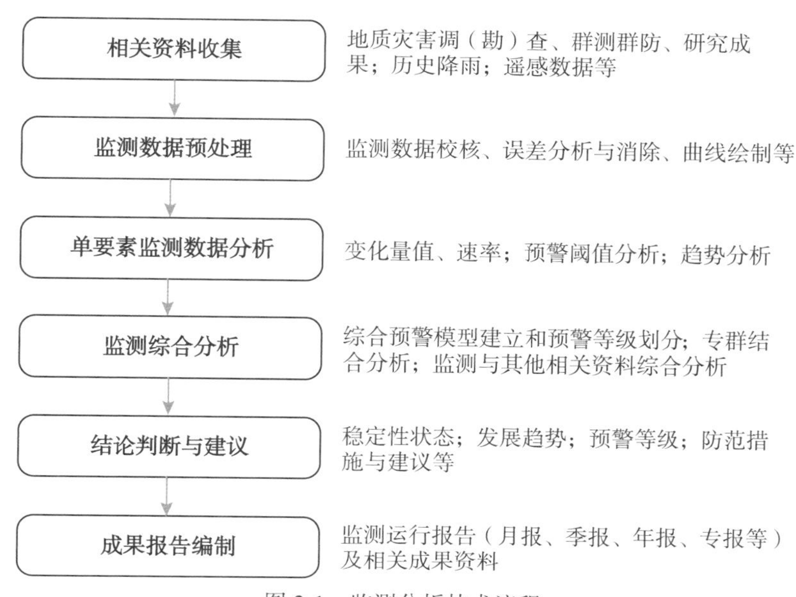

图 2-1　监测分析技术流程

(1)区域地质环境背景资料，包括地形地貌、地质构造、地层岩性、水文、气象以及遥感影像数据等资料。

(2)滑坡发生信息、勘(调)查成果，包括滑坡分布图、极端降雨以及地震等重大事件滑坡编录数据、区内滑坡勘查和治理等资料。

(3)相关研究成果，包括区内滑坡成因机理、监测预警等，以及国内外相关研究成果。前人研究总结的成果和经验也可以作为监测分析综合判断的依据，比如对滑坡成因机理、变形规律、临灾异常特征，甚至是区域性的预警判据等。

2. 地质分析

前期地质分析工作主要是建立滑坡的地质模型、力学模型、监测模型以及预测预警模型。

(1)地质模型，包括滑坡的几何特征、物质组成、地质结构特征等。

(2)力学模型，包括滑坡物理力学参数、动力成因、变形运动特征、变形阶段、破坏模式等。

(3)监测模型，包含滑坡监测等级、监测网型与参数、仪器设备及技术指标、数据采集与传输、监测数据处理与分析。

(4)预警模型，建立滑坡综合分级预警模型，明确预警判据，初步提出滑坡变形、降雨量和库水升降速率等分类预警判据以及综合判据。

可以根据滑坡工作和认识程度，建立其相关模型。对于工作程度较低的滑坡单体，至少应建立其地质模型和监测模型，初步提出预警模型和判据；而对于开展勘查的滑坡单体，还应进一步建立综合预警模型和判据。

2.4.2 监测数据处理

在检验和评价原始数据可靠性、有效性的基础上，按照不同监测方法和仪器数据处理要求，对原始数据进行处理或清洗，形成正确可靠的、可供监测分析的数据，包括：

(1)原始数据评价，评价监测数据的可靠性、有效性。

(2)监测误差分析，通过合适的方法区分和处理系统误差和人为误差，得到真实的监测数据。

(3)异常数据剔除，通过原始数据的检验和分析，查明异常数据出现原因，采用适合的数学方法，寻找判识异常数据，并进行剔除与插值。

(4)监测数据库建设，依据各种数据类型及属性，建立滑坡监测数据库，为监测分析提供数据。

2.4.3 监测分析

1. 一元监测数据分析

对滑坡体上各个监测点数据，逐一分析，获取以下内容：

(1)获取监测参数、指标值，例如获取变形量、变形速率及加速度；地下水水位；降雨量、降雨时长、降雨强度等。

(2)同一监测要素各监测点的监测数据分析，如滑坡时空变形特征分析，主要分析滑坡体不同部位的变形特征，包括地表不同部位，如前缘，中部，后缘变形特征，地表与深部变形特征，局部变形或整体变形，变形分区(强变形区、弱变形区、变形影响区、预警区等)；也可以进行监测剖面的变形特征，分析剖面上不同部位变形的一致性、差异性。

(3)绘制相关图表，包括监测曲线、变形矢量、监测数据表等。

(4)开展单要素监测分析总结判断，形成单要素监测结论。

2. 多元监测数据分析

对不同监测要素开展监测数据分析，包括：

(1)不同监测要素的相关性分析。如滑坡变形与影响因素、地下水、推力或剩余下滑力等，影响因素(降雨、库水位)与地下水等之间的相关性等，通过相关性分析，建立不同要素之间的相关特征，尽量得出其确定性模型。

(2)趋势预测分析。在相关性分析基础上，结合影响因素变化趋势(预测或预报数据)，如降雨预报数据或者水库运行调度等，开展滑坡趋势预测分析，包括滑坡位移预测、稳定性预测等。

3. 监测综合分析

围绕监测目的，在监测数据分析及其形成的初步结论判断的基础上，结合非监测成果资料、地质分析成果等，开展综合性分析判断，包括分析地质体失稳过程中的影响因素与依存关系及程度，判别稳定性状态，预测发展趋势，建立或修正综合预警模型和预报判据等。

2.4.4 监测结论建议

1. 监测结论

在综合分析的基础上，提出与之对应的合理的监测结论。例如，对于滑坡监测预警，对所监测对象的稳定性现状、变形阶段、发展趋势、破坏模式、破坏强度、威胁范围及对象等给出明确的结论，或者做出科学研判。

2. 措施建议

依据监测结论，结合监测目的，提出科学、合理、可行的监测建议及防控措施建议。如预警预报，提出预警级别建议和应急处置建议等。

2.4.5 监测成果报告

监测成果报告包括监测运行报告和专报两类。

(1)监测运行报告：定期形成监测分析报告，包括月报、年报、简报等常规性监测运行报告，报送至监测预警管理部门。

(2)监测专报：对于出现异常状况或突发性滑坡等特殊情况时，或者是主管部门需要时，应及时形成专报，如滑坡险情或灾情报告，滑坡预警级别及调整建议报告等，报送至相关部门及单位。

2.5 监测分析相关要求

2.5.1 一般要求

监测分析是一项要求较高的综合性任务，一般由具有从事地质工作背景的单位承担和具有工程地质、水文地质、环境地质、测绘专业知识基础的团队完成。分析人员不仅应具备较为扎实的滑坡防治知识储备，在预警预报方面也应具有丰富的经验，对测量、测绘等相关专业技术知识有一定了解，还应熟悉监测区域内的滑坡发育规律、成因机理、变形破坏特征及危害性等情况。

监测分析应注重综合分析，不能仅局限于对监测数据分析，还可以结合区域基础地质、滑坡调(勘)查成果，建立滑坡地质力学模型、监测模型、预警预报模型和判据，实现对隐患点的综合分析判断。监测分析应对专业监测和群测群防数据结合分析，加强对监测隐患点所在区域的面上滑坡灾害特征总结分析。将群测群防监测资料分析成果作为专业监测分析的补充，可更好地把握区域上滑坡的特征及规律。专业监测结合群测群防分析形成的结论判断，能够有效指导群测群防监测预警工作。

监测分析要围绕监测内容、监测技术方法以及监测目的来进行。监测内容分为变形监测、相关因素监测和宏观前兆监测。专业监测分析重点是获取滑坡变形破坏特征，捕捉关键因素及其变化，建立关键因素条件变化与变形破坏的关系(含定性和定量关系)，注重成灾机理、预警预报分析，掌握稳定性现状、变形阶段及发展趋势，提出预警级别建议以及防治措施建议。

随着监测工作的自动化，尤其是随着普适型仪器的应用，数据采集频次及实时性大幅提高，数据量显著增大。因此，应该重视监测分析信息系统研发，系统不仅应具有强大的数据处理能力，具备必要的监测分析算法，还应集成专家知识经验，具备良好的机器学习能力。能在开展智能化、自主性动态分析的同时，还应具备良好的人机交互功能。

滑坡监测分析是一项探索性、挑战性较强的工作。由于滑坡预警预报难度大，不同滑坡单体之间差异性也大。因此，滑坡监测分析工作其实是一项研究性的工作。专业监测单位应开展一定的科学研究工作，对监测区域滑坡发育规律、成因机理、变形破坏特征、诱发因素及作用强度等具有较深入的认识。同时，监测分析用到的分析技术和方法较多，甚至需要用到当前大数据分析技术、人工智能算法等，具有很强的探索和挑战性。

2.5.2　监测数据

监测数据是监测分析的基础，监测分析前，应对监测数据的全面性、完整性、连续性、可靠性以及多维性等方面进行分析。

(1)连续性，主要是指监测数据采集的频率，通常情况下，频率越高，连续性越好，数据的应用价值越高。尤其是在环境条件和影响因素发生变化(如极端天气、人工活动加剧等)以及滑坡变形发展较快(如滑坡处于加速变形阶段)时，应保证数据连续不中断。

(2)完整性，即监测数据尽量贯穿滑坡变形的全过程，监测时间越长，数据完整性越好，越有利于掌握灾害体发展变化规律特征。

(3)全面性，即对控制和影响滑坡隐患点变形和发展的要素，尤其是主要诱发因素需要进行监测。全面性检查主要是对监测方法是否能够捕捉关键要素，监测数据能否支撑预测。

(4)可靠性，即衡量监测数据的准确性及可用性，可靠性越高，可用性越强。使用时，要对监测数据进行可靠性检查，分析误差来源或异常原因，减少或消除人为误差、异常数据对分析判断带来影响。

(5)多维性，反映的是监测数据获取渠道或方式的多样性。数据多维性检查以是否满足灾害体预警预报综合分析判断为标准。

其中，监测数据的连续性、完整性、全面性是进行灾害体发展趋势预测预报的关键。数据的连续性、完整性和可靠性分析，有利于及时发现数据采集中断、仪器设备故障、数据入库、监测方法选择、网点布设等相关问题。

2.5.3　度量单位

监测分析中，尤其同一个报告或者同类型图件中，各种度量单位应该是统一的。如位移-时间曲线中，位移用 mm 表示，并且以位移为纵坐标，以时间为横坐标。而在不同的分析表达中，有些度量单位则可以根据实际需要，在符合度量单位要求和表达习惯的前提下，灵活选取。在综合分析中，会对多种监测要素进行共同分析。各监测要素数据之间在采集频率上应大致相近或相同，以保证分析结果的关联度和可信度。

1. 时间

滑坡发展演化甚至变形破坏是一个时间和空间的演化过程。因此，时间是刻画其演化过程的一个重要维度。

(1)秒(s)：一般用于当滑坡进入大规模滑动过程中，刻画变形及运动情况，如滑坡高速滑动时，其变形速率以 m/s 来计算。

(2)小时(h)：一般指当变形量较大进入临灾预警预报阶段时，且监测频率为小时或更密时，在分析图表中以天或月作为统计分析区间，如分析数天或 1 个月内的变形情况；或者暴雨监测分析中，小时降雨量。自动化数据采集频次方面，当滑坡变形不大，未进入加速变形阶段时，可以 1 小时甚至更长的时间间隔采集数据。

(3)天(d)：一般用于监测要素变化量或变化速率、监测频次等。当变形量较大时，受影响因素监测频次为天或更密；或以月或年作为分析时间区间，如某滑坡数月或一年的累计位移-时间曲线；或用于描述滑坡日变形或位移量、日降雨量、水位日变幅等。作为监测频次，一般是灾害发生较大变形时人工监测，滑坡变形缓慢的自动化监测，或高频次的遥感监测(尤其是卫星遥感监测)。

(4)月(m)：人工监测或者遥感监测时，一般监测频次为月或者半个月一次，在分析图表的时间轴以月为单位，如月变形量、月(平均)降雨量等。一般出现在监测分析报告中，对区域性、背景性、长时间、过程的分析中，多为文字描述或者统计图表。

(5)年(a)：用于长期监测中，以年为单位分析滑坡变形状况及趋势，如年变形量、年(平均)降雨量等，反映监测要素的年度变化强度。主要用于监测分析报告的文字性描述中，或者是大时间跨度的趋势性分析中。

2. 形变

形变(deformation)是滑坡监测的重要内容，也是预警预报的重要参数指标。变形一般以 mm 或者 m 作为度量单位，其度量一般有以下几种形式：

(1)形变量：用于表征滑坡变形或位移大小。

①毫米(mm)：变形监测数据分析中一般以毫米为单位，尤其是监测数据分析形成的各种图表，如累计位移-时间曲线图。

②米(m)：用于刻画大变形，如处于临滑或高速滑动阶段刻画滑坡的变形情况，一般用于报告文字描述中，如滑动距离、速度等。

(2)变形速率：用于刻画滑坡变形的快慢。一般以毫米(mm)为单位，常用毫米/天(mm/d)或者毫米/年(mm/a)作为度量单位。在描述滑坡快速或高速滑动时，以米/秒(m/s)为单位。

①毫米/小时(mm/h)：滑坡的小时形变量，用于分析滑坡在一天或数天时间内的变形速率及变化。这种表述方式出现不多，一般用于滑坡变形较大或者变形速度很快时，如处于加速变形阶段或者进入临灾阶段，多用于报告文字描述中。

②毫米/天(mm/d)：24 小时形变量，用于分析数天、一个月或数月时间内的变形速

率变化，一般用于报告或图表中，当滑坡变形较快时，如滑坡加速变形阶段，用来刻画变形速率。

③毫米/月(mm/m)：月形变量，用于分析一年或数年时间内的变形速率及其变化，常用于月报或年报中的滑坡变形分析，如年度变形特征分析中，最大月变形量。也用于长时间的地质灾害变形周期性分析，如每年的库水位升降、汛期降水等。

④毫米/年(mm/a)：年形变量，一般用于年报中的变形分析，分析滑坡不同年度的变形量及速率，可以对滑坡宏观变形趋势进行分析。如分析三峡水库蓄水和水位波动对滑坡的长期影响，滑坡的变形趋稳或者变形加快等。

⑤米/秒(m/s)：常用于滑坡大规模破坏阶段，如滑坡处于高速滑动阶段，刻画滑动速率。主要用于对滑坡破坏过程或破坏强度分析，或者在计算滑坡产生的次生灾害，如涌浪预测等。

(3)加速度(m/s^2)：用于表达变形速率的变化，常用于加速变形或者临灾阶段(加速或加加速变形阶段)，是预警预报的关键参数之一。

(4)切线角(°)：主要用于滑坡预警预报中刻画滑坡变形加速程度，划分滑坡变形阶段。切线角越大，变形加速度越大。当处于临灾阶段时，切线角趋近于90°。滑坡位移-时间曲线的切线角越大，其稳定性越差。

3. 降雨

降雨是滑坡主要诱发因素之一，也是受降雨影响的滑坡预警预报的关键参数。

(1)降雨量(mm)：对于降雨量统计分析来说，有小时降雨量、日降雨量、月降雨量和年降雨量，以及平均年、月降雨量等。在监测分析报告文字和图表中，一般统一用毫米(mm)表示。

(2)降雨强度：

①小时降雨量(mm/h)：主要有平均小时降雨量和最大小时降雨量。一般用于描述暴雨过程。对于滑坡监测分析来说，常用最大小时降雨量。

②日降雨量(mm/d)：分为日降雨量、最大日降雨量和平均日降雨量。

③月降雨量(mm/m)：分为(平均)月降雨量和最大月降雨量。

④年降雨量(mm/a)：分为(平均)年降雨量和最大年降雨量。

(3)降雨时长：一般用来刻画一场连续降雨持续时间，常用小时(h)或天(d)表示。对于暴雨天气(降雨时间持续较短时)，一般以小时为单位，某场暴雨持续多少小时。对于久雨天气来说，可以用天来描述，如2017年秋汛久雨，三峡库区大部地区持续降雨或者阴雨天气超过30天。

4. 地表水和地下水

(1)水位：指地下水或地表水体水位(包括江、河、湖、塘、水库等)水面高程，用米(m)表示。对于滑坡，地下水是监测的要素之一，重点是监测地下水水位及变化。而对于水库型滑坡，水库水位是滑坡变形影响和触发因素之一，尤其是水库运行初期的蓄水阶段。

(2)水位波动速率：一般指地下水和地表水水位的升幅或降幅，一般以米/天(m/d)

表示。

(3)渗透系数：也称为水力传导率，据达西定律，水力梯度为1时，渗透系数在数值上等于渗透流速，用米/昼夜(m/d)表示。

(4)含水率：普适型监测的一项监测内容，含水率是用来描述土壤中水分数量的一个物理指标，表示土壤的湿度。

(5)孔隙水压力：孔隙水压力监测是指滑坡体内水流渗透等作用下土粒孔隙中水压力大小和变化所作的量测，单位为kPa。

(6)泉水监测，一般是监测泉水流量及变化，用升/秒(l/s)表示。泉水监测还有一个重要的因素就是其浑浊度。

5. 应力

应力变化监测是了解灾害体内岩土应力情况，指滑坡由于外因(受力、降雨、人工活动变化等)作用而变形时，在灾害体内各部分之间产生相互作用的内力，单位为兆帕(MPa)或千牛(kN)，如滑坡下滑力(推力)等。

2.5.4 成果结论

监测分析结论应明确，措施建议应合理可行，有利于防灾减灾决策判断。分析结论及判断的依据要充分，应有必要的图表和文字说明。监测分析应形成相关成果、图件和文字报告，并及时归档。分析成果结论及表达应遵循以下原则：

(1)科学性。分析成果应是在科学分析监测数据的基础上形成，确保原始数据是准确和可靠的，做到分析的依据翔实充分，得出的结论严谨可靠。

(2)规范性。文字表达应尽量使用滑坡专业术语，图件表达符合规范要求。尽管目前滑坡专业监测单位性质和从业的队伍的人员较为复杂，涉及仪器、测绘、水利、地质，甚至计算机信息等，但作为监测分析成果，其文字、图件等成果表达应符合滑坡相关行业规范。

(3)习惯性。监测成果与结论表达应在科学、规范的基础上，尽可能满足用户、行业或社会习惯，以便容易理解和接受。尤其是面向监测预警及应急处置等相关部门及管理人员，不产生误解。

(4)可读性。分析成果，尤其是图表要具有较强的可读性，重点反映的内容应直观、突出表达。

(5)美观性。图件表达应美观大方，图面负担不宜过重。各类曲线应容易区分，切忌杂乱，线条粗细应适宜。刻度及刻度标识间隔应适当，不宜过密和过疏。字体大小合适，字数不宜过多，更不能遮盖其他信息。

第3章　滑坡监测数据处理

采集监测数据后，首先应对监测数据进行预处理，包括数据(异常)核验、剔除粗差、消除系统误差、减小随机误差等。通过监测数据处理，获得真实可靠的监测数据和相关曲线、图表，不仅为监测分析提供基础信息，而且对降低虚警率具有重要意义。当前监测预警工作虚警率偏高的现象主要由以下两个因素导致：一是监测仪器采集的原始数据存在误差，二是预警判据设置不合理。若能够解决上述两个问题，则可有效降低虚警率。监测数据处理主要包含以下工作：

(1)数据核验。确保监测资料的原始数据是准确可靠的，获得满足监测分析要求的基础数据。尤其是对异常数据的检验和分析十分关键，一般通过室内分析和现场调查相结合的方式查明异常原因。

(2)数据处理。可采用评审认可的数据处理算法或软件包，也可以人工进行数据处理，处理过程一般是：误差消除→统计分析→曲线绘制(拟合、平滑、滤波)等。

3.1　数据验核

监测数据的质量直接关系到测量精度和可靠性。对监测数据的验核，为监测分析提供可靠的监测数据，是做好滑坡监测与分析工作的前提和保障。

3.1.1　验核流程

数据验核是主要针对监测数据出现异常或者突变时而开展的一项分析和野外验核工作。其目的是为了分析出现突变或者异常的原因，查明异常原因是滑坡出现变形异常，还是仪器异常或者其他干扰因素导致。如果是滑坡本身出现变形异常，则下一步需要加强监测预警分析工作；若是仪器异常或者其他干扰因素导致，则分析排查异常原因后，对仪器进行维护、修复，或者清除、排除外界干扰。验核基本流程如图3-1所示。

首先，查看仪器运行状态监控是否出现异常，如果运行状态出现异常，表明仪器设备故障。可通过室内分析，必要时现场查看，进一步查找和分析仪器故障原因，及时进行维护和修复。倘若仪器运行状态监控为正常，表明仪器设备数据采集正常。值得注意的是，数据采集正常也不一定代表是滑坡变形，还可能是外界干扰，有待进一步分析。另外，需要和仪器供应商或者数据解算系统平台运维部门联系，检查是否存在仪器设备或者系统平台调试升级等操作而导致的数据异常，这种数据异常一般表现为某类或所有监测仪器获取的数据均同步出现异常。

其次，跟踪或趋势分析。通过查看后期数据是否存在持续单向变化，分析后期监测数

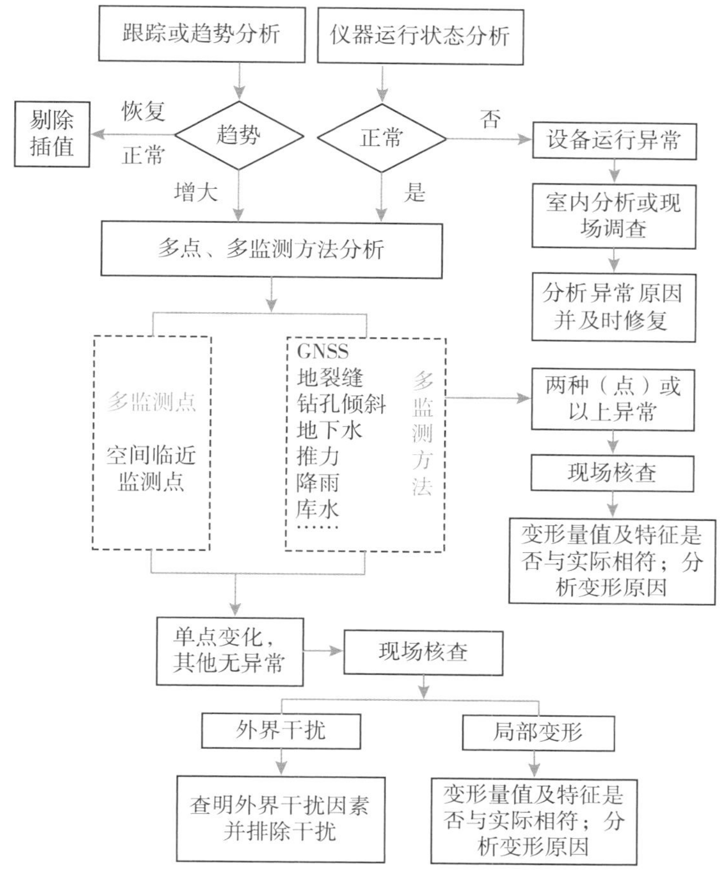

图 3-1　监测数据验核基本流程

据或者趋势来判断是否为变形异常。当异常数据的后期监测数据和其前期监测数据比较基本无变化，或者说其后期监测量值恢复正常时，表明异常并非监测点变形所致，可以解除关注，后期可通过滤波和插值方式剔除异常数据；如果后期监测值在持续朝着同一方向变化，甚至呈现加速变化，则很可能为滑坡变形所致，可以结合多监测点或多监测方法进一步分析。

再次，多监测点或监测手段分析。以 GNSS 为例，当出现个别点异常时，可查看其周围监测点数据。如果周围监测点也同样出现异常，则说明滑坡可能是在整体或局部大范围变形；如果只是单点变形异常，则可能是局部变形或者是该监测点受到干扰或外力作用。也可以通过其他监测手段的数据分析，比如异常时间前后一定时期内是否出现较大的降雨或者库水位有较大的波动，附近裂缝监测、钻孔倾斜监测、地下水监测、滑坡推力监测等是否出现异常。

最后，现场核验。当 2 个及以上监测点或 2 种及以上监测方法均出现变形异常时，大概率为滑坡出现变形异常，可开展现场调查或巡查，核验变形量值或变形特征是否与实际相吻合。当只是某个单点异常时，开展现场核查，核验异常原因，是外界干扰，还是滑坡局部变形。当为局部变形时，现场调查分析变形原因，监测获取的变形量值是否与实际相符。当现场调查未发现明显变形迹象特征时，则应查看监测设备(如立杆或者基座等)是否遭到外力作用或者基座土体是否遭到侵蚀淘蚀而出现倾斜，监测仪器是否存在遮挡等。

3.1.2　室内检核

主要包括以下四个方面的内容：

1. 各项原始记录校核

检查各次变形值的计算是否有误。人工监测时，野外采集数据后，室内开展计算工作，并对计算过程和结果进行校核，以确定测量和原始记录是否准确。

对于自动化采集数据，一般通过系统后台进行解算得到测量值，然后直接对测量值进行核算。

2. 原始资料的统计分析

包括监测资料异常值的检验与插补、数据的筛选等内容，它涉及用数学方法来计算与检验。选用检验方法时，应注意要根据监测数据的特征选择适合的数学方法，注意数学方法的适用条件。对于监测数据而言，一般采用 t 检验方法，这主要是由于监测数据大多呈现正态分布特征。

3. 原始资料的逻辑分析

根据监测点的内在物理意义来分析原始实测值的可靠性。一般应进行以下两种分析：

(1)一致性分析：从时间的关联性来分析连续积累的资料，从变化趋势上推测它是否具有一致性。其主要手段是绘制效应量-时间过程线图或者原因(影响因素)-效应量的相关图。

例如一个滑坡主要受降雨影响，当该滑坡在某个时间出现变形异常时或之前一段时间内未发生降雨，可以推断异常值非降雨诱发。同时，也要通过现场宏观巡查，查明是否出现明显变形；或者监测发现明显变形而未监测到降雨，也可以考虑进行现场查验，确认是否为雨量监测仪器或者变形监测仪器出现异常。

(2)相关性分析：从空间的关联性出发来检查一些内在物理关系的效应量之间的相关性。

例如对于一个整体变形的滑坡，当其中某个监测点出现异常数据时，首先可以查验滑坡其他监测点的变形情况，从而判断是否为异常；或者变形监测点都在变动，但方向与滑坡运动方向相反，则需要考虑是否为基准点发生位移。

4. 不同监测方法相互校核

当采用多种方法进行组合监测时，监测数据应互相校核、互相验证，做出综合分析判断。

以三峡库区专业监测点秭归白家包滑坡为例。对于一个整体变形的滑坡，当滑坡地表监测点的变形均较为明显，而深部变形未发生变化时，需要查验是否为仪器异常或者是监测孔被变形剪断破坏；如果是在监测安装完成之后一直没有测到变形，则表明仪器可能未安装到位；另外，该滑坡受库水影响的滑坡，当滑坡出现明显变形而未测量到滑坡地下水位波动时，如果仪器数据获取正常，则表明钻孔进尺或仪器安装不合理。还可以结合降雨、库水位监测与地下水位监测数据进行综合分析，相互校核。例如，当地下水位变化与库水位波动较为一致时，表明数据采集正常。

3.1.3 系统辅助检核

1. GNSS 数据检核

GNSS 观测数据质量检核是指对影响数据精度的多路径效应、电离层延迟、电离层延迟变化率等信息进行质量检查。在 GNSS 精密定位与授时的过程中通过对观测数据质量检核可以有效地减弱、消除各种误差对定位、授时产生的影响。

IGS、《中国地壳运动观测技术规程》和《全球定位系统（GPS）测量规范》（GB/T18314—2009）一般采用 4 项指标：观测数据利用率（effective）、周跳比（o/slps）、伪距多路径效应 MP1 和 MP2。其中，观测数据利用率反映的是数据可用性与完好性，比值越大，说明数据质量越好，是衡量数据质量的重要指标；周跳比（o/slps）能够反映载波相位观测值的跳变情况，其值越大，说明出现的周跳越少，数据质量越好，一般用另一种较为直观的值表示，即每千历元的周跳数（CRS）来表示；多路径效应 MP1 和 MP2 对观测数据质量影响最严重，是衡量数据质量的一项非常重要的指标。

由 UNAVCO（美国卫星导航系统与地壳形变观测研究大学联合体）研制的 TEQC 软件包是目前使用最为广泛的 GPS/GLONASS 观测数据预处理软件，主要功能包含格式转换、数据编辑及数据质量检核[25]。其中，质量检核是 TEQC 软件包的核心功能，能够实现对影响数据精度的多路径效应、电离层延迟、电离层延迟变化率信息进行质量检核。

2. GNSS 观测数据质量检核流程及方法

质量检核一般是指对多路径效应、信噪比、电离层延迟、电离层延迟变化率等对信号质量影响较为明显的参数进行检查。其中，信噪比参数一般直接从观测文件中读取，多路径效应、电离层延迟等参数则通过伪距观测值和载波相位观测值的线性组合获得。其处理流程如图 3-2 所示。

（1）多路径效应分析。由于载波相位观测值上受多路径效应的影响远远小于伪距观测值，通常采用伪距观测值 P_1、P_2 和载波相位观测值 φ_1、φ_2。的线性组合来获得伪距上的多路径延迟 MP1、MP2。相位观测值中包含的周跳会直接影响多路径效应的计算，所以在进行多路径效应分析之前，需要完成载波相位的周跳探测与修复。基于 Melbourne-Wubbena 公式和相位电离层残差组合二阶历元间差分法来完成周跳探测，适用于静态和动态观测数据，通过实验验证，两种方法的搭配使用能够探测绝大多数的周跳。联合载波相位观测值和伪距观测值可得各频段伪距的多路径效应的变化，多路径延迟公式如下：

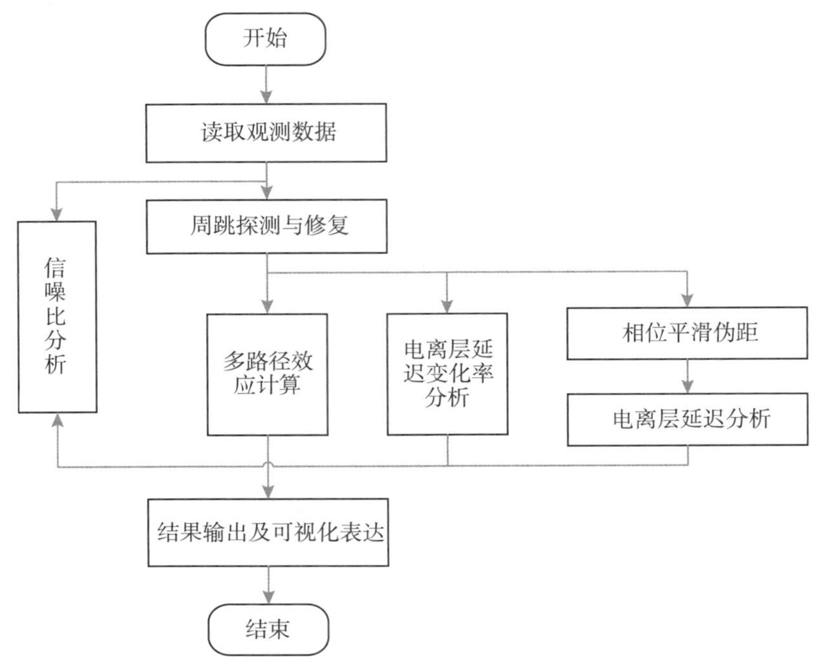

图 3-2 GNSS 观测数据质量检核处理流程[26]

$$\mathrm{MP}_i = P_i - \varphi_i + 2\lambda_i^2 \frac{\varphi_j - \varphi_i}{\lambda_j^2 - \lambda_i^2} + \varepsilon$$

式中，i，j 代表频点，P_i、φ_i、λ_i 分别代表 i 频点上的伪距观测值、相位观测值和波长，ε 是载波相位的观测噪声。由于相位观测值中包含整周模糊度，上述的计算值并不能真正代表伪距观测值上的多路径效应[28]。

(2)电离层延迟分析。卫星信号所受到的电离层延迟与信号频率 f 的平方成反比。可以利用双频伪距或相位观测值求解电离层延迟。但是，由于伪距观测值的测量精度较低，相位观测值又包含整周模糊度等问题，所以采用相位平滑伪距作为伪距观测值计算电离层延迟。相位平滑伪距采用平滑方法[27]。电离层延迟 l_{ion} 的计算公式如下：

$$l_{\mathrm{ion}} = \frac{f_2^2}{f_1^2 - f_2^2}(P_1 - P_2)$$

平滑后的伪距仍然包含一个固定的误差，其影响在 m 量级，而电离层延迟也在 m 量级，所以也不能将上述计算值直接作为电离层延迟。在计算中将计算值减去第 1 个历元的电离层延迟计算值作为电离层延迟结果输出[28]。

(3)电离层延迟变化率分析。电离层延迟变化率 r_{iod} 用来检测电离层延迟随时间的突然变化，与电离层自身的变化和卫星的运动状态有关，可以用相位平滑后的伪距观测值也可以直接使用相位观测值进行计算。其计算公式如下[28]：

$$r_{\mathrm{iod}} = \frac{f_1^2}{f_1^2 - f_1^2} \frac{(\varphi_1 - \varphi_2)_j - (\varphi_1 - \varphi_2)_{j-1}}{t_j - t_{j-1}}$$

3.1.4 野外检核

1. 观测检核方法

任一观测元素在野外观测中均具有本身的观测检核方法，如限差所规定的往返较差、闭合差、两次读数等。此部分内容以各种规程、规范中要求的技术标准为依据，确保监测资料的原始数据是准确可靠的，满足监测数据分析解算要求。

2. 宏观巡查校核

当出现异常时，也可以通过野外宏观巡查来校核是否出现与异常对应的宏观变形迹象。以及通过对监测仪器的现场查看和故障分析，检查仪器是否出现故障或遭受外力扰动、人为破坏、遮挡等。

3.2 误差分析

3.2.1 误差来源

在理想状况下，监测仪器获取的数据应当是精准有效的，但受仪器自身条件制约、环境因素以及人为因素影响，监测数据往往存在误差，这也是监测数据必须经历验核与去噪过程的原因。

仪器因素导致的误差是指由于仪器自身产生的误差，比如 GNSS 精度不够、仪器性能不稳定等。这种来源的误差呈现一定的规律，从数据误差的角度分析，往往是导致系统误差和随机误差的原因之一。

环境因素导致的误差称为环境误差，由于监测时环境条件的变化而产生。如动物的一些行为活动影响到监测仪器，导致产生不合理的监测数值。从监测数据上看，这一类原因导致的误差往往表现出极大的异常，且具有很强的随机性。从数据误差的角度分析，往往是导致粗大误差和随机误差的原因之一。

人为因素导致的误差是指由于人为原因导致的误差，如 GNSS 安装不当导致监测数据有误，分析人员操作的微小差异等。这种原因导致的误差往往不会非常大，大小和正负都不固定，但是具有一定的规律性。从数据误差的角度分析，往往是导致系统误差和随机误差的原因之一。

3.2.2 粗大误差

粗大误差是指在测量过程中，偶尔产生的某些不应有的反常因素造成的测量数值超出正常测量误差范围的小概率误差[29]。粗大误差是导致虚警率高的主要原因。对确定为粗差的数据，应及时重测；来不及重测的，应进行处理，可直接将粗差值予以剔除，然后根据相邻观测值进行外插，或用拟合值予以代替。由于计数或记录错误、操作不当、突然冲击振动等产生个别的粗差，采用一定的方法判别，确定后应予以剔除。经典粗差识别方法有过程线法和统计检验法。

1. 过程线法

过程线法是通过绘制观测量与时间之间的关系曲线来直接判断测值是否存在异常点的方法。对绘制出来的过程线，观察其是否存在明显的尖点。如果存在，察看对应的监测值是否超出了物理意义允许的范围。对明显超出物理意义范围的监测值，就判其为异常测值并予以剔除。如不能确定，则标记为可疑测值，待进一步判断。当后续监测数据回到前期数据，即在监测曲线上会出现一个尖点，表明属于非滑坡变形等导致数据异常，应予以剔除。

2. 统计检验法

异常值统计检验法是建立在随机样本测定值遵从正态分布 $N(\mu, \sigma^2)$ 和小概率原理的基础上的。根据测定值的正态分布特征，出现大的偏差测定值的概率是很小的，根据小概率原理，如果出现了大的偏差测定值，则表明测试过程有异常情况，所得到的大偏差测定值只能被认为是异常值。已有研究表明，大坝安全监测资料一般遵从正态分布，因此，可运用统计检验方法对其进行异常值检验。目前，常用的统计检验法有拉依达准则、格拉布斯准则、狄克松准则、t 检验法等方法。

(1) 2δ 准则：考虑到系统的连续、实时和自动化，可采用 2δ 准则（两倍中误差）来剔除粗差。其中，观测数据的中误差 δ 既可以用观测值序列本身直接进行估计，也可根据长期观测的统计结果确定。

(2) 拉依达准则（3σ 准则）[30]：是指先假设一组检测数据只含有随机误差，对其进行计算处理得到标准偏差，按一定概率确定一个区间，认为凡超过这个区间的误差，就不属于随机误差而是粗大误差，含有该误差的数据应予以剔除。这种判别处理原理及方法仅局限于对正态或近似正态分布的样本数据处理，它是以测量次数充分大为前提的，在测量次数少的情形中用拉依达准则剔除粗大误差是不够可靠的。因此，在测量次数较少的情况下，最好不要选用该准则。

设对被测量对象进行等精度测量，独立得到 X_1，X_2，…，X_n，算出其算术平均值 $\bar{x}$ 及剩余误差 $v_i = x_i - x (i = 1, 2, \cdots, n)$，并按贝塞尔公式算出标准偏差 σ，若某个测量值 x_b 的剩余误差 $v_b (1 \leqslant b \leqslant n)$ 满足下式：

$$|v_b| = |x_b - x| > 3\sigma$$

则认为 x_b 是含有粗大误差值的坏值，应予剔除。

(3) 格拉布斯准则（Grubbs）[31]：是以正态分布为前提的，理论上较严谨，使用也较方便。某个测量值的残余误差的绝对值 $|x_i| > G_g$，则判断此值中有较大误差，应以剔除。

格拉布斯准则适用于小样本情况。设 $X_1 \leqslant X_2 \leqslant X_3 \leqslant \cdots \leqslant X_n$ 为按大小顺序排列的一个样本值，它遵从正态分布 $N(\mu, \sigma^2)$。计算格拉布斯统计量，包括下侧格拉布斯数 $g(1)$ 以及上侧格拉布斯数 $g(n)$：

$$g(1) = \frac{\bar{X} - X_1}{S}, \quad g(n) = \frac{X_n - \bar{X}}{S}$$

假设 X_n 是需要检验判别的异常数据。计算 $g(n)$ 与临界值 $g_0(n, a)$ 比较，α 为显著度，一般取 0.05；n 为样本值的个数，一般大于 10。查表得 $g_0(n, a)$。若 $g(n) \geq g_0(n, a)$，则判别 $g(n)$ 含有粗差，将数据 X_n 剔除。

(4)狄克松准则(Dixon)[32]：于 1950 年被提出，是一种无需估算平均值、方差的剔除方法，是根据相邻狄克松准则值差异大小来判断被怀疑的对象是否为异常数据。它是先将测量数据从小到大进行排列，因异常值容易出现在系列数据中两端，狄克松准则直接从中抽取最大值和最小值进行分析，使判断异常值简单而有效。其优势在于对于观测数据样本量没有严格要求，对样本的数据小更有利，计算简便，意义明确，操作快捷且简单。

将符合正态分布测量数据，按从小到大进行排列并进行统计，即：

$$x_{(1)} \leq x_{(2)} \leq x_{(3)} \leq \cdots \leq x_{(n)}$$

构造检验高端异常值 $x(n)$ 和低端异常值 $x(1)$ 的统计量，因样本容量 n 不一样，分为以下几个情况：

当 $3 \leq n \leq 7$ 时，检验残差最小值 $x(1)$，$r_{10} = \dfrac{x(2) - x(1)}{x(n) - x(1)}$，检验残差最大值 $x(n)$，$r'_{10} = \dfrac{x(n) - x(n-1)}{x(n) - x(1)}$；

当 $8 \leq n \leq 10$ 时，检验残差最小值 $x(1)$，$r_{11} = \dfrac{x(2) - x(1)}{x(n-1) - x(1)}$，检验残差最大值 $x(n)$，$r'_{11} = \dfrac{x(n) - x(n-1)}{x(n) - x(2)}$；

当 $11 \leq n \leq 13$ 时，检验残差最小值 $x(1)$，$r_{21} = \dfrac{x(3) - x(1)}{x(n-1) - x(1)}$，检验残差最大值 $x(n)$，$r'_{21} = \dfrac{x(n) - x(n-2)}{x(n) - x(2)}$；

当 $14 \leq n$ 时，检验残差最小值 $x(1)$，$r_{22} = \dfrac{x(3) - x(1)}{x(n-2) - x(1)}$，检验残差最大值 $x(n)$，$r'_{22} = \dfrac{x(n) - x(n-2)}{x(n) - x(3)}$。

以上的 r_{10}、r'_{10}、r_{11}、r'_{11}、r_{21}、r'_{21}、r_{22}、r'_{22} 记为 r_{ij}、r'_{ij}，其中 r_{ij} 是检验残差低端异常值 $x(1)$，r'_{ij} 是检验残差高端异常值 $x(n)$。计算出 r_{ij} 和 r'_{ij} 值，通过给定显著性水平 a 的条件查出临界值 $r_{ij}(n, a)$，$r_{ij}(n, a)$。两者进行判断，r_{ij} >临界值 $r_{ij}(n, a)$，检验出低端异常值，则剔除；r'_{ij} >临界值 $r_{ij}(n, a)$，检验出异常值，则剔除。

(5)t 检验法[33]：是以数据按正态分布为前提的，一般对测值系列进行大小排序，然后认为异常值出现在整个测值系列的两端(最大值端与最小值端)，然而，在有些情况下，某些测值虽然在整个测值系列上不是最大或最小值，但它在某一时段的测值系列中有可能是离群值(即测值过程线上的尖点，这些测值不能反映大坝安全的真实信息，有时对大坝结构形态分析评价是有害的)。统计检验法对粗差的检测只是用单纯的数学理论，未涉及效应量的成因，而且所检验出的离群测值很有可能是环境等因素发生较大的变化而引起的离群值。通过数学方程式能够反映效应量监测值的变化规律，确定效应量与环境量的确定性关系或统计关系。如果建立的数学模型比较准确，监测的实测值与模型预测值之间的差不应偏离太大。可以再通过统计检验法对残差进行误差校验，从而判断对应监测值是否属于粗差。

3.2.3　系统误差

系统误差是指在重复性条件下，对同一被测量进行无限多次测量所得结果的平均值与被测量的真值之差。系统误差是与分析过程中某些固定的原因引起的一类误差，它具有重复性、单向性、可测性。在相同的条件下，重复测定时会重复出现，使测定结果系统偏高或系统偏低，其数值大小也有一定的规律。例如，测定的结果虽然精密度不错，但由于系统误差的存在，导致测定数据的平均值显著偏离其真值。如果能找出产生误差的原因，并设法测定出其大小，那么系统误差可以通过校正的方法予以减少或者消除。系统误差是定量分析中误差主要来源。

系统误差的特点是测量结果向一个方向偏离，其数值按一定规律变化，具有重复性、单向性。我们应根据系统误差的特点，找出产生系统误差的主要原因。对于已知的恒值系统误差，可以用修正值对测量结果进行修正，采用标准量代替法或抵消法消除；对于变值系统误差，设法找出误差的变化规律，用修正公式或修正曲线对测量结果进行修正。例如，线性系统误差采用标准量代替法、平均斜率法或最小二乘法消除；对于未知系统误差，则按随机误差进行处理。

由于自动化测量技术及计算机的应用，可用实时反馈修正的办法来消除复杂的变化的系统误差。在测量过程中，用传感器将这些误差因素的变化，转换成某种物理量形式(一般为电量)，及时按照其函数关系，通过计算机算出影响测量结果的误差值，并对测量结果做实时的自动修正。

例如，对于目前广泛应用于滑坡的 GNSS 监测，影响 GNSS-RTK 定位的主要因素包括 GNSS 本身误差、坐标系统转换误差、整周模糊度解算与动态基线解算误差、信号传播误差(如多路径效应)、测量的地域性(遮挡信号不好)、人为因素等。误差消除方法：一是转换参数合理求解，与控制点精度与分布密度密切相关，控制点必须具备相互位置的关系精确的 WGS-84 大地坐标和目标系坐标成果，并且在转换参数求解后必须进行验核；二是规范作业过程，包括规范仪器操作以及观测成果复核；三是加强仪器检验，包括接收机的检验、实时性能测试和水准气泡检查；四是定期开展基点联测工作，可以确定滑坡监测基准点是否存在变形；五是变形监测点数据质量评价。

2019 年，中国地质调查局水文地质环境地质调查中心对其实施专业监测的巫山县 22 个专业监测滑坡的基点组成了基本网，在 4 月和 11 月先后进行了两次联测。联测过程中，选择位于基岩上处于稳定状态的龙头山滑坡、杨家坪滑坡、大玉皇阁崩滑体和老鼠错崩滑体的 4 个 GNSS 基准点为参考点，联测结果显示，鸦鹊湾崩滑体基准点和上安坪滑坡基准点存在较明显变形(后改用其他基准进行解算)，其他各 GNSS 基准点无明显变形，处于稳定状态[34]。见表 3-1。

表 3-1　三峡后规巫山县专业监测滑坡 2019 年 GNSS 基准点联测结果[34]

滑坡名称	基点编号	2019 年 4 月偏移量(m)			2019 年 11 月偏移量(m)			稳定性	备注
		Δx	Δy	Δz	Δx	Δy	Δz		
大屋场滑坡	WS0101	-0.0011	-0.0010	-0.0046	-0.0013	-0.0009	-0.0026	稳定	
龙头山滑坡	WS0201	0.0000	0.0000	0.0000	0.0000	0.0000	0.0000	稳定	参考基准
马子山滑坡	WS0301	-0.0013	0.0025	0.0038	-0.0019	0.0022	0.0054	稳定	
泡桐湾滑坡	WS0401	-0.0018	0.0037	0.0050	-0.0016	0.0028	0.0048	稳定	
杨家坪滑坡	WS0501	0.0000	0.0000	0.0000	0.0000	0.0000	0.0000	稳定	参考基准
二道河滑坡	WS0601	-0.0038	0.0017	0.0055	-0.0036	0.0024	0.0085	稳定	
上安坪滑坡	WS0701	0.0034	-0.0140	0.0042	0.0073	-0.0610	0.0055	欠稳定	改用 WS1701 点解算
曹家沱滑坡	WS0801	-0.0034	-0.0010	0.0020	-0.0025	-0.0014	0.0037	稳定	
刘家包滑坡	WS0901	0.0031	-0.0027	-0.0043	0.0025	-0.0031	-0.0051	稳定	
鸡脑壳包滑坡	WS1001	-0.0040	-0.0010	0.0020	-0.0015	-0.0014	0.0025	稳定	
溪沟湾滑坡	WS1101	-0.0030	0.0010	-0.0033	-0.0023	0.0014	-0.0031	稳定	
丁家湾崩滑体	WS1201	-0.0027	-0.0010	0.0021	-0.0025	-0.0013	0.0029	稳定	
水竹园滑坡	WS1301	-0.0030	0.0010	-0.0010	-0.0031	0.0008	-0.0056	稳定	
唤香坪崩滑体	WS1401	-0.0020	-0.0070	-0.0051	-0.0020	-0.0043	-0.0057	稳定	
淌里滑坡	WS1501	-0.0034	0.0016	0.0026	-0.0024	0.0013	0.0027	稳定	
东岗咀滑坡	WS1601	-0.0020	-0.0170	-0.0030	-0.0032	-0.0110	-0.0043	稳定	
李家湾滑坡	WS1701	-0.0020	-0.0170	-0.0030	-0.0022	-0.0017	-0.0045	稳定	
鸦鹊湾崩滑体	WS1801	0.0150	-0.0030	0.0150	0.0150	-0.0030	0.0150	不稳定	改用 WS1901 点解算
老鼠错崩滑体	WS1901	0.0000	0.0000	0.0000	0.0000	0.0000	0.0000	稳定	参考基准
白鹤坪崩滑体	WS2001	-0.0025	0.0018	0.0070	-0.0021	0.0012	0.0073	稳定	
清溪河崩滑体	WS2101	0.0010	-0.0030	0.0045	0.0010	-0.0023	0.0037	稳定	
大玉皇阁崩滑体	WS2201	0.0000	0.0000	0.0000	0.0000	0.0000	0.0000	稳定	参考基准

3.2.4 随机误差

随机误差也称为偶然误差和不定误差，是由于在测定过程中一系列有关因素微小的随机波动而形成的具有相互抵偿性的误差。其产生的原因是分析过程中种种不稳定随机因素的影响，如室温、相对湿度和气压等环境条件的不稳定，分析人员操作的微小差异以及仪器的不稳定等。随机误差的大小和正负都不固定，但多次测量就会发现，绝对值相同的正负随机误差出现的概率大致相等，因此它们之间常能互相抵消，所以可以通过增加平行测定的次数取平均值的办法减小随机误差。

测量值的随机误差分布规律有正态分布、t 分布、三角分布和均匀分布等，但测量值大多数服从正态分布。随机误差应确定其分布参数，并设法减小标准偏差。偏准误差的减少可采用平均值法、排队剔除法和数字滤波法。

对原始监测数据分析应采用成熟的分析模型(如小波分析、卡尔曼滤波、多项式趋势分析法等)，实现滤波降噪、统计分析以及预测功能，并利用分析后监测数据绘制相应变形过程线。

(1)小波分析：变形体的变形可描述为随时间或空间变化的信号，监测所获取的信号包含有用信号和误差(即噪声)两部分，小波分析在信号处理领域具有明显的先进性，同时工程实例证明运用小波分析对监测数据进行滤波降噪可取得良好效果；为兼顾随机噪声、系统噪声以及粗差噪声的去噪效果，建议选取 Haar、Dd6 及 Sym6 小波基函数作为变形监测数据分析模型。

(2)卡尔曼滤波：一种利用线性系统状态方程，通过系统输入、输出观测数据，对系统状态进行最优估计的算法。由于观测数据中包括系统中的噪声和干扰的影响，所以最优估计也可看作是滤波过程。卡尔曼滤波在测量方差已知的情况下能够从一系列存在测量噪声的数据中，估计动态系统的状态。由于它便于计算机编程实现，并能够对现场采集的数据进行实时的更新和处理，卡尔曼滤波是目前应用最为广泛的滤波方法，在通信、导航、制导与控制等多领域得到了较好的应用。

下面选取自奉节县新铺滑坡一个时间段每天中午 12 点，对 GPS01 监测点数据进行处理分析。原始数据见表 3-2 及图 3-3。

表 3-2　**GPS01 点滤波处理结果及残差值**

实测值	-73.567835	-73.568956	-73.568130	-73.567502	-73.567358	-73.566941	-73.566797	-73.567588	-73.567223	-73.566701
标准卡尔曼滤波及残差	-73.567835	-73.568687	-73.568410	-73.567732	-73.567340	-73.566939	-73.566731	-73.567306	-73.567317	-73.566881
	0.00000	-0.268627	0.279733	0.229842	-0.017536	-0.002363	-0.065629	-0.282373	0.093622	0.180060
方差分量估计卡尔曼滤波及残差	-73.567835	-73.569301	-73.566900	-73.568112	-73.566822	-73.567266	-73.566578	-73.568528	-73.566017	-73.567488
	0.000000	0.344923	-1.229583	0.609504	-0.536017	0.325350	-0.219342	0.940450	-1.206018	0.786986
方差补偿卡尔曼滤波及残差	-73.567835	-73.568527	-73.568114	-73.567545	-73.567399	-73.566989	-73.566794	-73.567399	-73.567264	-73.566774
	0.000000	-0.428618	-0.016136	0.042856	0.041463	0.048213	-0.003493	-0.189498	0.040804	0.073078

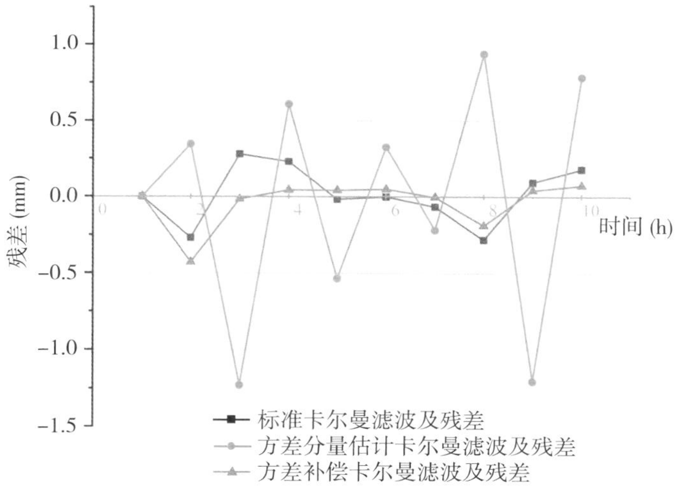

图 3-3　GPS01 点滤波值残差

（3）中值滤波：是一种非线性平滑技术，它将每一像素点的灰度值设置为该点某邻域窗口内的所有像素点灰度值的中值。

中值滤波是基于排序统计理论的一种能有效抑制噪声的非线性信号处理技术，中值滤波的基本原理是把数字图像或数字序列中一点的值用该点的一个邻域中各点值的中值代替，让周围的像素值接近的真实值，从而消除孤立的噪声点。方法是：用某种结构的二维滑动模板，将板内像素按照像素值的大小进行排序，生成单调上升（或下降）的为二维数据序列。如图 3-4 所示。

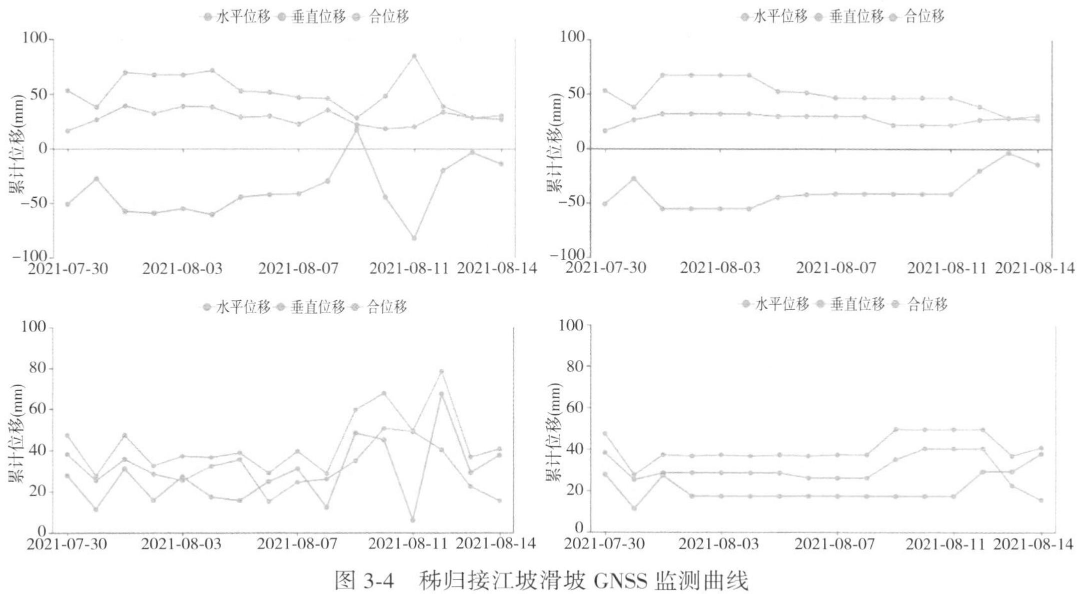

图 3-4　秭归接江坡滑坡 GNSS 监测曲线

（左图：原始数据曲线；右图：中值滤波后曲线）

(4)多项式趋势模型：为最典型的一种分析模型，即

$$Y_t = a_0 + a_1 t + \cdots + a_n t^n$$

多项式模型利用不超过高阶的多项式模型，就能给出较好的对局部变化趋势的拟合。

选取自奉节县新铺滑坡一个时间段每天中午 12 点，对 GPS01 点滤波数据进行处理分析。处理结果如图 3-5 所示。

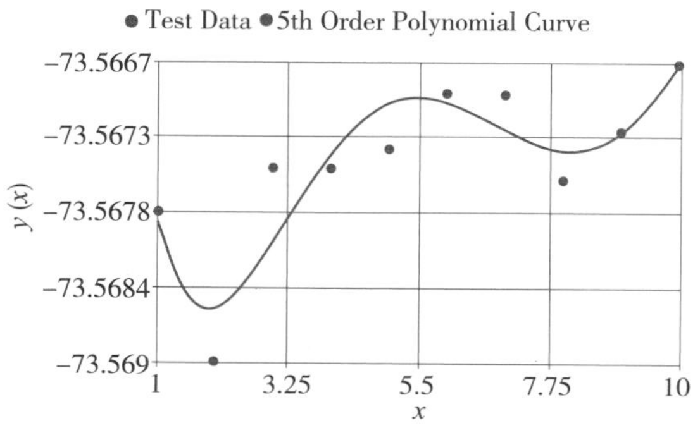

图 3-5　GPS01 点滤波数据处理分析结果

$$\begin{aligned} Y_t = & -73.5645 - 0.00552377t + 0.00255497t^2 - 0.000474481t^3 \\ & + 3.85756e^{-5}t^4 - 1.13728e^{-6}t^5 + o(t) \end{aligned}$$

可见，多项式模型拟合可以很好地处理数据，消除一定误差。

3.3　统计分析

监测数据的统计分析是在监测数据校核和误差消除的基础上，获得各种监测方法的监测值，为下一步滑坡监测分析提供操作数据和准备。

3.3.1　GNSS 监测

绝对位移监测资料应绘制水平位移、垂向位移及累计水平位移、垂向位移，以及上述两种位移量叠加在一起(合位移)的综合性分析图、位移(某一监测点或多监测点水平位移、垂向位移等)历时曲线图。相对位移监测，绘制相对位移分布图、相对位移历时曲线图等。

1. 监测点变形数据处理

单点数据处理主要为单个监测点的变形情况分析和相关数据处理，绘制累计位移历时曲线、变形速率历时曲线、变形加速度历时曲线，通过单个监测点在滑坡体上空间位置的变化量，了解滑坡体上它所代表的部位变形特征和变形增量。其涉及的数据如下：

(1)解算绝对坐标值：X 坐标、Y 坐标、H 坐标。

(2)获取相对位移量：反映采集时间间隔内的位移变化值，X 方向偏移量(ΔX)、Y 方向偏移量(ΔY)、H 方向偏移量(ΔH)，一般用 mm 表示。

(3)获取累计位移量：反映变形大小量级，包括 X 和 Y 和 H 方向的累计位移、累计合位移量，日累计位移、月累计位移、年累计位移，日平均位移、月平均位移、年平均位移，一般用累计合位移，或者水平累计位移和垂直累计位移表示。累计位移量一般用 mm 表示。

2. 图形绘制

GNSS 监测主要是获取地表变形量、变形速率、加速度等信息，通常以累计位移-时间曲线图表达。变形速率反映变形快慢，一般用日变形(mm/d)表示。当处于临灾阶段时，变形速率较大，可以用小时变形(mm/h)；当处于高速或者快速变形破坏时，可以计算灾害体的每秒运动距离(m/s)或者小时变形(mm/h)。在监测报告中，根据需要也会涉及月变形(mm/m)甚至年变形(mm/a)等描述。计算变形加速度，用于表征滑坡处于加速变形阶段，一般用日变形加速度(mm/d^2)表示。当滑坡处于加加速变形阶段时，也可以用小时变形加速度(mm/h^2)。

(1)变形-时间曲线图，包括累计位移-时间图、变形速率-时间曲线图、变形加速度-时间曲线图三种图件，均以时间为横轴，分别以累计位移量、变形速率、变形加速度为纵轴。累计位移-时间曲线图反映了滑坡变形量随时间增长情况。其中累计位移-时间曲线是监测分析必要图件，贯穿于整个监测分析过程。如图 3-6~图 3-8 所示。

(2)位移矢量图，是反映位移过程曲线，记录每个变形监测点的位移方位和位移量，一般用十字坐标系表示，原点代表初始值，坐标不同区代表方位，顺时针开始计算 0~360°。展示空间上的变形方向和量级，包括合位移量(mm)和位移方向(°)。一般标注在监测点分布图上，直观展示各监测点位移方向及大小。

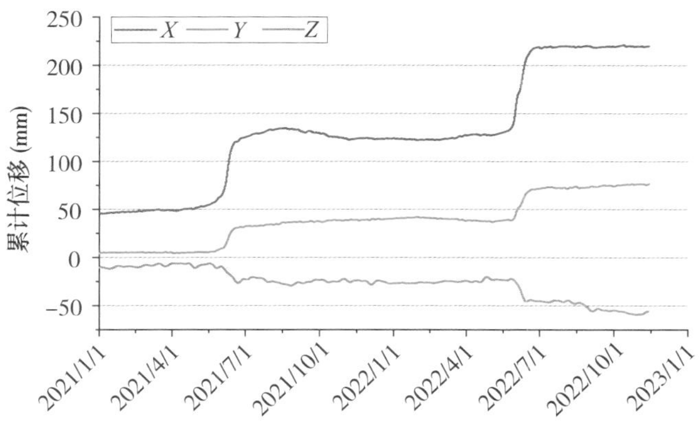

图 3-6 白家包滑坡变形-时间曲线图

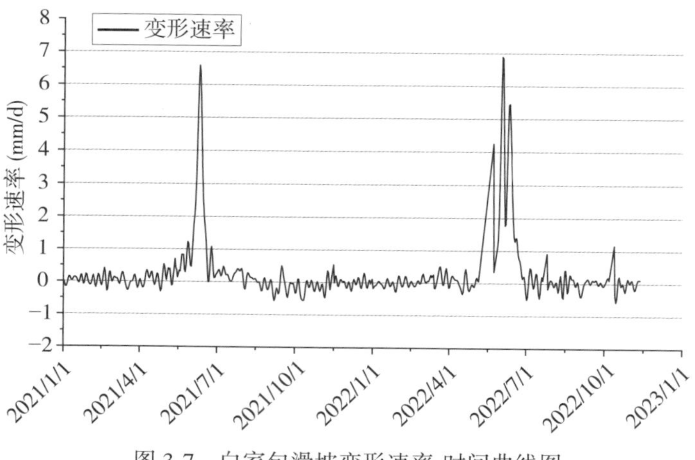

图 3-7　白家包滑坡变形速率-时间曲线图

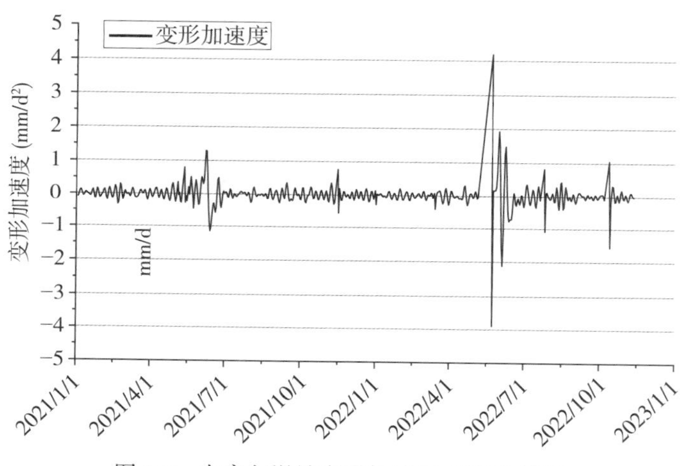

图 3-8　白家包滑坡变形加速度-时间曲线图

3.3.2　地裂缝监测

地表裂缝监测主要是获取地表裂缝宽度、变形速率等信息，包括裂缝宽度（w）（初测值（mm）、测量值（mm）），裂缝宽度变化（水平位移（mm）、沉降位移（mm）、裂缝宽度增量（mm）），裂缝宽度变化速率（日变形量（mm/d）、月变形量（mm/m）、年变形量（mm/a））等。通常制作累计位移-时间曲线图，需要时可制作地表裂缝变形速率-时间曲线，包括地表裂缝宽度-时间曲线图、地表裂缝变形速率-时间曲线图，以时间为横轴，以地表裂缝宽度、地表裂缝变形速率为纵轴（图 3-9）。其中，地表裂缝宽度-时间图累计是必要图件。当滑坡进入预警预报阶段，滑坡地表裂缝变形速率是滑坡预警预报的关键参数之一，宜生成地表裂缝变形速率-时间曲线图。

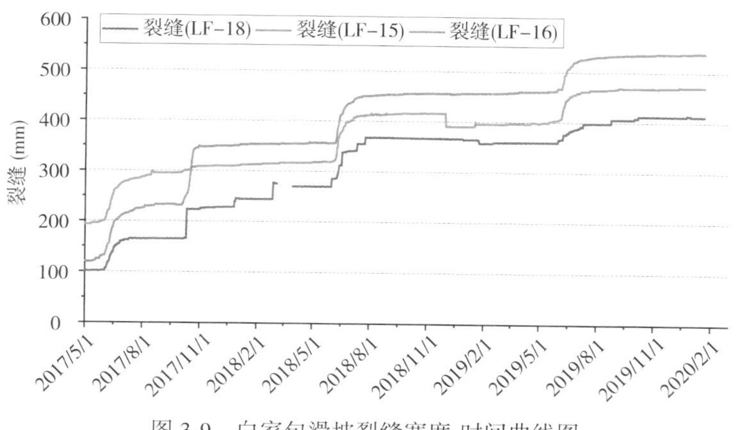

图 3-9 白家包滑坡裂缝宽度-时间曲线图

3.3.3 深部倾斜监测

钻孔倾斜监测，监测数据为孔口高程(m)、孔深(m)、位移(初测值(mm)、测量值(mm)、位移量(mm)、位移变化量(mm))、角度(°)等。钻孔倾斜监测分析，一般形成累计位移-时间曲线。根据钻孔倾斜监测资料，可以做出不同监测时间段(以小时、天、月等单位为时间间隔)的位移随钻孔深度变化曲线，每条曲线都是从滑坡体地表沿钻孔至深处每一位置某一监测时刻的位移的连线，其表示滑坡体表面至深处不同点的位移量值。

1. 累计位移-深度曲线图

以变形(mm)为横轴，以孔深(m)为纵轴，将同一钻孔同期监测数据中不同深度位移绘制成一条曲线。一张图可以绘制不同监测期的曲线，反映同一钻孔不同深度位移随时间变化曲线。可用于识别滑带位置、滑带级数及其位置值。

2. 累计位移-时间曲线

同一深度(一般指安装在滑带位置的自动监测)的监测位移量随时间变化曲线，可以反映滑带位置变形随时间变化，反映滑带的变形情况。

3.3.4 应力应变

应(推)力监测主要是获取推力信息，应力监测(压力盒、推力(下滑力)等)应力(推力)历时曲线图。以推力(MPa)或下滑力(kN)为纵轴，以时间为横轴，反映某一时间段范围(小时、日、月、年)内的不同时间滑坡推力变化。常用表达形式为曲线图，如图 3-10 所示。

图 3-10　淹锅沙坝滑坡下滑力-时间曲线

3.3.5　地下水

地下水监测主要是获取地下水活动等信息，包括地下水水位及变化值(m)、水温及变化值(°)、水流流量、水压(MPa)。对降雨、地下水、库水等监测资料应编制地表水位、流量历时曲线图，地下水位历时曲线图，库水位历时曲线图，土体含水量历时曲线图，孔隙水压力历时曲线图，泉水流量历时曲线图等。

以纵轴为地下水位高程(m)，以横轴为时间表示，反映某一时间段范围(小时、日、月、年)内的不同时间地下水位变化。常用表达形式为曲线图，如图 3-11 所示。

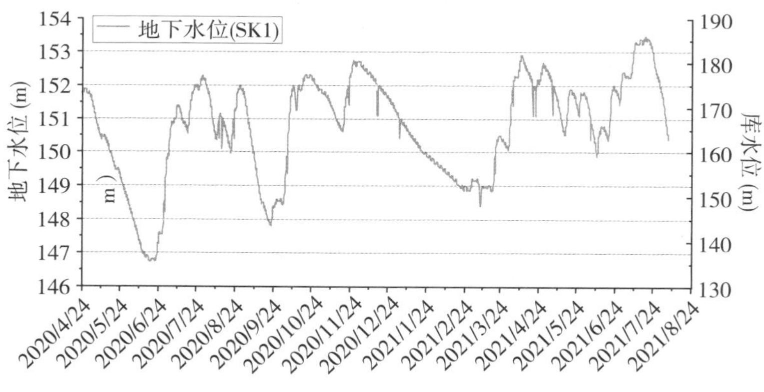

图 3-11　白家包滑坡地下水监测曲线图

3.3.6　影响因素

1. 降雨

降雨监测数据一般包括雨量(降雨量(mm)、平均降雨量(mm)、最大降雨量(mm)，月降雨量(mm)、年降雨量(mm))，雨强(小时降雨量(mm/h)、日降雨量(mm/d))，以及单次降雨过程（累计降雨量（mm）、最大日降雨量（mm/d）或小时降雨量（mm/h），降雨历时（d 或 h））。

对气象监测资料应编制降雨-历时曲线图（或柱状图），以及区域上的雨量等值线图等。降雨-历时曲线图（或柱状图）通常以降雨量（mm）或降雨强度（mm/h）为纵轴，以时间为横轴表示，反映地图上某一点上一段时间范围内的（日、月、年）降雨量。有两种常用表达形式，一种是柱状图，另一种是曲线图（图 3-12）。雨量等值线是平面地图上降雨量相等各点的连线，是由一系列其雨量成等差数列的雨量等值线簇所构成的，可以直观显示雨量的地理分布状况。

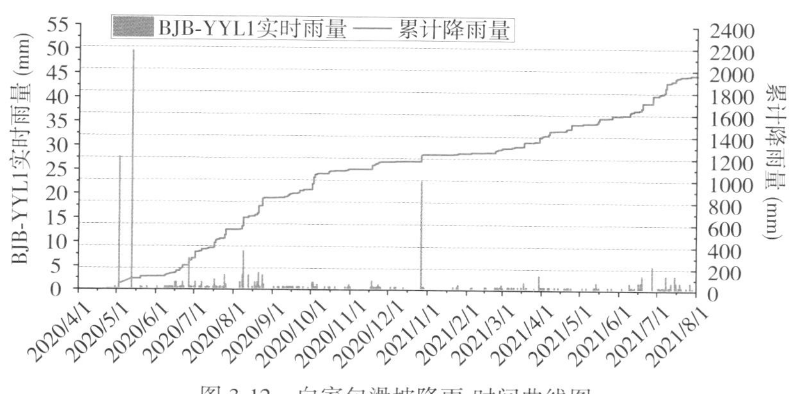

图 3-12 白家包滑坡降雨-时间曲线图

2. 库水位

库水位监测主要获取库水位（m）、水位变幅（m）、持续时长（d 或 h）、水位变化速率等信息，通常以库水位高程-时间曲线图和库水升降速率-时间曲线图表达。以纵轴为库水位或库水升降速率，横轴为时间表示，反映某一时间段范围（小时、日、月、年）内的库水位高程和升降速率。如图 3-13 所示。

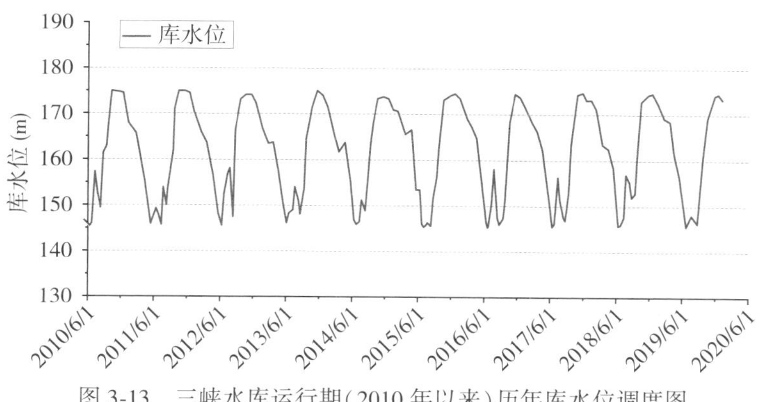

图 3-13 三峡水库运行期（2010 年以来）历年库水位调度图

3.3.7　多要素监测曲线

曲线综合分析就是将不同要素监测曲线叠加一起分析，主要有变形、地下水、应力等监测要素之间及其与影响因素监测曲线之间叠加，用于不同要素监测曲线之间关系分析。

1. 效应量与原因量关系曲线

1）变形-影响因素关系曲线图

变形曲线（包括：GNSS 监测累计位移、变形速率、变形加速度等，地表裂缝宽度、地表裂缝变形速率，深部位移监测曲线）与影响因素叠加分析图，包括降雨（雨量、雨强）、库水（库水位、水位日降幅），选一种或多种，一般以时间为横轴。通过变形-影响因素图分析滑坡变形与影响因素之间的关系，确定影响滑坡变形的主要和次要因素，确定滑坡变形对外界因素的响应程度，分析变形和影响因素之间的相关性及这种相关性背后隐藏的作用机理。如图 3-14 所示。

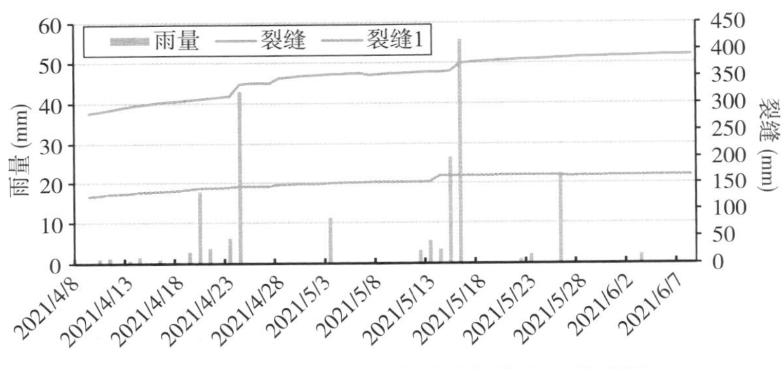

图 3-14　接江坡滑坡后缘裂缝位移-降雨关系图

2）地下水-影响因素关系曲线图

通常为地下水位高程、孔隙水压力和土壤含水率等与影响因素（降雨（雨量、雨强）、库水等（库水位、水位日变幅）选一种或多种）叠加分析图，以时间为横轴。通常来说，降雨补充地下水，因此，一般在降雨之后地下水位会出现抬升、孔隙水压力增大、土壤含水率增加的现象。

3）应（推）力-影响因素关系图

推力可以联合降雨、地下水位监测数据分析叠加分析，以时间为横轴。通常为推力-时间曲线图表，需要时，可制作滑坡推力-影响因素-时间曲线。

2. 效应量之间关系曲线图

将不同监测要素（如变形、地下水、应力等）监测曲线叠加分析，通过监测数据的空间及时间联动关系来推断监测点的变形趋势以及不同监测项之间的联系。

1)变形-地下水关系曲线图

绘制变形-地下水关系曲线图，以时间为横坐标，以变形(GNSS 监测累计位移、变形速率、变形加速度等，地表裂缝宽度、地表裂缝变形速率，深部位移监测曲线)与地下水(库水位、水位日降幅)为纵坐标，用于分析地下水和滑坡变形之间的相关性。

2)推力-变形关系曲线图

为分析推力与变形的关系，可以绘制推力-变形关系曲线图。以时间为横坐标，以推力和累计位移为纵坐标。

第4章　滑坡监测数据分析

滑坡监测分析应了解各监测物理量的大小、变化规律、趋势，以及效应量与原因量之间(或几个效应量之间)的关系与相关程度。有条件时，还应建立效应量与原因量之间的数学模型，解释监测量的变化规律，在此基础上判断各监测物理量的变化与趋势是否正常。

4.1　地表变形监测分析

滑坡变形监测常用方法有GNSS监测法、裂缝监测法等。一般用累计变形量、变形速率、变形加速度、变形矢量等要素来表达。

4.1.1　单点分析

1. 累计位移

累计位移是监测点某一时刻位置(或坐标)测量值相对于初测值的位移量，反映了监测点在一段时间段内的累计变形大小。通常用累计位移-时间曲线图反映监测点变形历程。多年的累计位移-时间曲线可反映监测点以下特征：

(1)了解滑坡变形状态。包括：判断滑坡是否存在变形及其变形大小与量级；划分滑坡变形所处阶段，如初始变形阶段、匀速变形阶段、加速变形阶段等。

(2)掌握滑坡变形特征。通过累计位移-时间曲线，可以看出变形曲线特征，属于振荡型、直线型或者阶跃型。

(3)分析滑坡变形规律。如年度或月变形量值及其区间范围，变形是否存在周期性，变形发生时间段及突变发生的时间点等。

(4)研判滑坡变形趋势。如通过曲线陡缓，判断处于变形加速或变形趋缓；通过逐年变形量对比分析是变形增大趋势还是变形减小趋势。

从秭归县木鱼包滑坡上各位移监测点年变形量统计图(图4-1)中可以看出，滑坡总体上变形趋缓，呈现波动下降趋势。从2007年的年变形在180~340mm，降至2019年的40~110mm。2007年，木鱼包滑坡的年位移量达最大，监测点ZG296、ZG297和ZG298的年位移分别为219.15mm、214.33mm和222.41mm；2008年和2009年，木鱼包滑坡的年位移量达160~170mm；木鱼包滑坡监测点的年位移量在2011年和2012年为150mm左右；2010年、2014年、2015年、2017年和2018年监测点年位移量为100~150mm；2016年和2018年，年位移量为80mm以下，2019年年位移量为50mm左右。

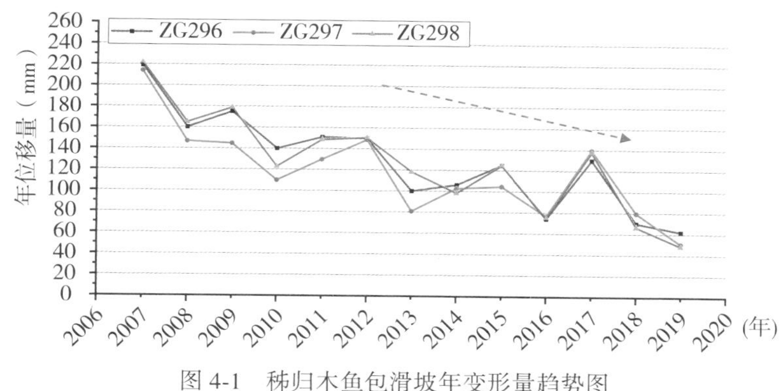

图 4-1 秭归木鱼包滑坡年变形量趋势图

2. 变形速率

变形速率是反映监测点在一个时间段内的变形增长情况的特征量。变形速率是衡量隐患点变形特征的重要因素，变形速率越大，说明监测隐患点的变形越强烈。变形速率-时间曲线一般呈现出波动特征，可用于判断滑坡的以下状态：

一是滑坡稳定性趋势判断。当速率变小时，表明滑坡向趋于稳定方向发展；当速率增大时，表明稳定性变差。

二是滑坡变形阶段划分。当速率增大时，滑坡呈现加速变形特征；当变形速率变化微小或不变时，滑坡处于匀速变形或蠕动变形阶段。

3. 变形加速度

变形加速度指速度变化量与发生这一变化所用时间的比值，是描述物体速度变化快慢的特征量。变形加速度是斜坡变形演化阶段的重要判别指标。斜坡变形演化的三阶段中：

①初始变形阶段的加速度 $a<0$(初始启动阶段除外)；

②等速变形阶段的加速度 $a\approx 0$；

③加速变形阶段的加速度 $a>0$。

当隐患点变形速率逐渐增加，并随着时间的延续，变形速率增幅不断扩大，直至坡体整体失稳破坏之前，变形曲线近于陡立，切线角接近 90°，这一阶段被称为加速变形阶段。斜坡的加速变形阶段对于滑坡的预测预报具有非常重要的意义。因此，为了滑坡预报的方便，研究者根据加速变形阶段曲线的特点，又将其细分为三个阶段：变形加速初始阶段(初加速)、变形加速中期阶段(中加速)和变形加速突增阶段(加加速)，分别对应于黄色预警、橙色预警和红色预警。

4. 切线角

切线角主要是指累计位移-时间曲线上各点的切线角，可以刻画变形加速程度，是滑坡预警预报的重要参数。切线角越大，变形加速度越大。当切线角为恒定值，滑坡处于匀速蠕变阶段。当切线角在增大时，表示滑坡处于加速变形状态。当处于临灾阶段时，切线角趋近于 90°。因此，位移-时间曲线的切线角可以作为滑坡稳定性判别的指标，切线角越大，其稳定性越差。

由于累计位移-时间曲线的纵横坐标量纲不一致，曲线某一点处切线斜率的大小本身并不具有明确的实际意义，但相邻时间段切线斜率是增是减，在一定程度上反映了滑坡的变形演化趋势。当曲线变陡，即切线的斜率增加时，表明监测隐患点变形愈演愈烈，处于加速变形阶段，监测隐患点趋于不稳定；当累计位移增长变缓慢，即切线的斜率减小时候，表明监测隐患点变形速率在逐渐减小，处于减速变形阶段，监测隐患点趋于稳定。

滑坡变形-时间曲线的切线角在不同的阶段具有不同的特点，在初始变形阶段，切线角表现较大随后逐渐减小并趋于稳定。在等速变形阶段切线角基本保持不变，应该在 45° 左右。在加速变形阶段切线角从 45°开始逐渐向 90°发展。许强等[35]为了解决将纵横坐标的任一坐标作拉伸或压缩变换后，同一时刻的位移切线角则会因拉伸或压缩变换而发生变化这一问题，通过将对累计位移(S)-时间(t)坐标系作适当的变换处理，使其纵横坐标的量纲一致。以通过用位移除以 v 的办法将 S-t 曲线的纵坐标变换为与横坐标相同的时间量纲，即：

$$T(i) = \frac{\Delta S(i)}{v} \tag{4.1}$$

式中，$\Delta S(i)$ 为某一单位时间段内斜坡位移的变化量；v 为等速变形阶段的位移速率；$T(i)$ 为变换后与时间相同量纲的纵坐标值。

根据 T-t 曲线，可以得到改进的切线角 α_i 的表达式如下：

$$\alpha_i = \arctan \frac{T(i) - T(i-1)}{t_i - t_{i-1}} = \frac{\Delta T}{\Delta t} \tag{4.2}$$

式中，α_i 为改进的切线角；t_i 为某一监测时刻；Δt 与式(4.1)计算 ΔS 时对应的单位时间段(一般采用一个监测周期，如 1 天、1 周等)；ΔT 为单位时间段内 $T(i)$ 的变化量。

5. 变形矢量

变形矢量不仅反映累计位移大小，还体现了该点处滑体运动方向。通常与监测点布置图叠加在一起，以便直观反映滑体不同部位变形特征。

一是通过变形矢量线长度(变形量的大小)来划分变形区域，将变形量级相近和相邻点划分为一个变形区。把变形量级不一样的区分开来，形成了强变形区、中变形区或者弱变形区等。

二是通过位移矢量线与主滑方向比较，分析监测点变形受局部地形控制还是滑坡整体变形所致。如果每个监测点位移矢量线与滑坡主滑方向大体一致，且均出现不同程度变形，表明滑坡处于整体变形。如果某个或者几个监测点变形出现变形，变形方向受局部地形控制且与主滑方向不一致，或者各自变形矢量方向不一致，则可以认为是局部变形，或者只是地表变形，不存在整体滑动。

从白家包滑坡监测点 2021 年 5 月 19 日至 8 月 19 日期间位移矢量图(图 4-2、图 4-3)可以看到：

一是白家包滑坡地表变形监测点均存在变形，且变形方向与主滑方向一致，表明该滑坡处于整体蠕动变形阶段。

二是各监测点位移矢量线总体上朝着北东东方向变形，但是不同时间段的变形矢量方向有所不同，7 月之后变形方向变化比较大，主要原因是滑坡处于不变形、微变形状态，其变形量值在监测误差范围之内，位移曲线处于波动状态。

三是位移矢量线中，每个线段两个点之间的时间间隔一样，但线段长度不一样。表明不同时间间隔内滑坡位移变化量或者速率不一样。在库水位下降作用下，5 月底至 6 月中旬，滑坡位移速率较大。

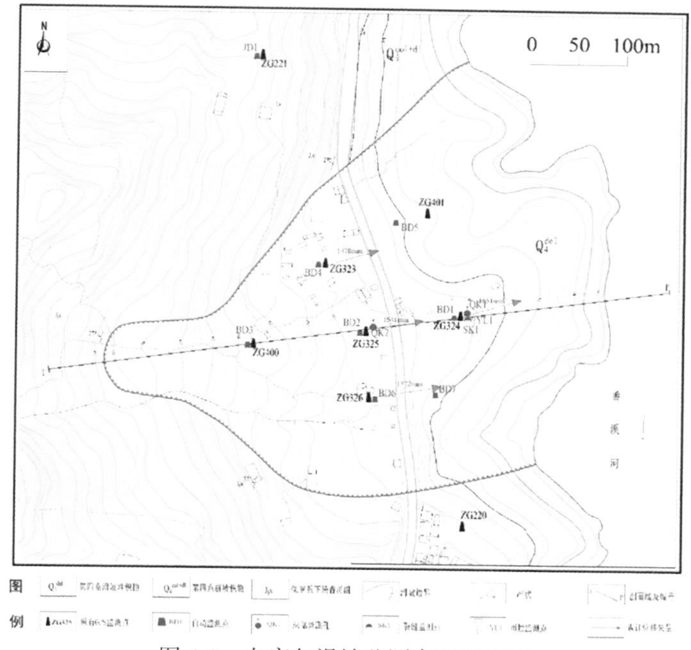

图 4-2　白家包滑坡监测布置平面图

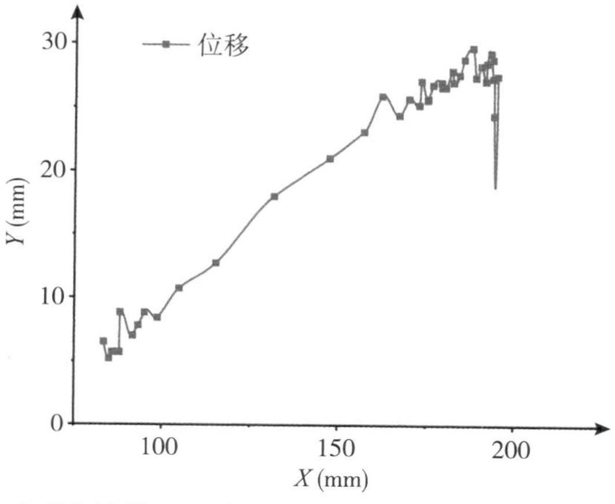

图 4-3　白家包滑坡 2021 年 5—8 月位移方向矢量图(X、Y 方向)

4.1.2　剖面和整体分析

通过滑坡体各个纵剖面上或者所有监测点数据分析，包括累计位移量和变形速率，了解隐患点变形状态及模式。

1. 分析变形特征

通过监测数据对比，能够划分滑坡变形区、判断滑坡为整体变形或者局部变形，了解滑体变形的空间变化特征，确定主要变形区范围，划定变形分区，如强变形区、中变形区、弱变形区，以及变形影响区，进而分析监测点布设合理性。

1)整体变形

结合整个滑坡的监测数据，若滑坡体前缘、中部和后缘监测点的累计变形量和变形速率、变形趋势，或变形方向基本一致，且变形较为明显，说明该滑坡为整体变形；例如图4-4所示白家包滑坡 GPS 累计位移-时间曲线，所有的监测点都在变形，监测点的变形大小和趋势具有明显的一致性和同步性，表明滑坡处于整体变形。

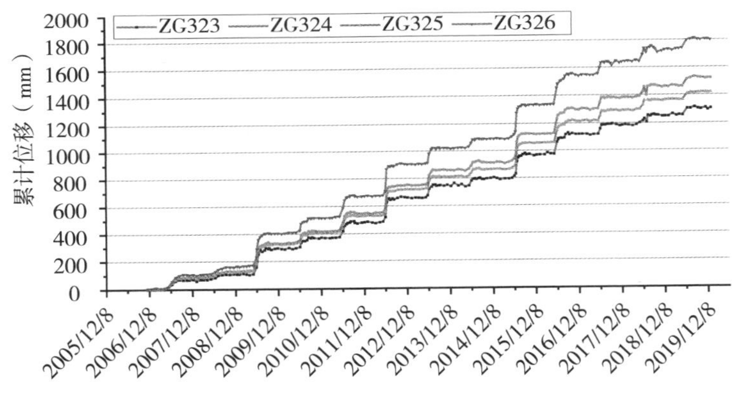

图 4-4　白家包滑坡 GPS 监测点累计位移-时间曲线图

2)局部变形

若监测点变形速率差异大，只有个别监测点变形较大，其余大部分监测点变形速率小甚至不变形，则表明滑坡具有局部变形特征。例如胡家坡滑坡 GPS 监测点累计位移-时间曲线图(图 4-5)，除了 ZG329 号监测点在变形之外，其他监测点均未出现变形，表明滑坡属于局部变形。

在分析监测灾害点变形空间特征的基础上，结合地表宏观巡查与监测结果，可分析监测点布设是否监控了变形关键部位，从而分析监测点布设位置的合理性。

2. 确定运动形式

分析滑坡体各监测纵剖面上或者所有监测点的监测数据，对判别滑坡的运动形式具有指导意义。例如，当滑坡体前缘变形最为强烈，中部次之，后缘最小，说明该滑坡体为牵引式滑坡。图 4-6 中巴东染房滑坡体上的 BD-119、BD-120、BD-121 这 3 个 GPS 变形监测点依次分布在滑坡体后缘、中部和前缘。监测结果显示，3 个监测点具有相同的变形趋势，变形量由大到小依次是前缘、中部和后缘，表明该滑坡属于牵引式滑坡。

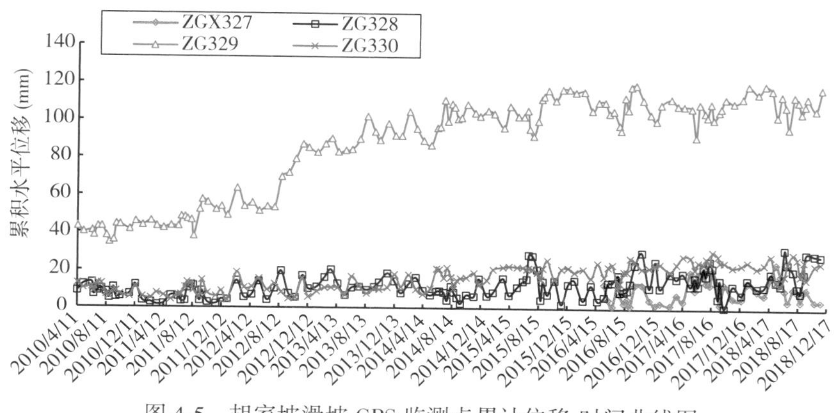

图 4-5　胡家坡滑坡 GPS 监测点累计位移-时间曲线图

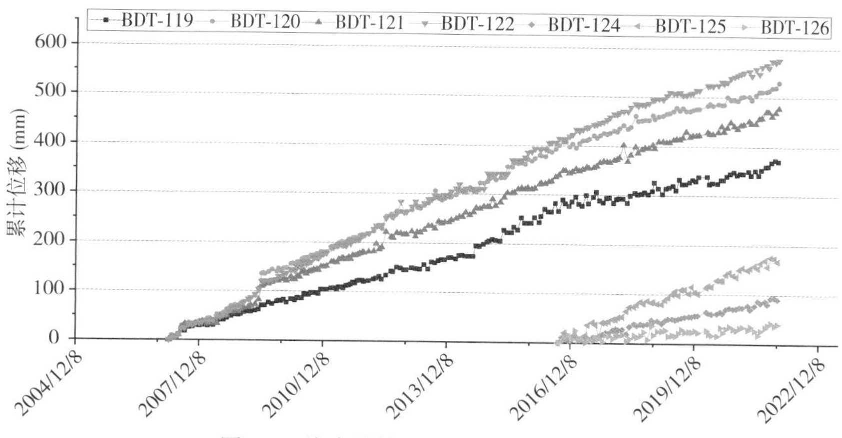

图 4-6　染房滑坡 GPS 监测点累计位移

当滑坡体后缘变形最为强烈，中部次之，前缘最小，说明该滑坡体为推移式滑坡。秭归县树坪滑坡监测点累计位移-时间曲线(图 4-7)中，SP-6、SP-2 和 ZG86、ZG85 分别在 2 条监测剖面上，其中，SP-6 和 ZG86 位于滑坡后缘，SP-2 和 ZG85 位于滑坡中前部。从监测曲线可以看出，2 条监测剖面上的监测点位移均是后缘大于前缘点，表明滑坡属于推移式滑坡。

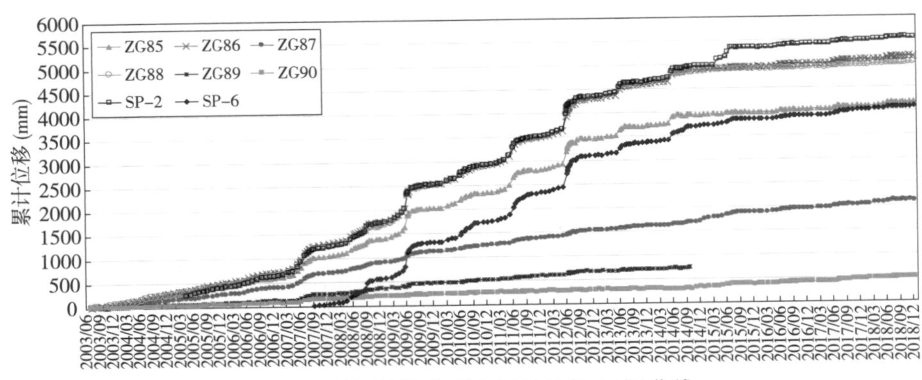

图 4-7　树坪滑坡监测点累计位移-时间曲线

3. 分析破坏方式

监测数据能够指示滑坡的破坏方式。与分析变形特征类似，根据滑坡体主要变形区范围和可能变形破坏机制，判断滑坡将出现整体破坏还是局部失稳，圈定滑坡可能失稳破坏及其可能影响的区域范围，圈定强变形区、弱变形区和变形影响区。另外，当临近的部分监测点变形行为(变形速率、变形量)与周围监测点存在较大差异时，可推测是否存在多级滑带或次级滑体的可能。

4. 判识变形阶段

1)滑坡变形三阶段理论[36]

依据变形量、变形速率、加速度等及其随时间变化特征，分析隐患点所处变形阶段及其稳定性(图 4-8)。

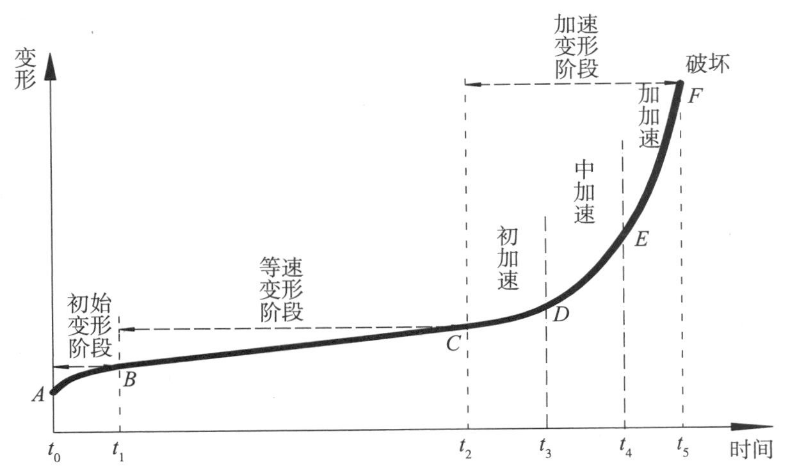

图 4-8　斜坡变形的三阶段演化图示[36]

第Ⅰ阶段(*AB* 段)：初始变形阶段。坡体变形初期，变形从“无”到“有”，坡体中出现明显的裂缝，变形曲线最初表现出相对较大的斜率，随着时间的延续，变形逐渐趋于正常状态，曲线斜率有所减缓，表现出减速变形的特征。因此，该阶段常被称为初始变形阶段或减速变形阶段。

第Ⅱ阶段(*BC* 段)：等速变形阶段。坡体变形一旦启动，在重力作用下，便基本上以等速发展的趋势继续变形。此阶段变形虽因不时受到外界因素的干扰和影响，变形曲线可能会有所波动，但总体趋势为一倾斜直线，平均应变速率基本保持不变，故又称匀速变形阶段。

第Ⅲ阶段(*CF* 段)，加速变形阶段。当坡体变形持续到一定时间后，变形速率就会逐渐增加，并随着时间的延续，变形速率增幅不断扩大，直至坡体整体失稳破坏之前，变形曲线近于陡立，切线角接近 90°，这一阶段被称为加速变形阶段。加速变形阶段对于滑坡的预测预报具有非常重要的意义，因此，为了滑坡预报的方便，研究者根据加速变形阶段曲线的特点，又将其细分为三个阶段：变形加速初始阶段(初加速，*CD*)，变形加速中期阶段(中加速，*DE*)和变形加速突增阶段(加加速，*EF*)。斜坡的演化一旦进入加加速变形阶段，预示着滑坡即将发生，应及时进行预警，启动防灾预案，并做好防灾救灾准备。

大量的监测数据表明，上述斜坡变形演化的三阶段理论具有一定的普适性，是斜坡岩土体在重力作用下变形演化遵循的一个普遍的规律。但值得说明的是，在实际的滑坡监测中，有些滑坡可能会在变形已经达到一定程度后才被纳入专业监测范围，监测数据所反映的主要是后半段的情况，一般只能获取等速变形阶段之后甚至是加速变形阶段之后的监测数据，不能形成一个完整的“三段式”的变形监测曲线。

2)阶跃型滑坡变形阶段判识

在三峡库区专业监测滑坡中，存在一种较为特殊情况，部分滑坡受到库水周期性波动或者汛期 5—9 月降雨等周期性影响，产生周期性的阶跃变形，通常称之为阶跃型滑坡。这些滑坡变形累计位移-时间曲线，每年的固定时段内会出现一次明显变形，在累计位移-时间曲线上形成一个明显的变形“台阶”。从单个变形“台阶”上看，存在变形加速过程，甚至变形速率、加速度或者切线角在增大。但从多个变形“台阶”综合看，多年来每个“台阶”高度或者变形量存在差别。有些变形台阶没有明显差别，如白家包滑坡，将多年来每个变形“台阶”的坡肩连起来，近乎为一条直线(图 4-9)。因此，尽管白家包滑坡呈现典型的阶跃变形特征，但是总体上该滑坡处于匀速变形阶段。

也有一些滑坡，受暴雨作用，一旦出现阶跃性变形之后，后期受降雨影响的敏感性变大，同等降雨条件下产生更大变形，变形“台阶”高度呈现逐步加大特征。如秭归谭家湾滑坡，2014 年 8 月底和 9 月初的暴雨之后，滑坡变形启动，局部出现数十毫米变形。2017 年华西秋汛期间，受久雨影响，滑坡出现 300mm 变形。2018 年变形进一步加剧，出现变形量近 900mm 的变形“台阶”。由此可以看到，在 2014 年变形启动后，变形量总体呈现逐年增大，整体上呈现加速变形状态。将谭家湾滑坡各变形台阶的肩坎连起来，可以看到滑坡变形存在明显加速特征(图 4-10)。这类滑坡在变形启动之后，地表出现裂缝，随着变形的增大，裂缝也增多或者加宽、加长，雨水可以沿着裂缝直接往下灌，大大增加了

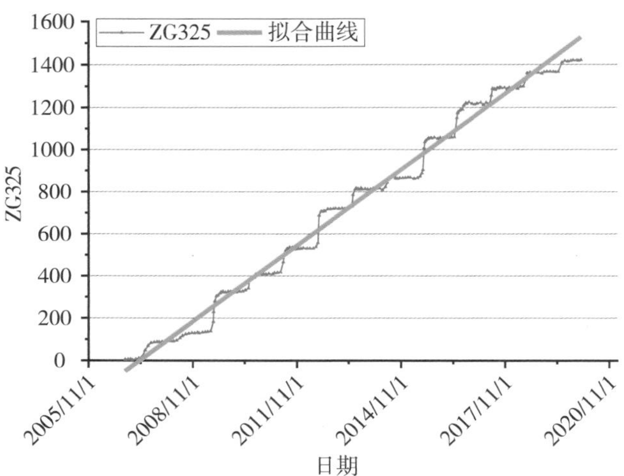

图 4-9　白家包滑坡阶跃型监测曲线及拟合曲线

降雨入渗，改变了滑坡地表降雨入渗和滑坡地下水渗流场，不利于滑坡稳定性，因此出现变形逐年加剧现象。

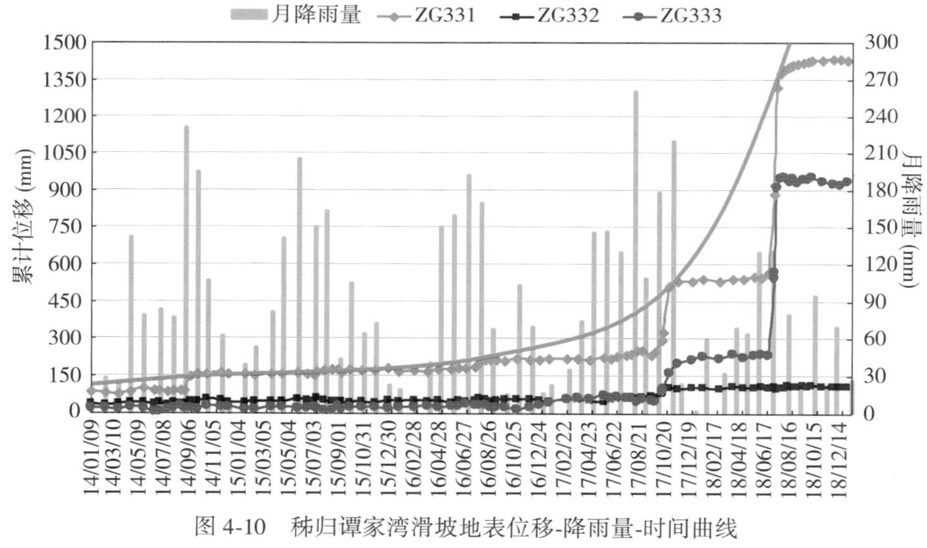

图 4-10　秭归谭家湾滑坡地表位移-降雨量-时间曲线

5. 告警值或变形判据分析

2014 年出版的《三峡库区滑坡灾害预警预报手册》给出了滑坡预警级别的切线角定量划分标准。见表 4-1。

表 4-1 滑坡预警级别的定量划分标准[78]

变形阶段	等速变形阶段	初加速阶段	中加速阶段	加加速(临滑)阶段
预警级别	注意级	警示级	警戒级	警报级
警报形式	蓝　色	黄　色	橙　色	红　色
切线角	$\alpha\approx45°$	$45°<\alpha<80°$	$80°\leqslant\alpha<85°$	$\alpha\geqslant85°$

值得注意的是，不同滑坡，其临滑切线角有一定的差异，可以通过进一步分析研究确定临滑切线角。如王珣等(2017)[37]研究认为，可以对蠕变型滑坡在确定等速变形阶段后采用拟合公式计算出滑坡可能发生时的临滑切线角，公式如下：

$$\alpha_{max} = -15.10\varepsilon_0 + 87.85$$

式中，α_{max} 为蠕变型滑坡切线角；ε_0 为等速变形阶段的变形速率(mm/d)。

通过上述公式可知，临滑改进切线角主要是由等速变形速率决定的，等速变形速率是各蠕变参数的综合反映，依滑坡的等速变形速率计算出该滑坡的临滑切线角值。

对于已长时间观测的隐患点来说，可以通过以往变形监测结果分析提出初步的告警值。将以往变形中出现的极大值作为告警值，包括变形量、变形速率的最大值。尤其是对于累计位移曲线为阶跃型的隐患点，可以利用前期累计位移曲线出现的最大“台阶”的变形量作为告警值。也就是在出现一个新的阶跃过程中，当已产生的变形量超过了以往阶跃变形的最大变形量时，进行告警；或者以往最大变形速率作为告警值，当变形速率超过以往任何时候时，应开始告警，并加强监测和密切分析发展动向。

4.1.3 分析结果

通过变形监测数据分析，尽量形成以下方面的监测分析结果，或者初步的结论判断：

(1)变形特征：位移量、位移矢量、位移速率、变形加速度，以及位移-时间曲线的切线角。

(2)变形分区：可以结合宏观巡查分析，划分变形强烈区、中等变形区、弱变形区以及变形影响区。确定滑坡属于局部变形还是整体变形。

(3)曲线类型：变形曲线属于振荡型(不变形)、直线型(匀速变形)、阶跃式变形还是复合型。

(4)变形阶段：不变形、蠕动变形、匀速变形阶段、加速变形阶段、临滑阶段。

(5)运动形式：推移式、牵引式、混合式。

(6)影响因素：包括主要影响因素和次要影响因素，滑坡变形对影响因素响应关系。

(7)稳定性现状及趋势：稳定、基本稳定、欠稳定、不稳定。

(8)变形告警值及判据：速率、位移量、切线角等。

4.2　深部位移监测分析

钻孔倾斜监测主要用于滑坡深部位移监测，重点监测滑带变形情况。通过监测确定岩(土)体内滑动面(滑带)位置、位移速率和滑动方向等，进行滑坡变形趋势分析。

4.2.1　单孔分析

1. 滑带深度判识

在钻孔倾斜监测的累计位移-深度曲线上出现明显位移的深度位置，视为滑动面位置及埋深。若不存在明显位移面，则存在以下两种可能：

一是滑坡尚未形成统一滑动面。不同时刻的累计位移-深度曲线自下往上均未出现变形时，表明隐患点不变形；或者自下而上变形累计逐步增大，且一般总体位移量不大时，表明滑体物质压密或亏损而产生的形变。

二是存在滑带，但钻孔监测揭示未变形或不变形，表明隐患点处于稳定阶段。

滑带位置判识应结合钻孔资料共同确定，尤其是当钻孔倾斜监测未出现明显变形突变时，以钻孔资料分析作为判识滑带的主要依据。当监测曲线出现两个及以上突变位置时，可判断是否存在多级滑动面，并根据滑动面变形大小，将变形最大的滑动面视为主滑面。

2. 滑带变形分析

(1)位移量。以当前测量位移值与第一次测量结果的比较，得出测量以来的滑动面累计位移。

(2)通过滑带的位移-历时曲线，分析滑带变形随时间变化特征及趋势。

3. 滑带相对厚度分析

可从监测数据上大致判断滑带厚度。如果滑带厚度小，在曲线上滑动面位置出现近水平的位移突变，即深度上相邻两个测点直接位移值相差较大。当滑带较厚时，会出现连续两个或多个测点的产生较大的位移，通过读取连续位移较大测点的顶、底两端深度差，得到滑体厚度。

4. 仪器安装及运行分析

钻孔测斜以获取滑带变形为主要目的。监测数据和曲线不出现异常，表明钻孔倾斜仪安装和运行正常。以下是钻孔倾斜监测中遇到的常见问题及原因分析：

(1)当位移-深度曲线沿着纵轴或深度左右振荡时，有两种可能：一是出现安装问题，测斜管在安装时不完全竖直，或者测斜管固定注浆时有空洞也会导致曲线震荡；二是滑坡没有明显变形，可判断滑坡当前处于稳定或基本稳定。

(2)当固定式倾斜仪器未监测到变形时，有两种可能：一是传感器未安装在滑带位置，而监测不到变形；二是滑带没有明显变形，可判断滑坡处于稳定或基本稳定。建议在安装固定式测斜仪之前，对监测孔实施人工测斜，以确定滑带位置后，再安装固定式测斜仪器。

(3)钻孔或仪器剪断破坏，当出现数据中断或者人工监测时触感器不能深入往下时，表明监测孔剪断破坏或者仪器失效。

(4)仪器安装运行状态分析，应结合地表变形、钻孔资料以及其他钻孔监测数据进行综合分析判断。

4.2.2 剖面分析

一般情况下，深部测斜只布设一条剖面，即布设在监测主剖面上，监测孔数量一般为2~3个，分析主剖面上不同监测孔的深部变形特征。

(1)滑面是否存在或贯通。如果只有部分孔出现滑动面并产生变形，可以得出滑坡处于局部变形状态(或者次级滑体变形)，或滑动面没有贯通。

剖面上各监测孔的位移-深度曲线没有明显变化台阶时，表明滑带没有变形，或者没有形成统一的滑面。

(2)确定主滑动面。当滑坡出现多级滑动面时，可以确定主滑动面和次级滑动面。主滑动面一般贯穿整个监测剖面。

(3)滑坡变形机制。当滑带变形监测结果是前缘至后缘的变形量逐渐减少时，表明该滑坡属于牵引式滑坡；当剖面上滑带变形监测结果是前缘至后缘的变形量逐渐增大时，表明该滑坡属于推移式滑坡。

4.2.3 与地表变形分析

(1)分析地表变形与深部变形之间的响应关系，包括形变量的一致性和变形时间的同步性。当剖面上的地表和地下监测数据同步且存在变形，表明滑坡处于整体变形阶段。当地表变形，而滑带不变形时，表明滑坡整体稳定，表层发生局部变形，或者是滑体土压实作用产生的地表沉降变形。

(2)分析是否存在其他滑带或者可能存在更深层次的滑带。例如，地表监测显示出整体变形特征，且各监测点的变形同步性很好，表明滑坡沿着滑动面整体滑动。若此时倾斜监测数据未显示变形，则表明可能存在其他滑带，或者仪器安装不到位，未能监测到滑带。

(3)了解地表变形原因，判断滑坡地表变形是表面土体局部(或次级滑体)变形、滑体土沉降变形，还是滑动变形。在深部监测传感器安装位置正确时，能够正常获取滑带位移时。

当深部未出现位移，而部分GNSS点出现明显位移时，可以进一步判别是属于地表土体局部变形时，还是存在次级滑体。当地表个别监测点出现变形时，表明是局部变形；当部分监测点出现变形，且变形量及其矢量方向具有较好的一致性时，表明滑坡存在次级滑体的可能。

当深部没有位移，而地表所有监测点存在轻微缓慢变形时，一般年变形量在毫米级，可认为是滑体土层因密实沉降而产生的变形。

若钻孔测斜与地表 GNSS 均存在变形，则可以判断是滑坡整体滑动变形。

(4) 了解倾斜监测设备(尤其是固定式传感器)安装是否到位，或者是否能够捕捉到变形的滑带。当地表变形较大，具有明显变形特征，且变形量及矢量方向具有一致性，具有整体滑移特征，但传感器却没有监测到深部变形，表明深部位移监测设备不在滑带上或者钻孔深度未穿过滑带，没有监控到滑带变形。

4.2.4　人工监测分析

人工监测曲线反映了监测时间上 A、B 两个方向的位移随钻孔深度变化曲线，曲线既反映了不同深度的位移当前次测量值与第一次测量值的差值(或位移量)，也反映了滑体自下而上位移的累加。当滑坡有变形时，一般情况下，滑体表面位移量大于或等于滑带位移，旋转式滑坡除外。

当滑带存在变形时，通过人工监测数据分析可以明细确定滑带位置，得出滑带的变形量，判断滑坡是否存在滑带，存在几级滑带，能够确定滑带的位置、厚度、变形大小。

钻孔倾斜的人工监测曲线形态可分为如图 4-11 所示四种类型。

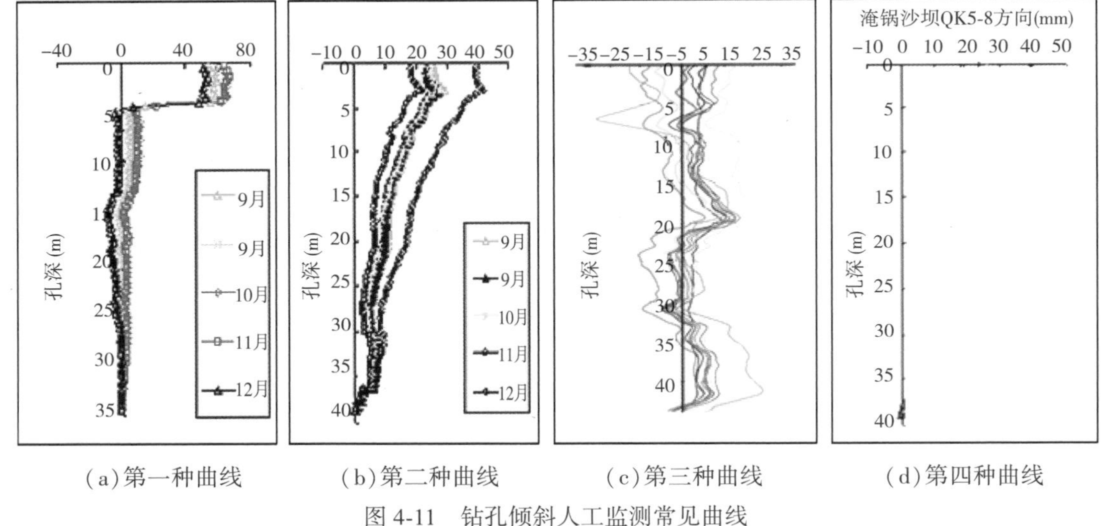

(a) 第一种曲线　(b) 第二种曲线　(c) 第三种曲线　(d) 第四种曲线

图 4-11　钻孔倾斜人工监测常见曲线

第一种曲线表明，滑坡有统一的滑面(深部 5m 处)，并存在持续位移，累计出变形量为 70mm。

第二种曲线表明，滑坡没有形成统一的滑面，上部滑体物质压密沉降变形为主。

第三种曲线表明，一是安装出现问题，测斜管在安装时不完全竖直，或者测斜管固定注浆充填不密实，有空洞也会导致曲线震荡；二是滑坡没有明显变形，由于曲线波动范围较小，没出现较大变形处，可判断滑坡基本稳定。

第四种曲线垂直位移量较大时，表明滑坡以纵向沉降变形为主，滑体物质结构特征表现为架空现象明显，另一种解释说明滑面坡度较大，应引起注意。

4.2.5 自动化监测分析

1. 固定式钻孔倾斜监测分析

监测数据反映了固定传感器安装位置处随时间的累计位移。自动监测是在已知滑带位置的前提下，能够测定滑坡体沿滑带产生的变形方向、变形量、变形速率，判断滑体深部变形状态。自动钻孔曲线形态与 GPS 监测曲线的形态和物理意义具有一定的相似性。可分为以下几种类型：

1)直线型曲线

可进一步分为曲线水平状态和具有一定斜率。

(1)水平平直型，即传感器未监测到变形，数据表明传感器位置未发现变形。可分为两种情况解释：一是监测点位于滑带，安装位置和工艺正确，表明此处滑带没有发生变形；二是传感器安装部位不处于滑带上，或者在安装前滑带定位不准确，没有监测到滑带的变形，监测数据为非有效数据，不应纳入监测分析。

(2)倾斜直线型，表明滑坡具有统一滑动面，并且处于匀速变形阶段，表明外界作用影响较弱，主要是受自身重力作用下产生变形。

2)阶跃型曲线

当外界因素变化或作用强烈时，产生明显变形，出现累计位移台阶状上升。与阶跃型 GPS 监测曲线相似，表明滑坡受外界因素影响明显，在影响因素作用下滑带发生位移。

谭家河滑坡体上共布置 3 个自动测斜监测孔(QK01，QSK01，QSK02)，监测曲线图如图 4-12 所示。测孔 QSK01 中部探头(-47.4m，-48.4m)、测孔 QSK02 中部及下部探头(-63m，-77.2m，-78.2m)在 2018 年 1 月发生一次较大变形，测孔 QK01 中部探头(-42.5m)位移在逐渐增加。据自动测斜监测孔 QK01 的监测曲线，从曲线可以看出，39.5m，41.5m 和 42.5m 深处监测数据存在变形，且变形具有同步性，而 43.5 深处变形曲线为水平直线，表明没有变形。因此，深部位移突变存在于孔深 39.5~42.5 之间，也就是滑带所在的位置，该滑坡为整体滑移的深层基岩滑坡。

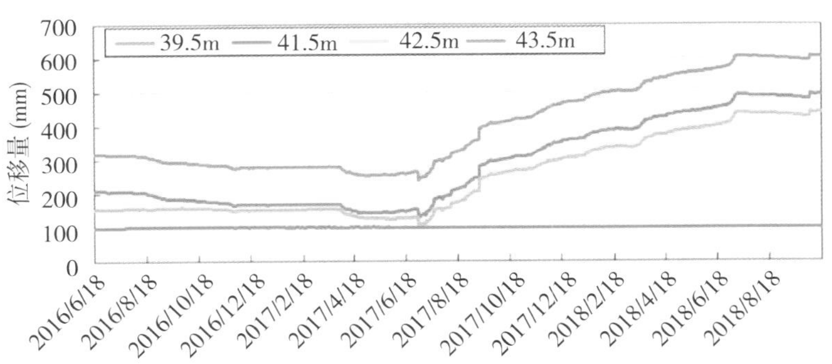

图 4-12 谭家河滑坡 QSK01 自动测斜监测曲线图

2. 多维钻孔倾斜监测分析

多维钻孔倾斜监测与人工监测相类似，通过在钻孔中放置多个传感器，一般等距离(如 1m 或 0.5m 间隔)设置自动化传感器。多维钻孔倾斜监测兼具人工监测和固定式监测优势。因此，在监测分析中，基本可以实现人工监测和固定式监测分析目的。

4.3　应力监测分析

应力监测一般有压应力(压力计)和滑坡推力(下滑力)监测，主要是测量岩土体的压应力(滑坡推力)值，一般用应(推)力值和应(推)力变化值来表达，单位以兆帕(MPa)或千牛(kN)表示。当推力值发生变化时，表示滑坡体内岩土体内力发生变化，滑坡处于变形状态。

应(推)力-时间曲线表示监测点滑坡推力随时间的变化曲线，通过分析滑坡推力的变化情况，认识滑坡体应力的积累和释放过程，有助于了解滑坡变形和稳定性的发展趋势。当获取应力监测数据较好时可以作为滑坡预警一项重要参数。应力监测分析内容如下：

(1)了解滑坡推力(下滑力)的大小及变化特征。通过推力(下滑力)-时间曲线，可以了解应力大小及其变化趋势。

(2)分析应力与滑坡变形之间的关系。据实测数据表明，推力变化值越大，位移变化值随之也越大。推力下降或者不变化时，变形趋缓或者位移不变化，也就没有位移值的累加。

例如，淹锅沙坝滑坡的下滑力以及 GPS 自动监测曲线(图 4-13)表明，下滑力曲线与 ZGX285 号 GPS 自动监测数据变化保持一致性。当下滑力增大时，滑坡变形加快；当下滑力下降时，变形速率下降，直到下滑力出近乎保持不变时，变形趋缓。

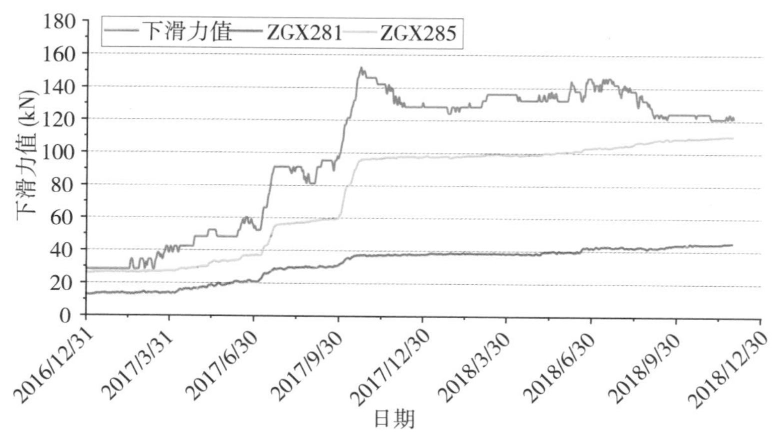

图 4-13　淹锅沙坝滑坡下滑力 GPS 自动监测曲线

(3)滑坡下滑力或推力总是超前位移产生。具体表现为，当应力处于积累阶段，滑坡应力监测值明显增加，滑坡开始加速变形；当应力释放，应力监测值开始回落，之后滑坡变形开始趋缓；当监测应力值保持不变时，滑坡则不变形或者缓慢匀速变形。因此，采用推力变化进行滑坡预警，比采用滑坡变形位移更为超前，可以增加应急反应时间。

(4)分析滑坡内部推力的变化原因，尤其是降雨、库水位升降等对滑坡推力的影响，绘制推力(下滑力)-影响因素关系曲线、推力(下滑力)-变形-时间关系曲线。

库区一些滑坡(如秭归谭家河滑坡)的下滑力、变形与库水位波动具有明显的一致性。也有滑坡在雨季出现明显的压力(推力)变化，后又趋于稳定，表明滑坡体在雨季存在压应力的积累，后又出现应力的逐渐释放过程，据此推断滑坡体在雨季的稳定性状态较差。

(5)利用推力监测进行告警或者预测变形趋势。由于推力总是超前位移产生，在分析变形与推力关系基础上，掌握变形的滞后性。通过分析推力变化，可预知即将到来的位移变化，由此可以进一步分析滑坡稳定性情况。

①下滑力或推力出现激增时，表明接下来会出现变形加快，可根据设定的值进行告警，并密切关注应力是否持续增大；

②当应力回落时，应力值由增加转为降低，预示着滑坡变形速率将会趋缓。

(6)当为治理工程效果监测时，如监测抗滑桩内侧土压力，可以分析抗滑桩是否受力，结合桩体应变或桩顶部的位移监测，从而了解是否起到抗滑作用。

4.4 地下水监测分析

地下水监测内容主要是监测地下水埋深及变化，也附带监测地下水水温，分析处理内容如下：

(1)分析地下水位的变化特征，包括地下水位高程、变动速率、波动范围等，绘制地下水位-时间曲线。例如秭归县白家包滑坡地下水位监测曲线(图 4-14)，地下水在 146.7m 至 152.7m 之间波动，其波动规律或者周期大致与库水位蓄降水相似，但是存在一定的滞后性。

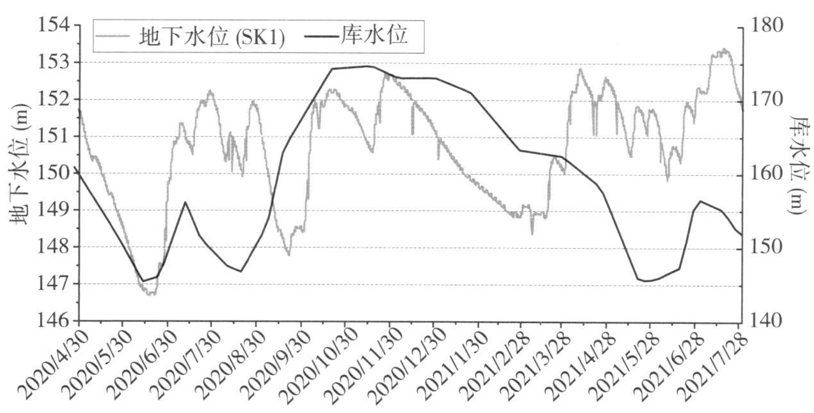

图 4-14 白家包滑坡地下水位 SK1 监测曲线

(2)采用相关性分析，分析地下水位与降雨、库水位升降的关系，了解地下水位对降雨和库水位响应，确定地下水位变动主要影响因素。

①对于受降雨影响的滑坡，分析地下水水位与降雨量、雨强及降雨持时之间的关系，绘制地下水水位-降雨(降雨量、雨强或日降雨)-时间关系曲线，分析降雨入渗性。影响降雨入渗性的因素主要有地层岩性、地下水埋深、降水量大小和强度等，需综合分析。

②对于受库水影响的滑坡，分析地下水位与库水位、水位变幅速率之间的关系，绘制地下水水位-库水位-时间关系曲线，分析灾害体的渗透性，以及地下水对库水响应的滞后性。

(3)依据地下水位变动对降雨或库水的响应特征，尤其是地下水相对于降雨或库水表现出的滞后性，可判断滑坡属于降雨型或者库水型，甚至判断动水压力型和浮托减重型。这里以动水压力型滑坡为例，当库水位上升时，动水压力型滑坡的稳定性先略减小后逐渐增加，稳定性整体增加，地下水位线呈向下弯曲趋势。当库水位下降时，动水压力型滑坡的稳定性先不断减小后略增加，稳定性整体减小，地下水位线呈向上弯曲趋势。

(4)分析地下水位(水位高程)及其变化(升降量或速率)，与变形(变形速率)的相关性，建立地下水与变形关系，绘制地下水-变形-时间曲线，辅助变形趋势分析或预测。

图 4-15 所示马家沟滑坡 QSK01 地下水位在每年 10—12 月份，监测数据变化与库水位变化趋势基本一致，但在 1—9 月份，水位监测数据基本无变化，这与库水位变化趋势不一致，推测可能是 QSK01(孔口高程 195m)地下水位计放置高程太高。由地下水位-库水位

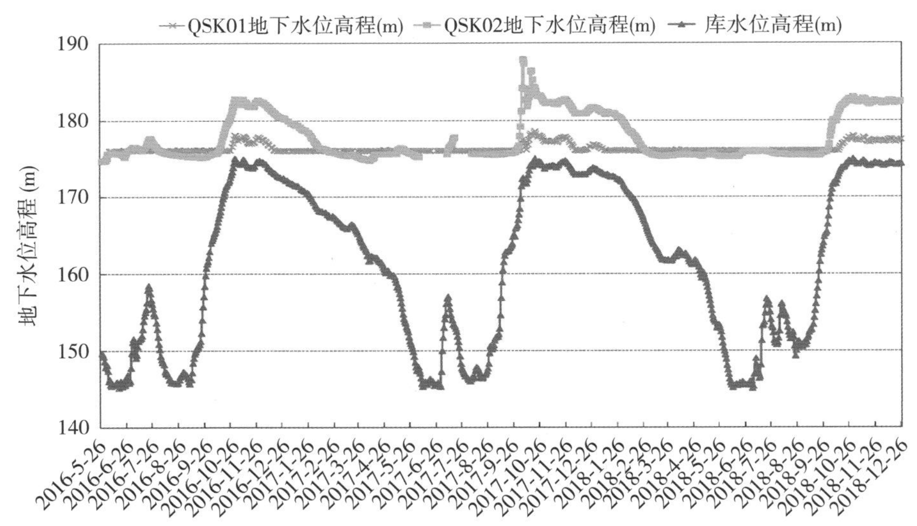

图 4-15　马家沟滑坡 QSK01、QSK02 地下水位-库水位曲线图

曲线图可知，马家沟滑坡 QSK02(孔口高程 225m)地下水位监测数据变化趋势与库水位变化趋势基本一致，库水波动对滑坡地下水的影响随着由前缘向后缘迅速减少。地下水位与库水具有较好的同步性，反映了滑体透水性相对较好，这也一定程度上能够反映出库水对滑坡变形的影响作用有限。

卧沙溪滑坡体上布置 1 个地下水位监测孔(QSK01)。从 QSK01 监测孔的地下水位与库水位的关系图(图 4-16)可看出，地下水位的整体变化规律与库水位的变化规律基本一致，并有一定的滞后现象。这种滞后性是库水波动导致滑坡变形的重要因素，也说明滑体的透水性相对较差。

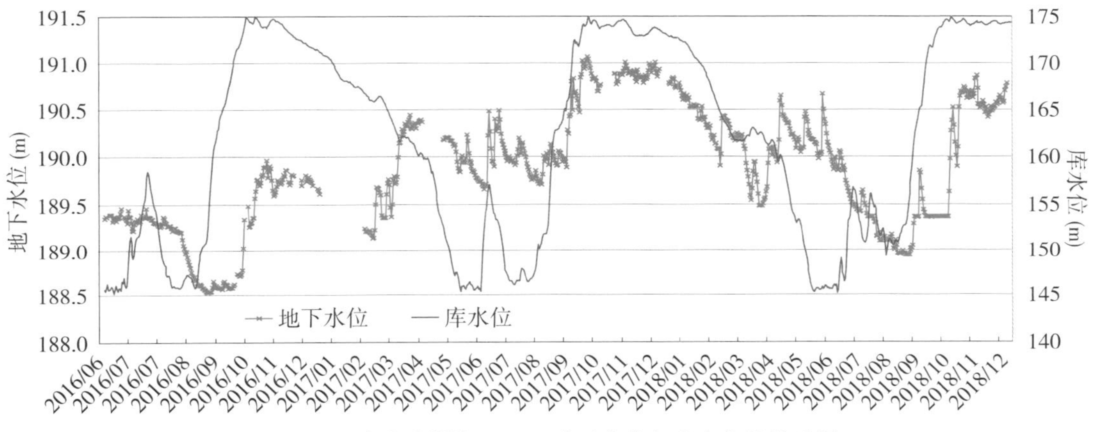

图 4-16 卧沙溪滑坡 QSK01 地下水位与库水位的关系图

通过秭归县牌楼滑坡 QSK01 地下水监测曲线(图 4-17)可以看出，地下水位变幅不大，波动幅度在 2.5m 左右，监测曲线在汛期出现跳跃现象，表明地下水位主要是受降雨入渗影响。地下水温稳定几乎没有变化，常年保持在 17.6℃。

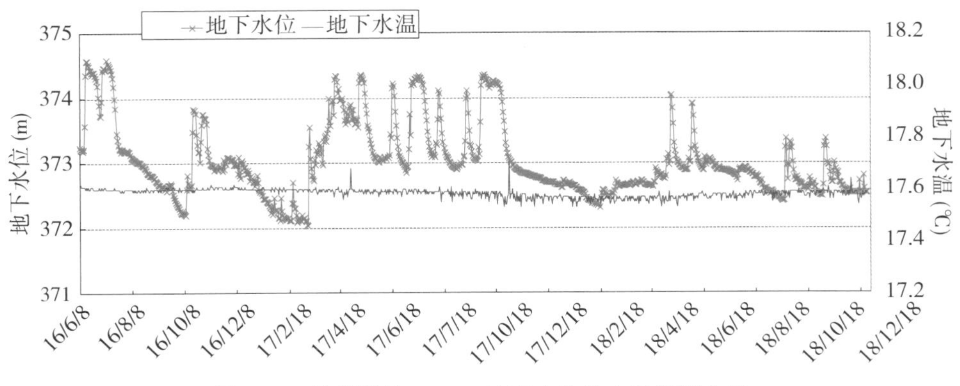

图 4-17 牌楼滑坡 QSK01 地下水位及水温监测曲线

4.5 影响因素监测分析

4.5.1 降雨监测分析

降雨是滑坡变形破坏的主要触发因素之一，因此降雨也是主要监测要素之一，一般采用雨量计进行监测，目前较为常用的有翻斗式雨量计和压电式雨量计。降雨作为影响滑坡发生的关键因素之一，分析降雨过程对滑坡稳定性的影响，建立降雨预报判据，从而实现预警预报。对降雨的分析主要有以下几点：

1. 降雨特征量分析

通过分析找出降雨过程中诱发滑坡发生的各种基本特征量，包括累计降雨量、降雨强度以及雨型等。降雨量是指在一定时间内降落到地面的水层深度，单位用毫米(mm)表示。降雨监测曲线一般是以降雨总量或者降雨强度作为纵轴，以时间作为横轴。时间尺度可以为分钟(min)、小时(h)、天(d)、月(m)、年(y)等。如图 4-18 所示。

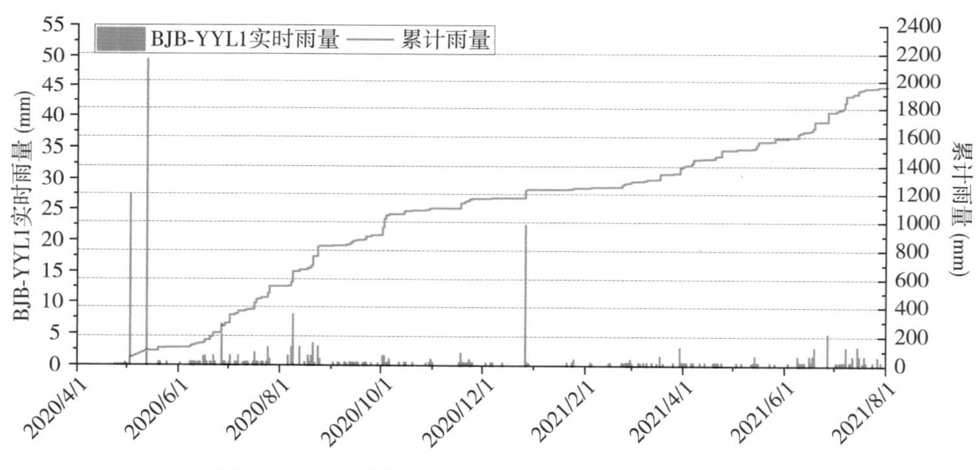

图 4-18　白家包滑坡降雨总量-累计雨量-时间曲线图

2. 关键影响因素分析

由于降雨是触发滑坡的主要影响因素之一，因此降雨强度-时间曲线常常用来和其他监测曲线进行叠加分析，分析确定降雨是否为影响该处监测点的最关键影响因素。常见的多要素组合分析有变形-降雨组合曲线、降雨-地下水位组合曲线等，通过组合分析，并分析降雨和滑坡体变形之间的相关性。如图 4-19 所示。

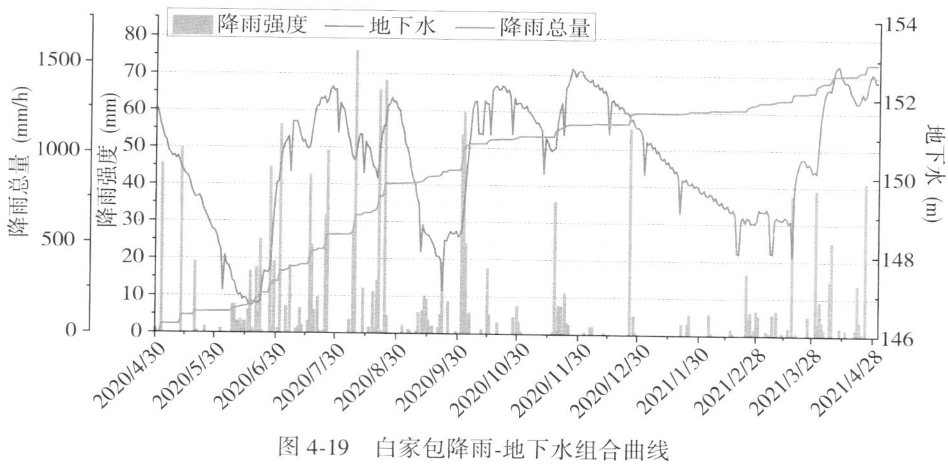

图 4-19 白家包降雨-地下水组合曲线

3. 降雨阈值分析

通过区域上多个监测站点的联合分析，建立区域上引发滑坡的降雨判据，包括开始出现和大量发生滑坡时的雨量和雨强。经验型降雨阈值是较为成熟的一种阈值设定方法，这种方法基于数理统计原理，收集一定范围地区的历史灾险情事件信息和诱发其发生的降雨信息并进行统计分析，得到每一次事件对应的降雨强度（I）、降雨总量（E）和降雨持时（D），根据需求生成 I-D、E-D、E-I 散点图，再利用不同的统计分析方法拟合出上述散点图的下包络线并得出公式，即得到该地区的降雨阈值。

例如，将收集到的三峡库区 101 例降雨型滑坡的降雨历时和降雨强度，绘制于 I-D 双对数坐标系中，按照 10%、50%、90%的滑坡发生概率拟合降雨阈值曲线，如图 4-20 所示，其表达式分别为 $I_{10\%}=10.726D^{-0.594}$、$I_{50\%}=33.014D^{-0.594}$、$I_{90\%}=85.936D^{-0.594}$。

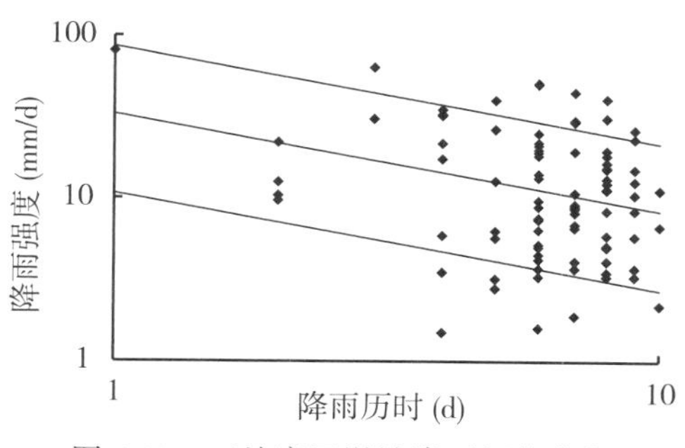

图 4-20 三峡库区滑坡降雨阈值曲线

4.5.2 库水监测分析

库水位是库区涉水滑坡变形破坏的主要触发因素之一，因此是主要监测要素之一。目前滑坡体上一般采用水位计监测库水位变化。库水位监测分析主要内容有：

(1)通过库水监测分析，获取滑坡体所处水域库水位升降速率等参数。库水位升降速率，一般用日变幅表示库水位升降变化，绘制库水位-时间曲线。如图 4-21 所示。若灾害点处未开展水位监测，则可以收集三峡水库坝前水位信息。

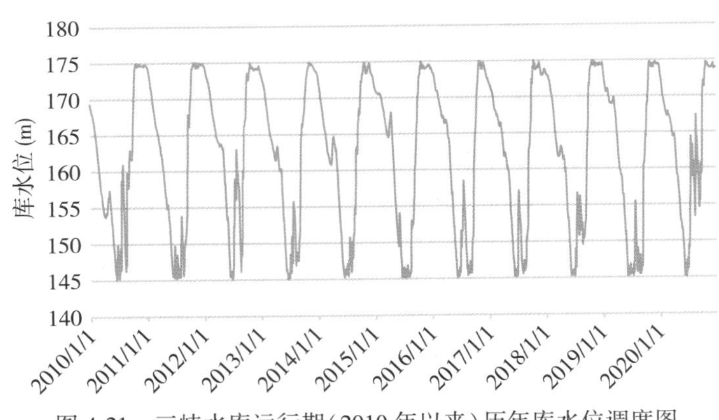

图 4-21　三峡水库运行期(2010 年以来)历年库水位调度图

(2)通过变形-库水位关系曲线分析，了解库水升降与变形之间的关系，一是确定库水为变形主导因素还是次要因素；二是建立定量库水日降幅与变形速率之间的定量关系。

由白家包滑坡地表位移-库水位曲线(图 4-22)可以看出，三峡库区库水位每年均经历不同水位的涨落，与各监测点的位移变形变化过程有很好的对应关系，具体为：库水位上涨及高水位运行阶段滑坡无明显位移；而当库水位下降过程，滑坡变形明显，显示水库水位下降对滑坡变形影响很大，即库水位的每次下降均会导致滑坡累计位移曲线上扬(2007—2018 年经历了 12 个库水位下降过程(通常为每年的 4—6 月)，而相应的累计位移变形曲线对应出现了 12 级台坎)，说明库水位下降过程对滑坡的稳定性会产生重要影响。三峡水库水位下降速率及持续下降时间对滑坡稳定影响较大，具有时间滞后效应。

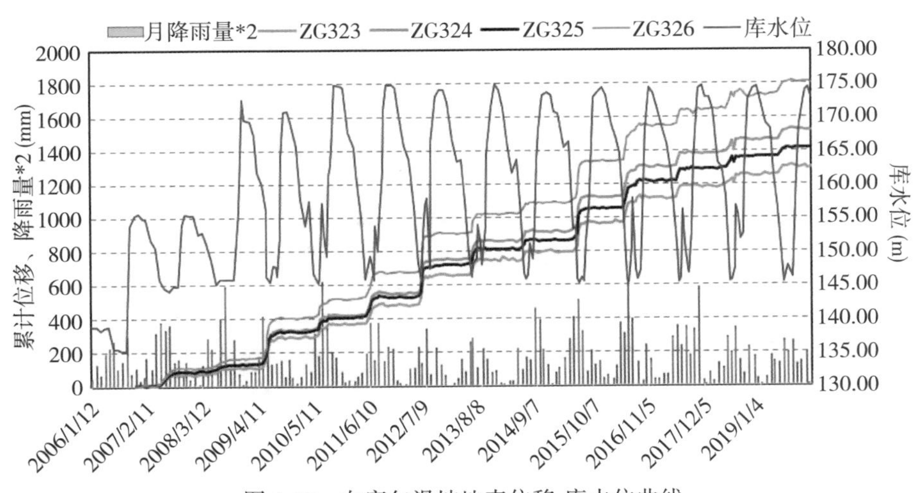

图 4-22　白家包滑坡地表位移-库水位曲线

(3)对于受库水升降作用明显的隐患点，可以根据涉水滑坡库水作用机理以及库水调度过程、库水波动速率来预测其稳定性趋势。库水位下降阶段，滑坡的稳定性与滑坡体的渗透系数以及库水位的下降速度有关。在相同的库水位下降速率下，渗透系数越小，安全系数下降越大；对于相同渗透系数的滑坡体，水位下降速度越快，安全系数的下降越大。同时，需要注意的是，库水位为影响因素，其影响效果和滑坡本身所处的变形阶段有很大关系，越是靠近临滑阶段，影响因素对滑坡变形的影响越强烈[38]。

(4)对于库水位分析，尤其是开展库水位-变形分析时，应考虑库水对隐患点的淹没情况，包括淹没区体积、比例。总体上，淹没体积或者比例越大，滑坡受库水位波动影响也越大。

例如，统计三峡水库蓄水试运行期间的滑坡变形破坏情况可以得到：涉水程度0~20%的滑坡变形主要发生在从2003年初期蓄水至2010年水位降至145m这个时间段内。在135~139m蓄水运行过程中，滑坡变形主要发生在水位下降时期；在145~156m蓄水运行过程中，滑坡变形主要发生在水位上升时期。对于涉水程度20%~40%的滑坡，除了具有与上述涉水程度0%~20%的滑坡具体相同变形趋势之外，在2011年和2012年的库水位蓄水至175m后有两次变形较高发生期。对于涉水程度大于40%的滑坡，与上述不同的是，在145~156m水位运行期间，库水位下降对滑坡变形影响较大。

4.6 宏观迹象分析

4.6.1 裂缝配套

裂缝的发育在滑坡发展的全过程中具有其规律，通过分析裂缝的发展运动特征，从而得到隐患点稳定性、变形阶段及发展趋势。滑坡裂缝体系的发展变化具有分期配套特性。分期是指裂缝的发育与斜坡演化阶段相对应，不同变形破坏模式、不同变形阶段裂缝出现的位置、规模和先后顺序是不同的。配套是指裂缝的产生、发展不是孤立的，而是有机联系的，在时间和空间上是配套的。大量的滑坡实例表明，当滑坡进入加速变形阶段后，各类裂缝会逐渐相互贯通，并趋于圈闭状态。

滑坡裂缝体系的发展变化具有分期配套的特点，即裂缝的发育与斜坡演化阶段相对应，不同的变形破坏模式，不同变形阶段裂缝出现的位置、规模和先后顺序是不同的。一般而言，从宏观变形破坏迹象来讲，斜坡处于不同变形演化阶段时所具有的主要特征如下：

(1)初始变形阶段：坡体表层出现拉张裂缝，尤其是斜坡后缘位置。但这一阶段产生的裂缝宽度和长度都较小，在塑性的松散土体中难以体现，因此，斜坡初始阶段的变形一般首先表现为变形区相对刚性的建构筑的变形，如房屋、地坪等的开裂、错动。当变形量达到一定程度后，斜坡体地表开始出现裂缝。正常情况下，初始阶段的地表裂缝的主要特点是张开度小、长度短，分布散乱，方向性不明显。当然，如果斜坡的初始变形是由库水位变动、强降雨以及人类工程活动等强烈的外界因素诱发，也可能一次性产生较大的初始变形，如地表、房屋出现明显的开裂、错动等，但变形随后就进入相对稳定期。

(2)等速变形阶段：在初始变形的基础上，地表裂缝逐渐增多、长度逐渐增大，尤其是后缘拉张裂缝逐渐贯通，形成后缘弧形裂缝。在拉张的过程中下错，形成多级下错台坎。随着斜坡变形的逐渐增大，侧翼剪张裂缝开始产生并逐渐从后缘向前缘扩展、贯通。前缘出现鼓胀、隆起，并产生隆胀裂缝。如果前缘临空，还可见到从滑坡前缘剪出口逐渐剪出、错动迹象。但此阶段上述裂缝并未完全贯通而形成圈闭的滑坡周界。

(3)加速变形阶段：在等速变形阶段所产生的后缘弧形拉张裂缝、侧翼剪张裂缝、前缘隆胀裂缝的基础上，后缘拉张裂缝变形速率逐渐增大，几类裂缝逐渐扩展，相互衔接，最终形成圈闭的由裂缝构成的滑坡周界。

(4)临滑阶段：如果斜坡整体滑移条件较好，临滑阶段斜坡变形速率会陡然增加。如果斜坡整体滑移受限，滑坡在真正整体滑动之前需做一些变形调整，在此过程中甚至会出现一些反常现象，如后缘裂缝逐渐闭合，此现象实际为临滑前兆，应引起高度重视。临滑阶段坡体前缘的变形情况也主要由前缘临空条件决定，如果坡体前缘无良好的临空条件，其前部将出现较快速的隆起；反之，坡体前部会小崩、小塌不断。

从裂缝的分期配套模型中，可以看出，滑坡的趋势在裂缝的表现往往更加宏观，除初始变形阶段的裂缝难以察觉外，其他时期的裂缝表现都很明显，可以采用群测群防的方式进行监测。当地居民按照预先设置好的巡视观察路线巡查地表有无新增裂缝、洼地、膨胀等地面变形迹象；有无新增房屋开裂、歪斜等建筑物变形迹象；有无新增树木歪斜、倾倒等迹象；有无泉水井水浑浊、流量增大或减少等变化迹象；有无岸坡变形塌滑现象等。总之巡查崩塌滑坡塌岸的变形形迹和变形破坏前兆特征[39]。

4.6.2　宏观巡查

1. 宏观地质巡查内容

(1)巡查变形形迹和变形破坏前兆特征。对宏观变形形迹，如地裂缝，建筑物开裂，地面塌陷、下沉、鼓起等，以及短临前兆，如地声、地下水异常、动物异常等，进行巡视调查记录。

(2)巡查专业监测设备运行情况，包括仪器设备是否正常运行；有没有遮挡太阳能电池板，人为损毁破坏情况；有没有因变形而失效等。

(3)对监测数据异常进行现场巡查校验。现场分析数据异常原因，为监测分析排除异常干扰数据。

(4)宏观地质巡查不仅要填表格(时间、位置、主要特征)、拍照(拍照内容、方位、比例尺、照片描述)做好记录，还应将看到的现象标注在地形图或影像图上，比如标注裂缝位置及空间展布。

2. 宏观巡查分析判断

(1)宏观稳定性判断。可以通过以下方法判断稳定性：

①结合现场调查，依据滑坡稳定性的定性判别标准判定。

依据滑坡地质调查，包括滑坡微地貌特征、变形破坏迹象、地表加载等调查，判断滑坡稳定性状态，具体详见表 4-2。

表 4-2 **滑坡稳定性评判标准**[40]

稳定性状态	定量评价标准	定性判别标准
稳定	$K \geqslant 1.15$	滑坡外貌特征后期改造很大，滑坡洼地基本难以辨认，滑体地面坡度平缓(≤10°)，前缘临空低缓(一般<5m，坡度<15°)，滑体内冲沟切割已至滑床；滑面起伏较大，且倾角平缓(≤10°)，滑面饱和阻抗比>0.8；滑坡残体透水性良好，剪出口一带泉群分布且流量较大；滑距较远，能量已充分释放，残体处于稳定状态；滑坡周围无新的堆积物加载来源，滑坡前缘已形成河流侵蚀的稳定坡型或有河流堆积。经分析和实地调查，找不出可导致整体复活的主要动力因素，人类工程活动程度很弱或不存在
基本稳定	$1.05 \leqslant K < 1.15$	滑坡外貌特征后期改造较大，滑坡洼地能辨认但不明显或略有封闭，滑体地面平均坡度较缓(10°~20°)，滑坡前缘临空比较低缓(高度 15~30m，坡度 15°~20°)，滑体内沟谷已切至滑床；滑面形态起伏，滑面平均倾角≤20°，滑面阻抗比 0.6~0.8；滑坡残体透水性良好；滑距较远，能量已充分释放；滑坡周围无新的堆积物加载来源，滑坡前缘已形成河流侵蚀的稳定坡型。经分析和实地调查，在特殊工况条件下其整体稳定性会有所降低，但仅可能产生局部变形破坏
欠稳定	$1.00 \leqslant K < 1.05$	滑坡外貌特征后期改造不大，后缘滑坡洼地封闭或半封闭；滑体平均坡度中等(10°~20°)，滑坡前缘临空较陡(高度 30~50m，坡度 20°~30°)，滑体内沟谷切割中等；滑面形态为靠椅状或平面状，滑面平均倾角 20°~30°，滑面阻抗比 0.4~0.6；滑坡残体透水性一般，滑距不太远，能量释放不充分；滑坡后缘有加载堆积或有一定数量的危岩体为加载来源，滑坡前缘受冲刷尚未形成稳定坡型，且有局部坍塌产生，整体尚无明显变形迹象。经实地调查和定性分析，在一般工况条件下是稳定的，但安全储备不高，在特殊工况条件下有可能整体失稳
不稳定	$K < 1.00$	滑坡外貌特征明显，滑坡洼地一般封闭明显；滑体坡面平均坡度较陡(>30°)，滑坡前缘临空较陡(高度>50m，坡度>30°)，滑体内沟谷切割较浅；滑面呈靠椅状或平面状，滑面平均倾角>30°，滑面阻抗比<0.4，滑体结构松散，透水性差；滑距短，滑坡残体保留较多，剪出口以下脱离滑床的体积较少；滑坡有加载来源；滑坡前缘受冲刷，有坍塌产生；滑体上近期有明显变形破坏迹象。变形迹象为滑坡变形配套产物：后缘弧形裂缝或塌陷，两侧羽状剪张裂缝，前缘鼓胀、鼓丘等。经实地调查和分析，滑体目前接近于临界状态，且正在向不稳定方向发展，在特殊工况下有可能大规模失稳

②结合现场裂缝追溯与测量，依据空间裂缝的分期配套特征及其稳定性评价。针对某一具体斜坡，通过滑坡裂缝(地面、地下)的分期配套特性、斜坡变形-时间曲线特点和各

类斜坡变形破坏模式及阶段等进行综合分析，才能较为准确地评价滑坡的稳定性状况。下表是对上述评价方法进行抽象、简化所得到的滑坡稳定性宏观综合评价表。利用该表，可以较为准确地定性判断和评价斜坡的稳定性状况，并给出对应的稳定性系数。详见表4-3。

表 4-3　　**滑坡稳定性宏观综合评价**[36]

变形-时间演化	变形破坏形式（剖面）	裂缝分期配套特性（平面）	宏观稳定性	稳定性系数
初始变形阶段	变形开始	平面上（地表）出现拉张裂缝	基本稳定	$1.05 \leq F_s < F_{st}$
等速变形阶段	变形扩展	裂缝向两侧和向前（推移式）或向后（渐进后退式）扩展	欠稳定	$1.00 \leq F_s < 1.05$
加速变形阶段	滑动面贯通	平面上（地表）裂缝圈闭	不稳定	$F_s < 1.00$

（2）根据异常情况判断。专业监测中的宏观地质巡查要与群测群防在内容上要有所区分和侧重，宏观地质巡查应辅助专业监测分析判断。

①监测数据异常。当监测数据出现异常时，应对监测点及附近巡查，分析判断监测数据异常原因。当巡查发现变形异常增大时，宏观变形迹象明显时，应按照地表宏观变形迹象，分析滑坡所处变形阶段，预判其稳定性。

②临灾异常判识。

地表变化异常：房屋开裂，大量裂缝新增；新增洼地，地面鼓胀；水池干涸，泉水枯竭或新增，泉水水量变大、变浑浊；局部坍塌、滑动，危岩掉块；树木歪斜、倾倒等迹象等。

动物行为异常：家禽、家畜异常反应，老鼠等动物异常。

地下响动异常：岩石压裂破坏声，地下土体或地表地物撕裂声、闷雷声等。

出现以上异常时，应进行分析，甚至开展进一步调查，分析异常原因。当有多种异常同时出现时，可以判断隐患点处于临灾阶段。

（3）趋势分析。通过历次巡查结果对比，分析变形特征及规律，定性研判隐患点发展趋势。

①裂缝扩展：当已有裂缝变宽、下错增大，向两端延伸时，变形加剧，趋于不稳定。当进一步扩展形成圈闭裂缝时，滑坡处于临滑阶段。

②裂缝新增：当出现裂缝新增，尤其是裂缝组合出现时，隐患点趋向于不稳定，甚至处于临灾阶段。

出现以上情况时，应提出加强滑坡监测与巡查，启动应急预案。

3. 宏观巡查分析成果

（1）裂缝分期配套展布图。包含裂缝发育位置、延展方向、发生时间（含多期变形)等。

(2)历史宏观变形情况记录表。记录变形时间，发生部位、变形特征、变形影响因素及特征等。

4.7 多元监测数据分析

多元分析是对各种滑坡成果资料和监测数据进行综合分析判断，主要分析内容有专业监测中多种监测方法的综合分析，专业监测与地表宏观巡查(群测群防)联合分析；监测成果与其他成果之间的综合分析等。多元分析主要目的是建立监测隐患点的地质模型、力学模型、监测模型、综合预警模型及判据，得出区域(如降雨)或单点的综合预报模型和预报判据，提出区域或单体滑坡的防控建议和监测优化建议。

(1)专业监测成果资料的综合分析，形成多种预警模型或预报判据，包括变形、影响因素、地下水、推力等预报判据。

(2)专业监测与群测群防的综合分析，即点上分析与面上分析相结合。专业监测主要是对重点滑坡进行监测，掌握典型灾害体的变形特征及规律，为非专业监测点预警预报提供参考和借鉴；而群测群防监测分析，则能够反映区域上滑坡变形特征(不同类型隐患点地表变形规律特征)或变形判据、影响因素作用特征(区域上降雨阈值)或预报判据等，作为专业监测分析的补充。

(3)监测成果与其他资料的综合分析。其他成果资料包括数值模拟分析、物理模型试验、稳定性分析计算结果以及重大滑坡勘查、治理工程资料等。一方面，监测分析为模拟试验和稳定性分析提供依据，也检验其结论的正确性；另一方面，其他资料的加入，可弥补专业监测分析，形成更加全面的预报判据，提高对隐患点的成因机理、变形机制等方面的认识水平和了解程度，使得结论判断更加科学。

4.7.1 相关性分析

相关分析是研究现象之间是否存在某种依存关系，并对具有依存关系的现象探讨其相关方向以及相关程度，研究随机变量之间的相关关系的一种统计方法。相关性分析主要是了解监测要素之间的相关程度，建立不同要素之间的定量关系方程式，建立预警预报判据，为滑坡预测预报提供依据。

1. 变形与影响因素之间相关性

变形与单因素或多因素的叠加分析，如变形量、变形速率与降雨量及降雨强度、库水位及库水升降速率、地下水位等之间的关系。

1)变形与降雨之间的关系

对于降雨型滑坡，重点分析隐患点变形速率与降雨强度、累计降雨量之间的关系，建立滑坡降雨判据。

(1)对于单体隐患点而言，通过变形与降雨监测数据，建立滑坡变形速率与降雨强度、降雨量之间的定量关系。降雨型滑坡可以分为两种类型：

①暴雨型：指受暴雨触发发生，当降雨量或降雨强度达到一定值时，出现较大变形甚至破坏。暴雨型应重点关注出现明显加速变形时的雨强或雨量，以及变形“台阶”(变形量)与一次降雨过程的累计降雨量之间的关系。

②汛期(久雨)型：滑坡受汛期降雨影响，出现较大变形。久雨型应重点关注汛期降雨量、时长与变形“台阶”之间的关系。

一般来说，汛期(久雨)型发生明显变形的持续时间较长，而暴雨型明显变形持续时间短、预警预报难度大。在渗透性方面，暴雨型滑坡降雨入渗性好于汛期(久雨)型。久雨型渗透性差，长时间降雨入渗使得灾害体处于饱水状态。

(2)对于区域而言，也可以通过对历史降雨及地质灾害发生等资料的收集与统计分析，得出区域上开始发生和大规模发生的降雨阈值，包括降雨强度和降雨量。

例如，如图 4-23 所示，谭家湾滑坡的变形主要受降雨影响，自 2014 年以来，每逢强降雨和持续性降雨，滑坡变形加剧，位移-时间曲线呈现不同程度的阶跃式抬升。

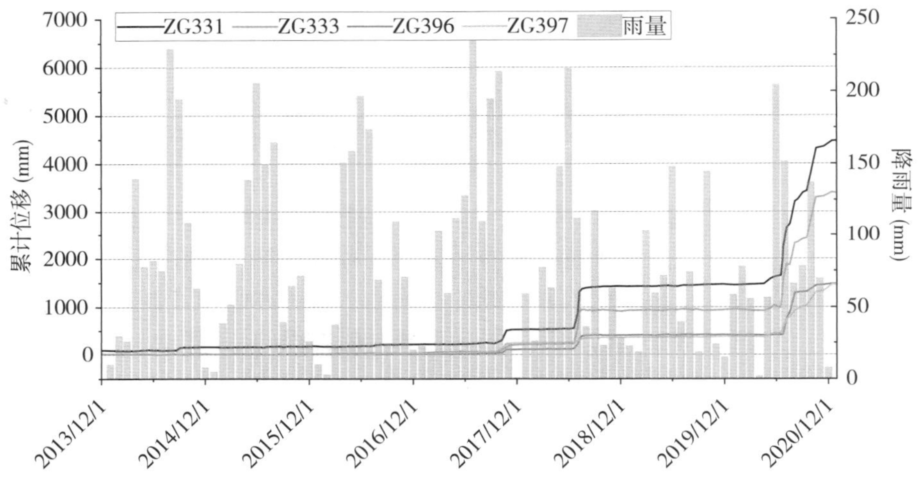

图 4-23　谭家湾滑坡 GPS 监测点累计位移-降雨量-时间曲线图

2014 年 8—9 月，降雨量为 423. 40mm，测点 ZG331 的位移-时间曲线陡然抬升，宏观地表变形表现为滑坡前部坡体出现局部塌滑，公路路基下沉，影响通行，测点 ZG331 附近出现数条横向裂缝，长约 30m。2017 年 9 月 18 日至 10 月 20 日，累计降雨量 323. 2mm，尤其是 10 月 2 日至 5 日，滑坡区持续发生强降雨，日降雨量均大于 20mm，4 天累计降雨量 90. 6mm，10 月 11 日至 14 日，滑坡区再次发生持续强降雨，4 天累计降雨量 86. 6mm，久雨后遇强降雨，造成滑坡区土体饱和，坡体结构特征遭到严重破坏，是导致滑坡区产生明显变形的主要因素。宏观地表变形显示，10 月 8 日前，滑坡变形主要表现为滑坡中后部左侧。10 月 26 日，滑坡中部右侧也产生明显变形，滑坡中后部出现弧形拉张裂缝，向右侧延伸成明显变形边界裂缝，缝宽 1~10cm，监测数据呈现加速变形趋势，显示滑坡稳定性较差，由于中后部地表裂缝呈张开状态，降雨时，会造成地表水大规模入渗，对滑坡稳定构成重大威胁，存在降雨诱发滑坡产生急剧变形的可能性。11—12 月，随着滑坡区降雨量的减少，5 个地表 GPS 监测点及 1 个地表裂缝位移监测点的变形速率均趋缓，与 10 月相比，位移速率明显下降，地表宏观变形也呈减缓趋势。

2018 年 6 月降雨量为 215. 8mm，7 月降雨量为 112. 2mm，降雨量的增大，使得滑坡变形加速，位移速率增大，位移-时间曲线呈大幅抬升。6 月 20 日至 7 月 18 日，测点 ZG331 的位移值为 813. 3mm，位移速率为 29. 1mm/d；测点 ZG333 的位移值为 720. 1mm，位移速率为 25. 7mm/d；测点 ZG396 的位移值为 266. 2mm，位移速率为 9. 5mm/d。地表裂缝位移监测数据显示，2018 年 6—7 月强降雨时段，地表裂缝位移值陡然增大，最大位移速率发生在 7 月 6 日，达到 34. 15mm/d，正值强降雨时节；地表裂缝位移特征与地表 GPS 监测点的变形特征基本吻合。宏观地表变形显示在 2017 年的基础上，各敏感点的变形均呈现较大幅度的增大，坡体结构整体遭受破坏，滑坡处于欠稳定状态。10—12 月，随着降雨量的减小，滑坡变形减缓。

谭家湾滑坡地表裂缝位移-降雨量-时间曲线(图 4-24)可以看出，每逢强降雨和持续性降雨季节，位移-时间曲线均呈现明显的阶跃式抬升，如 2017 年 7 月暴雨和 9—10 月持续性降雨时段，2018 年 6—7 月强降雨时段；2018 年度最大位移速率为 34. 15mm/d，发生在 7 月 6 日，正值强降雨时节。

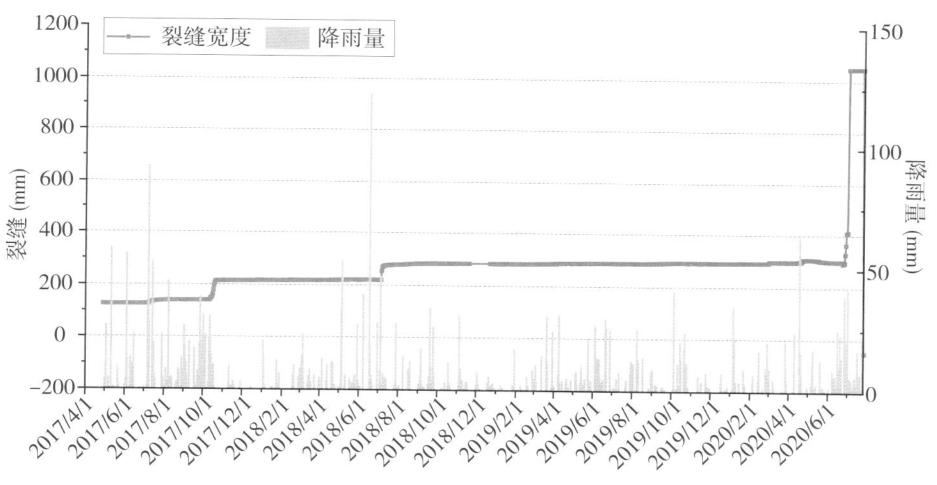

图 4-24 谭家湾滑坡地表裂缝位移-降雨量-时间曲线

2)变形与库水之间的关系

对于水库型滑坡，库水是导致隐患点变形的主要因素，应重点分析变形与库水位、库水下降或抬升速率之间的相关性。库水位下降时，孔隙水压力增加，对滑坡体稳定构成不利影响；库水位上升时，库水向滑坡体内部渗透，存在自外向内的渗透压力，这对滑坡体的稳定又构成有利影响[41]。

变形与库水之间的关系可以确定库水对隐患点的影响类型，一般分为以下几种：

(1)动水压力型：变形主要发生在库水位下降，尤其是水位快速消落时，如秭归县树坪滑坡。应重点关注水位消落期，尤其是快速消落期隐患点的变形状态及趋势，分析水位下降速率与隐患点变形之间关系，建立库水(下降)判据，包括库水位、水位日降幅。

以图 4-25 所示白家包滑坡为例，地表裂缝位移自动监测与 GPS 监测的规律一致，具有阶跃型特征。裂缝 LF1、LF2、LF4 分别于 2017 年 6 月、2017 年 9—10 月、2018 年 6—7 月、2019 年 6—7 月发生了大的阶跃。除 2017 年 9—10 月由于集中强降雨的影响导致地表裂缝位移剧增外，2017—2019 年的 6—7 月份，均由库水位下降引起地表裂缝位移剧增。

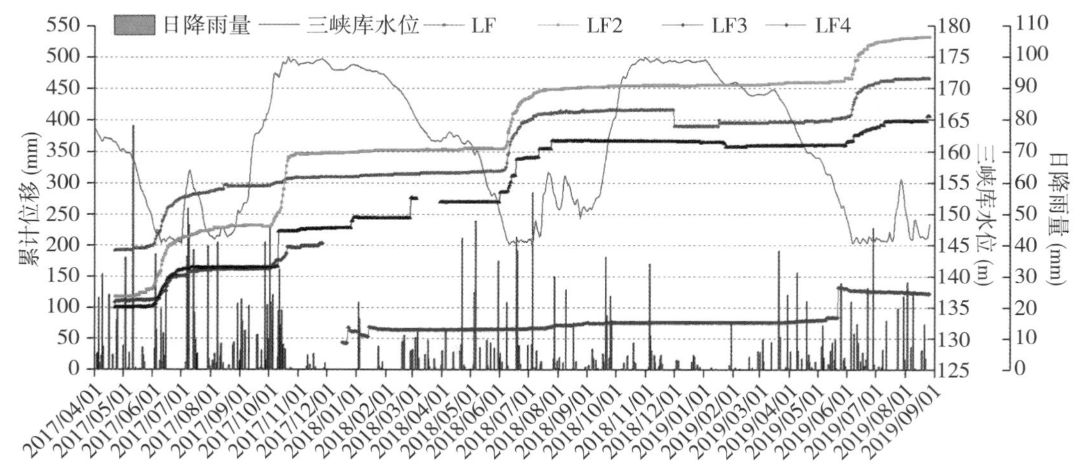

图 4-25　白家包滑坡地表裂缝自动监测累计位移-时间曲线图

(2)浮托减重型：变形主要发生在库水位抬升，当水位抬升到一定的高度时，开始出现变形或变形加快，如秭归县范家坪滑坡。应重点关注水位抬升期，尤其是高水位运行期隐患点的变形状态及趋势，分析水位下降速率与隐患点变形之间关系，建立库水(抬升)判据，包括库水位、水位日升幅。

(3)浸泡压实型：变形主要发生在水库蓄水初期，受水库蓄水至一定水位时，隐患点前缘岩土体被库水淹没，浸泡使得土质压密而产生变形，其变形一般以垂向位移或下错变形为主，如巫山青石村滑坡。此类型隐患点一般在水库蓄水初期出现明显变形甚至大规模坍滑。

(4)淘蚀软化型：因库水及其波动，导致前缘不断受到淘蚀或者浸泡软化致使滑坡稳定性降低，从而产生局部坍塌滑移活动，甚至整体变形破坏，如箭穿洞危岩、龚家坊崩塌。此类型是蓄水初期重点关注，处于临界状态或稳定性较差的隐患点，如当水库蓄水抬升淹没至其关键支撑或抗滑部位时，受到库水作用，岩土体结构软化强度降低，而发生大规模坍滑。水库高水位运行一段时期后，受库水位周期性波动的干湿循环、淘蚀等作用下，消落带岩土体出现劣化现象，导致力学强度降低而产生坍滑，甚至在一些认为稳定的岸坡在长时间库水作用下也会出现变形，成为隐患或者发生滑移，如秭归县接江坡滑坡和卡门子湾滑坡等。

3）变形与多因素关系分析

当隐患点变形破坏与多因素相关时，也就是通常所说的复合型。一般而言，受多因素影响作用的滑坡隐患点其稳定性相对较差，在多因素叠加作用下具有较强的突发性。对于此类型的隐患点，应该从以下方面开展分析：

（1）确定变形诱发主导因素与次要因素，可以得出发生明显变形或可能出现破坏的时间段。

（2）分析不同因素对变形的影响作用程度，建立隐患点的影响因素预测预报判据。

（3）分析多种因素作用下的不利工况组合及其稳定性特征。

2. 效应量之间的相关性分析

主要是了解不同监测内容之间的相关性，可建立综合性预测预报判据，以及为监测优化提供依据。

1）地表变形与深部变形之间的相关性

（1）分析地表变形与深部变形之间的一致性，或者地表和深部变形速率的差异性。

（2）分析是否是整体沿着统一的滑动面变形。地表变形、深部不变形，表明未形成统一滑动面或者整体稳定性较好，属于隐患点岩土体的压实性变形；地表和深部都在变形，表明隐患点在整体性变形。

（3）分析是否存在次级滑动面，更好地圈定次级滑体，确定监测关键区域。

（4）建立变形预测预报判据。

2）分析变形与推力（或下滑力）、地下水水位变化之间的关系

（1）变形推力（或下滑力）具有明显的相关性，分析地表或深部变形与推力或下滑力之间的定量关系，可形成下滑力（推力）预报判据，包括推力（或下滑力）值及其变化。如图4-26所示。

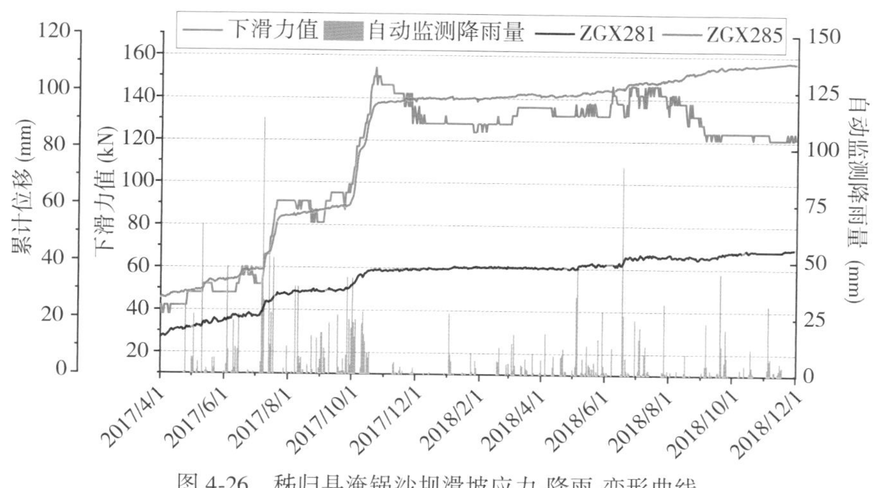

图4-26　秭归县淹锅沙坝滑坡应力-降雨-变形曲线

(2)隐患点变形破坏大多与地下水及渗流场的变化相关，尤其是受降雨和库水影响作用明显的灾害隐患点，分析变形与地下水位之间的关系，可形成地下水预报判据，包括地下水水位及其变化。

3)地下水与库水位、降雨之间的相关性

(1)分析库水和降雨对地下水水位的影响，尤其是地下水水位相对于库水和降雨的滞后性。

(2)分析地表水入渗过程，了解岩土体的渗透性特征。

(3)作为实际观测数据来检验和校正坡体渗流场模拟分析计算科学性，有助于对滑坡体地下渗流场认识。

(4)结合渗流模拟及稳定性分析，建立地下水水位预测预报判据。

4)应力与外界影响因素之间关系分析

(1)分析应力与库水之间的关系，重点是针对受库水影响的滑坡隐患点，分析应力与库水位高度、水位变幅之间的关系。

(2)分析应力与降雨之间关系，重点是针对受降雨影响的滑坡隐患点，分析其应力与雨量、雨强、雨型等之间关系。

(3)分析应力与地下水之间关系。

4.7.2　趋势预测

趋势预测分析运用数学方法对监测数据进行分析，获取监测曲线的发展趋势，并预测出可能的发展结果。显而易见，趋势预测分析主要用于预测预报，包括空间预测、时间预报。空间预测分为区域性预测、地段性预测和场地性预测；时间预测预报是要确定在未来可能发生灾害的时间区段或确切时间，分为长期预测、短期预测和临灾预测预报。时间上，斜坡变形一般要经历初始变形、等速变形、加速变形三个阶段，正确判断斜坡的变形演化阶段是滑坡准确预警的基础；空间上，滑坡的地表裂缝会随着变形的不断增加逐渐形成完整配套的裂缝体系。将时间-空间演化规律有机结合，开展分析，是进行滑坡准确预警预报的重要保证。变形演化与外界影响因素的相关性和宏观变形破坏迹象分析，是处理阶跃型变形曲线的有效手段。

1. 单体滑坡变形预测

1)监测曲线预测

通过变形监测数据，预测今后某个时间滑坡变形量或变形速率等。变形预测基本思路是：选择某种数学算法，学习某段时期监测数据(主要是滑坡变形和降雨、库水、地下水位等)后，根据算法自行学习建立的变形预测模型，得出今后某个时间的变形量预测值。可用实测值来评价预测值的精度，并修正预测模型。趋势预测分析能够预测滑坡发展变化趋势，包括稳定性趋势预测、滑坡变形趋势(变形量、变形速度)预测等。

(1)振荡型曲线趋势分析。对于振荡型曲线，整体趋势平稳，几乎为不变形和微变形。但是鉴于振荡型曲线的波动较大，当监测时间不足够长时很容易误判振荡型曲线的趋势。为揭示振荡型曲线的趋势，可以拟合趋势线并计算改进切线角，以刻画曲线的波动。可以考虑采用多项式拟合，图 4-27 为利用多项式拟合(50 次)的趋势线。

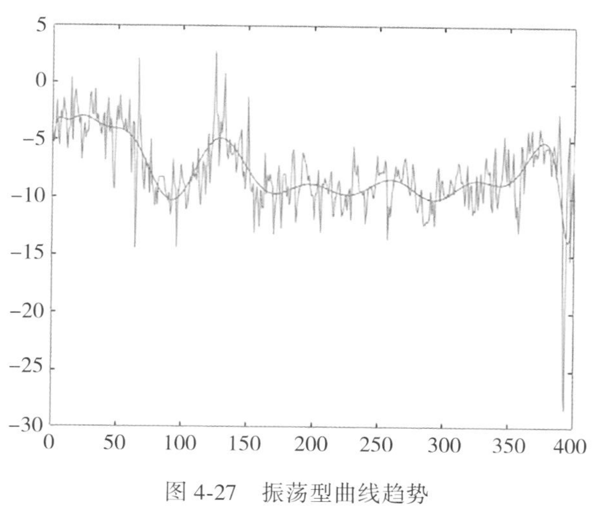

图 4-27　振荡型曲线趋势

(2)阶跃型滑坡曲线变形趋势预测。对于阶跃型滑坡，将每个阶跃台阶分隔开进行三阶段分析固然具有研究价值，但是并不利于滑坡长期、整体的稳定性和变形趋势判断。因此，对于阶跃型监测曲线的整体趋势分析，我们尝试提取监测曲线关键点，用多项式拟合出一条新曲线，代表监测曲线整体变形及趋势，再结合上述三阶段理论，对阶跃型滑坡的整体演化趋势进行分析。

阶跃型曲线上的点可人为分为两类：阶跃点，即滑坡位移大幅增加的点；平稳点，即滑坡位移没有大幅度变化的点，通常指平台期的点。阶跃点无疑是控制趋势的关键点，对阶跃点的识别成为此阶段分析的关键。利用位移速率的差异提取阶跃点，采用聚类分析进行判别[42]。

如图 4-28 所示，以白家包滑坡 ZG325 监测数据为例，红色为阶跃点，蓝色为平稳点。在得到阶跃点之后，对阶跃点进行曲线拟合。根据原阶跃数据情况的不同，可以考虑采用线性拟合、多项式拟合等拟合方法，之后再对拟合曲线进行改进切线角分析。白家包滑坡为典型的阶跃型滑坡，多年监测数据分析认为其仍处于蠕动变形状态。对白家包 ZG325 监测曲线分别进行了多项式拟合以及线性拟合，发现白家包滑坡的线性拟合更优，R 平方大于 0.98，趋势线呈线性，印证了白家包滑坡处于匀速变形阶段。

2)动态预测分析

在监测数据分析预测基础上，单体预测分析应进一步开展以下方面分析预测：

(1)各监测要素随时间变化的趋势性，分析致灾体变形动态、应力状态等发展趋势；

(2)各监测要素特征值变化的规律性，分析致灾体变形总量、速率等环境因素影响；

(3)不同监测要素之间相关关系变化的规律性，分析降雨冲刷、采掘以及库水浸泡、淘蚀、软化等因素对致灾体变形的影响。

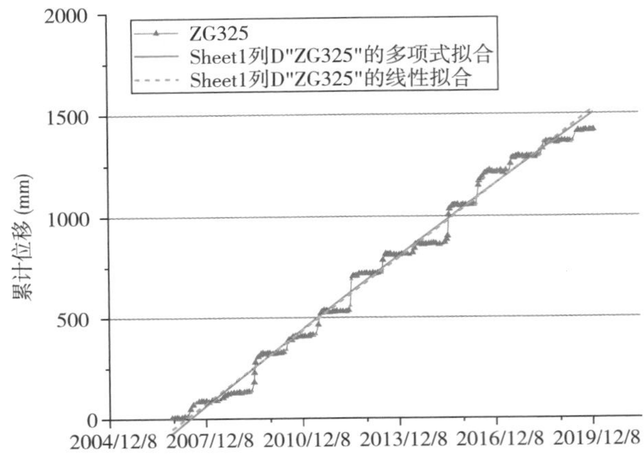

方程	y = Intercept + B1*x^1 + B2*x^2
绘图	ZG325
权重	不加权
截距	-3.39629E7 ± 1.2181E7
B1	27.32365 ± 9.91745
B2	-5.49465E-6 ± 2.01864E-6
残差平方和	440410.60981
R平方(COD)	0.98872
调整后R平方	0.98861

方程	y = a + b*x			
绘图	ZG323	ZG324	ZG325	ZG326
权重	不加权			
截距	-747596.36523 ± 5958.76039	-873046.95684 ± 6819.24912	-806810.89778 ± 6245.48499	-1.0275E6 ± 7881.14516
斜率	0.30461 ± 0.00243	0.35573 ± 0.00278	0.32875 ± 0.00254	0.41867 ± 0.00321
残差平方和	421898.47041	552546.99168	456974.23667	738031.26328
Pearson's r	0.99375	0.994	0.99413	0.99421
R平方(COD)	0.98754	0.98803	0.9883	0.98845
调整后R平方	0.98748	0.98797	0.98824	0.98839

图 4-28　白家包滑坡趋势线拟合

2. 区域性宏观趋势预测

主要是面向政府防灾减灾管理、防灾预案制定、监测预警工作部署等，对未来一段时间内某个区域内滑坡宏观形势进行分析预测。三峡库区每年开展一次滑坡趋势预测和会商。宏观趋势预测一般是在历史滑坡发生情况分析以及滑坡监测的基础上，结合地质环境条件和气候预测、地震形势等因素预测分析，建立合适的预测模型，开展滑坡时间(灾害易发时间段)、空间(灾害易发区域，易发性分区)以及数量(数量大致多少，相对往年增多还是减少)、危害程度(主要是伤亡人数)等趋势预测。

4.7.3　类比分析

类比分析是将不同空间条件下的同类事物加以比较，计算其比较相对指标，以表明同类事物在不同空间条件下不平衡程度的统计分析方法。类比分析主要用于同类型隐患点之间相似分析，包括工程地质特征、变形行为、曲线形态，为预报模型和预报判据的确定提供科学依据，如工程地质类比法。

类比分析主要思路：在灾害隐患点的科学分类基础上，通过对不同类型中的典型或重要隐患点进行深入、细致剖析研究，包括利用详勘、监测、模拟、试验等手段方法，建立典型滑坡的地质力学—监测—预警预报模型与预报判据。在此基础上，对某类型隐患点的归纳总结分析，形成一般性、规律性的认识，建立此类型隐患点的监测模型和预警预报模型及其判据，进而实现从典型到一般、由点及面的过程。

在滑坡监测预警中，类比分析应用比较广泛，可以应用于以下几个方面：

1. 区域隐患早期识别

采用工程地质类比法，分析比较斜坡与已有滑坡隐患点的典型特征或地质模型之间相似性，包括地形地貌、岩性构造、斜坡结构等孕灾环境条件，识别判断斜坡是否存在滑坡隐患的可能，圈定潜在隐患或风险区域。结合已发生的滑坡致灾因素(降雨阈值)等统计分析，为同类型滑坡预警阈值设定提供依据。

2. 单体滑坡预警分析

(1)采用工程地质类比法确定隐患点类型，结合隐患点地质特征、变形特征等，依据稳定性的定性判断标准、裂缝配套及稳定性等，判断隐患点稳定性。

(2)基于类比分析思想的群测群防隐患点预警分析，可以根据变形特征、地质结构等相似性，参照相同类型灾害点，建立预警预报模型和判据。

3. 监测模型分析

在地质模型基础上，建立典型滑坡监测模型，确定不同类型滑坡监测重点内容及监测方法。对于未开展勘查等详细工作的隐患点，在地质调查基础上，可以采用类比法，根据地质条件，分析隐患点类型，按照该类型典型监测模型，结合隐患点的监测等级确定监测网布设方案。

4.7.4 对比验证分析

1. 不同监测方法之间的对比印证

(1)提高监测分析结论的可靠性。例如，多种监测方法分析形成综合预警预报判据，如变形判据、降雨判据等，提高预警预报准确度；深部位移和地表位移对比分析，可判断是滑动变形还是沉降变形。

(2)发现和一定程度消除监测数据异常。当出现监测数据异常时，可以利用其他监测方法监测结果进行对比分析，初步分析异常原因，是仪器异常，还是监测隐患点出现异常。

(3)评价监测仪器安装的有效性，尤其是分析地下水、深部位移等监测仪器安装是否到位，是否起到监控作用。

2. 监测成果与非监测成果的对比验证

(1)用地下水位监测实际值来修正或验证渗透性模拟试验分析结果。

(2)用变形监测成果来验证和修正数值模拟和物理模型试验结果。

(3)用监测分析成果来修正预警模型和预报判据，进行追踪预报。

(4)用监测结果对滑坡变形预测模型和方法进行修正和评价。

4.7.5 归纳总结

大量的滑坡成功预警预报实例表明，滑坡监测预警是在专业监测和群测群防监测分析基础上，通过专家经验成功实现预警预报。因此，开展滑坡监测预警总结和综合分析是监测分析中常用和有效的方法之一。归纳总结分析内容主要体现在以下几个方面：

1. 滑坡类型划分

隐患点类型划分是精细化预警预报的基础，应从监测分析的角度，建立隐患点分类体系。而科学的分类体系则是建立在分析研究和归纳总结的基础上形成，可根据监测预警需求，从不同方面开展分类总结，包括隐患点空间形态特征、物质组成及结构、变形及曲线特征、影响控制因素等方面，形成分类依据。

2. 成因机理认识

认识隐患点成因机理是预警预报的关键，可以通过资料收集，整理分析该区域滑坡科学研究、调查勘查、工程治理等相关资料，针对监测区域内的隐患点成因机理进行分析研究及归纳总结，了解和掌握监测区域内隐患点的形成地质条件、影响因素、形成机制及演化过程等。成因机理归纳总结同样建立在分类基础上，从每种类型隐患点选取多个典型点，并进行逐个分析之后进行总结归纳，形成这种类型隐患点成因机理。

3. 失稳机制分析

变形是滑坡专业监测中的必要内容，变形失稳机制也是监测分析和预警预报中需了解和掌握的重点内容。每种类型的滑坡隐患点都有其特有的变形行为(或规律)及失稳破坏机制，需要在监测分析中对长时间监测数据分析，并结合科学研究等相关资料，在分类基础上总结各类隐患点的变形失稳机理。

4. 预警判据建立

建立在单体滑坡监测分析基础上进行的区域性、规律性、一般性的总结与分析，主要目的是建立滑坡预警预报判据。如产生区域性滑坡的降雨量临界值分析，宏观变形破坏迹象及前兆异常的规律性总结归纳分析，并总结分析中不断修正和完善预报判据。

5. 规范制度制订

通过监测预警集成总结，形成滑坡监测预警预报相关技术规范和制度要求，包括监测网建设与运行、预警预报等相关技术规范；监测预警运行相关制度要求。

4.7.6　适宜性分析

适宜性分析主要针对监测网点布设与监测方法的适宜性与有效性进行分析，对监测方法及仪器效用发挥进行评价，服务于监测方案的优化完善，以及仪器选型和改进研发等。

通过一定时间监测运行及监测数据分析，监测仪器设备的量程大小、故障率、损毁率、使用寿命、安装工艺要求、设备的可重复利用性以及监测数据采集稳定性及可靠性、支撑预警预报等仪器性能指标，再综合考虑建设和运行成本等方面内容，衡量各种监测方法的适宜性。

4.8 三峡库区滑坡变形特征分析

4.8.1 滑坡变形分析

1. 变形量分析

通过地表宏观变形迹象与变形量对比分析可得出，当 GNSS 监测年度变形量小于 50mm 时，即处于缓慢变形和微变形，地表一般不会出现裂缝等明显变形迹象。当年变形量小于 20mm 时，GNSS 监测累计位移-时间曲线一般表现为振荡特征，以监测曲线是否存在变形趋势为判断依据，振荡型又进一步分为不变形和微变形两种类型。多年监测曲线呈现出有趋势性变形的划为微变形，无趋势性变形的划为不变形。当 GNSS 监测年度变形量大于 50mm 时，地表宏观变形迹象开始显现。当 GNSS 监测年度位移大于 100mm 时，地表宏观变形明显。因此，可将库区专业监测滑坡变形划分为不变形或微变形、缓慢变形、较明显变形、明显变形四类。根据 2016—2019 年监测数据分析，获得了三峡库区 189 处专业监测地质灾害点的变形情况，见表 4-4。

表 4-4　三峡库区专业监测地质灾害变形情况分析(2016—2019 年)

序号	变形描述	年累计变形量(mm)	变形情况	
			数量(处)	比例(%)
1	不变形或微变形	≤20	94	47.09
2	缓慢变形	(20，50]	38	22.22
3	较明显变形	(50，100]	13	7.41
4	明显变形	>100	44	23.28

按照上述变形分级，2016—2019 年，出现缓慢及以上变形的专业监测滑坡有 95 处，包括 13 处发生较明显和 44 处明显变形。其中有 29 处整体变形和 66 处局部变形(图 4-29)。44 处明显变形的地质灾害点中，有 19 处最大年变形量大于 200mm，为显著变形。此期间以秭归县谭家湾滑坡变形最大，2018 年的变形量达 894mm。总体上专业监测点多以渐进式变形为主，极少出现大规模滑动。水库蓄水以来，仅在 2012 年奉节县发生 2 处滑坡，分别为曾家棚滑坡和黄莲树滑坡。

2. 变形时间分析

2016—2019 年期间，发生缓慢及以上变形的地质灾害点中，其变形时间主要集中 5 月至 9 月，每个月有约 60 个专业监测点发现变形，表明地质灾害变形主要发生在汛期(图 4-30)，即与降雨相关。有 34 处专业监测点在 10 月出现变形。其余的月份发生变形的地质灾害点在 10 处左右。

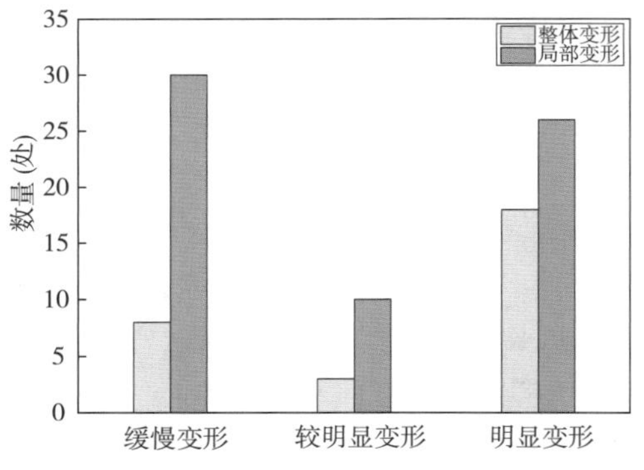

图 4-29 专业监测地质灾害变形分级特征

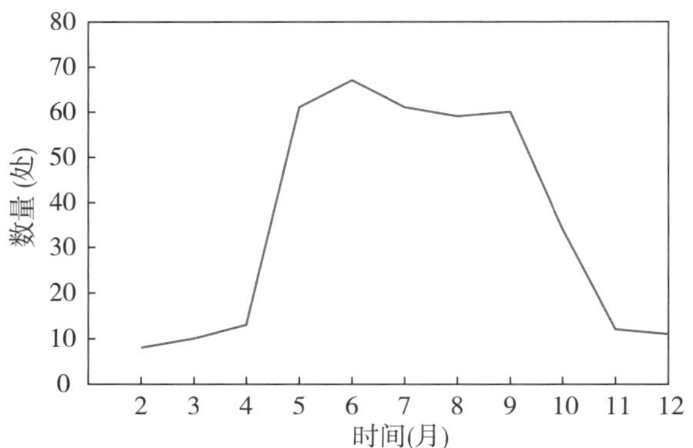

图 4-30 专业监测地质灾害变形时间统计

3. 变形趋势分析

2016—2019 年期间，以 2017 年地质灾害点变形最为严重，发生缓慢及以上变形的地质灾害有 87 处，其中出现明显变形的地质灾害有 45 处。2017 年至 2019 年发生缓慢及以上变形的，尤其是发生较明显变形和明显变形的地质灾害数量呈现逐渐减少趋势(图 4-31)。

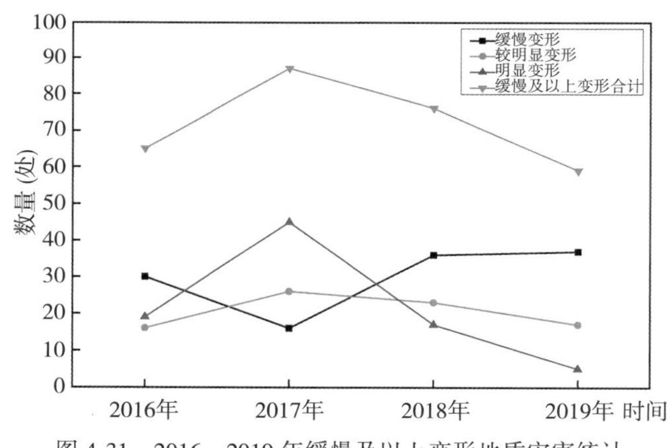

图 4-31 2016—2019 年缓慢及以上变形地质灾害统计

依据地质灾害点年变形量大小，将地质灾害变形趋势划分为增大、持平和变形趋缓。当年度变形量呈现明显变化，尤其是 2017 年以来变形明显增大或减少，划分为变形增大或者趋缓，而未出现明显变化或者基本在同一变形区间内波动的划分为变形基本持平或持平。以此划分，95 处缓慢及以上的地质灾害点中，呈现变形增大、持平和趋缓的数量分别是 5 处、39 处和 51 处，表明 2017 年以来，专业监测滑坡变形总体趋缓，出现明显变形的灾害点数量在逐年减少。如图 4-32 所示。

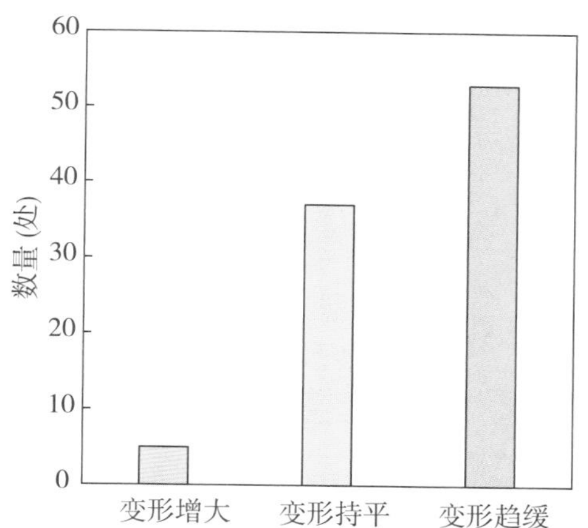

图 4-32 2017—2019 年专业监测地质灾害变形趋势分析

4.8.2 变形曲线特征分析

从 GNSS 监测累计位移-时间曲线形态特征和外动力因素及其作用机理的角度，对三峡库区滑坡进行分类：首先从 GNSS 监测点累计位移-时间曲线形态上，可分为振荡型、直线型、阶跃型三种类型；其次是考虑诱发变形外动力因素(包括库水、降雨、人类工程活动)及其作用机理，进一步细分为十一种类型，具体见表 4-5。

1. 振荡型

表现为 GNSS 累计位移-时间曲线呈上下波动，年变形量一般在 20mm 以下。该曲线有以下三个特点：一是振荡范围一般在测量两倍中误差范围内；二是曲线振荡围绕的中轴线一般为水平状态；三是监测到的变形矢量方向随着时间在变化。分析显示，GNSS 累计位移-时间曲线呈振荡型的滑坡变形量一般比较小，以不变形和微变形为主，少部分表现为变形逐步上升特征。189 处专业监测滑坡点中，累计位移-时间曲线呈振荡型的 97 处，占 51.32%。

按照这类曲线所反映的滑坡是否有变形，可以分为两类。一类是 GNSS 监测数据在测量误差范围内上下振荡，多年累计位移-时间曲线反映不出滑坡有变形趋势，表明这些滑坡处于稳定状态，称为振荡稳定型滑坡。如秭归上孝仁村滑坡等，以及发生了大规模滑动(如秭归县新滩滑坡和千将坪滑坡)和已经实施了工程治理的滑坡；另一类曲线也具有振荡特征，但多年 GNSS 累计位移-时间曲线有缓慢上升趋势，能够反映滑坡有一定的变形，且变形量较小，年变形量一般在 10mm 左右，曲线呈振荡缓慢上升特点，称为振荡趋势型滑坡。如秭归王家院子滑坡、大岭西南滑坡、淹锅沙坝滑坡等。总体而言，GNSS 累计位移-时间曲线为振荡型的滑坡当前状态下的稳定性较好，处于稳定或基本稳定状态，降雨、库水等因素对滑坡的影响不明显。

表 4-5　　**滑坡 GNSS 变形监测曲线分类及特征分析表**

序号	类型	动力因素及作用机理	变形行为及曲线特征	主要变形发生时间	年变形量（mm）	滑坡平面形态	物质结构	滑体及滑带形态	库水淹没情况	变形特征	当前稳定状态	典型滑坡
Ⅰ	振荡型	外界影响作用不明显	累计位移-时间曲线上下波动，多年的监测曲线在测量误差范围内上下振荡，表明无变形，曲线不能反映出暴雨、库水波动等对滑坡有影响作用	不变形	无变形	以舌状居多	土质或岩质	滑带比较平直	淹没少或不涉水	不变形	稳定	新滩滑坡、千将坪滑坡、下溪河滑坡等
			累计位移-时间曲线上下波动，多年监测曲线有一定的变形趋势，但变形缓慢，年变形量小	持续缓慢变形	数毫米		土质或岩质		淹没少或不涉水	缓慢变形	基本稳定	王家院子滑坡、大岭西南滑坡
Ⅱ	直线型	自重	累计位移-时间曲线呈现振荡缓慢上升特征，主要受重力作用缓慢变形，暴雨和库水位大幅波动对其影响甚微。滑坡处于匀速蠕变阶段	匀速变形	十余毫米至数十毫米	以簸箕形为主	土质或岩质	滑带平直，滑体呈板状	淹没体积少或不涉水	整体变形，缓慢变形	基本稳定	李家湾滑坡 巴东大坪滑坡
Ⅲ	阶跃型	库水：动水压力型	当库水位快速消落时变形加速，滑坡累计位移-时间曲线呈台阶状上升，且变形速度与库水位消落速度呈正相关性；而在库水位缓慢下降、水位抬升或水位保持相对稳定条件下滑坡变形缓慢	蓄水和运行期间，每年 5—6 月	上百毫米至数百毫米，甚至更大或破坏	一般为喇叭形	土质为主，或者结构破碎的岩质滑坡	滑带靠椅状	库水淹没比例大	一般前缘变形明显大于中后缘。整体变形或局部变形	欠稳定-不稳定	卧沙溪滑坡、白水河滑坡、八字门滑坡、树坪滑坡、旧县坪滑坡
		库水：浮托减重型	当水库蓄水或处于高水位运行期，滑坡变形速度加快，滑坡累计位移-时间曲线呈台阶状上升，且变形与库水位高度相关。而在库水位下降或水位保持相对稳定条件下滑坡变形相对缓慢或不变形	水位抬升及高水位运行时期，每年 9 月至次年 5 月	数十毫米至百余毫米	一般为喇叭形	基岩顺层为主	靠椅状	库水淹没比例大	一般为整体变形	基本稳定	范家坪滑坡

续表

序号	类型	动力因素及作用机理		变形行为及曲线特征	主要变形发生时间	年变形量（mm）	滑坡平面形态	物质结构	滑体及滑带形态	库水淹没情况	变形特征	当前稳定状态	典型滑坡
Ⅲ	阶跃型	库水	淘蚀软化型	水库蓄水期阶段，滑坡前缘被库水淹没，受到库水侵蚀、淘蚀和浸泡软化作用发生明显变形甚至破坏，GPS累计位移-时间曲线出现明显变形台阶	135m、156m蓄水和175蓄水试验性蓄水期	数十毫米至百余毫米，甚至局部失稳	灾害体或前缘地形坡度相对较陡	土质或岩质		库水淹没至前缘	整体变形，或出现崩塌或前缘塌岸	欠稳定-不稳定	龚家坊崩塌
			浸泡压密型	蓄水初期，受水位抬升影响，滑坡淹没段泡水，土体压密产生应力调整。表现为首次蓄水期间变形量大，后面变形不明显，甚至经过几年时间后趋于稳定。变形集中发生在蓄水初期	135m、156m蓄水和175蓄水试验性蓄水期至蓄水后数月内	数十毫米至数百毫米	舌状	土质	靠椅状	滑坡前缘被库水淹没	主要呈现下座式变形特征，多为整体变形	基本稳定-欠稳定	凉水井滑坡、青石滑坡、花莲树滑坡
		降水	暴雨阶跃型	当降雨强度达到一定值时，变形曲线出现阶跃。台阶并不是每年出现，且台阶高度也不一样，高度与暴雨强度呈正相关性	暴雨发生时期或暴雨后数天内	数十毫米至数百毫米，甚至更大或破坏	一般为长舌状	土质或岩质	比较平直，滑体呈板状。	库水淹没少，或不涉水	整体或局部变形，甚至失稳。	欠稳定-不稳定	杨家湾滑坡、
			雨季阶跃型	汛期雨季降雨多，滑坡变形明显，累计变形曲线呈现阶跃，其明显特征就是汛期和非汛期变形速度差异大，汛期持续变形，非汛期变形趋缓	汛期，5—9月变形大	数十毫米至数百毫米，甚至破坏	舌状	土质为主	比较平直，滑体呈板状。	库水淹没少，或不涉水	整体或局部变形，甚至失稳。	基本稳定-欠稳定	生基包滑坡、马家沟Ⅰ号滑体
		人工活动阶跃型		人工切坡、堆填和采矿等。往往只出现一个台阶	人类工程活动活跃期	数十毫米至数百毫米，甚至破坏		岩质和土质均发生		淹没少，或不涉水	整体或局部变形，甚至失稳	欠稳定至不稳定	凉水溪滑坡、燕子滑坡

续表

序号	类型	动力因素及作用机理	变形行为及曲线特征	主要变形发生时间	年变形量（mm）	滑坡平面形态	物质结构	滑体及滑带形态	库水淹没情况	变形特征	当前稳定状态	典型滑坡
Ⅳ	复合型	库水位消落+暴雨	库水消落期或暴雨期间出现较大变形，尤其是在库水快速消落期（每年5月底至6月初）叠加暴雨，易发生大规模变形破坏	5—6月	数十毫米至数百毫米	一般为舌状或长舌状	土质	靠椅状	库水淹没比例大	整体或局部变形，甚至失稳	欠稳定-不稳定	曾家棚滑坡、黄莲树滑坡、红岩子滑坡
		库水位抬升+暴雨	变形发生在蓄水期，叠加暴雨，滑坡变形加速，甚至失稳破坏	蓄水期，一般在蓄水后数天至数十天内发生	数十至数百毫米，甚至失稳破坏	一般为舌状或长舌状	岩质或土质	靠椅状	库水淹没比例大	整体或局部变形，甚至失稳	欠稳定-不稳定	下瓦渣坪滑坡、千将坪滑坡
		人工活动+暴雨	灾害体在受到人工活动（如开挖、堆填），处于潜在不稳定或临界状况，在暴雨的作用下发生大规模变形破坏	暴雨期间	较大变形甚至失稳破坏		岩质和土质均发生			整体或局部变形，甚至失稳	欠稳定-不稳定	杉树槽滑坡

备注：滑坡形态划分依据：长舌状，长宽比>2；舌状，1<长宽比<2；簸箕形，长宽比≈1或<1；喇叭状，前缘宽后缘窄。

以昭君村滑坡为例说明振荡稳定型滑坡(图 4-33)。2014 年至 2018 年，兴山昭君村滑坡基本不存在变形，累计位移-时间曲线呈现上下波动性质。尽管在汛期出现微小变形，如 2017 年 7 月至 10 月受华西久雨影响，但是在 11 月之后曲线出现回落，因此也非滑坡变形所致。从监测点的监测矢量图也可以看到，其变形方向不是朝着特定方向变化，不具规律性。滑坡处于基本稳定状态，降雨、库水对其影响作用不明显。

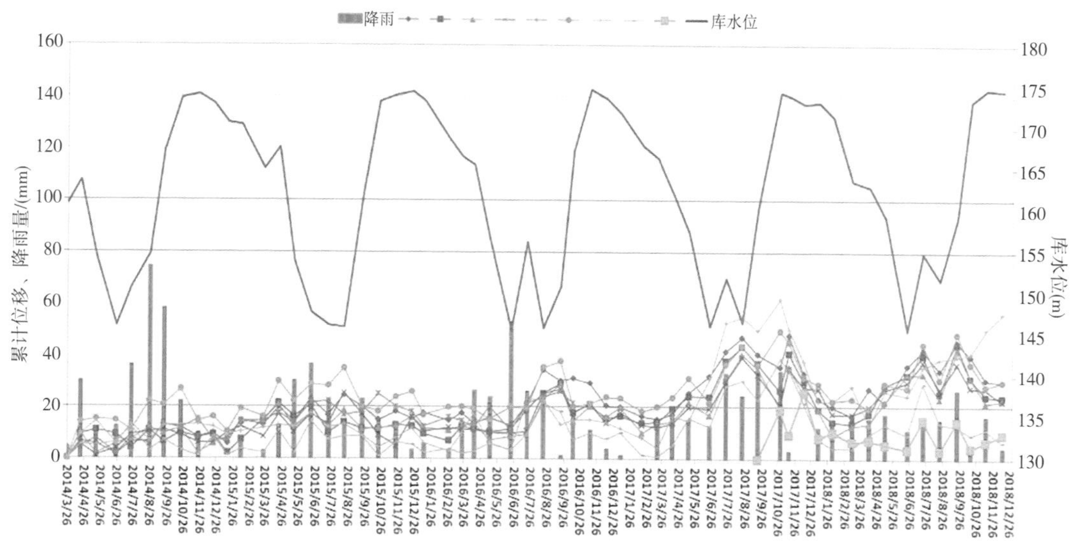

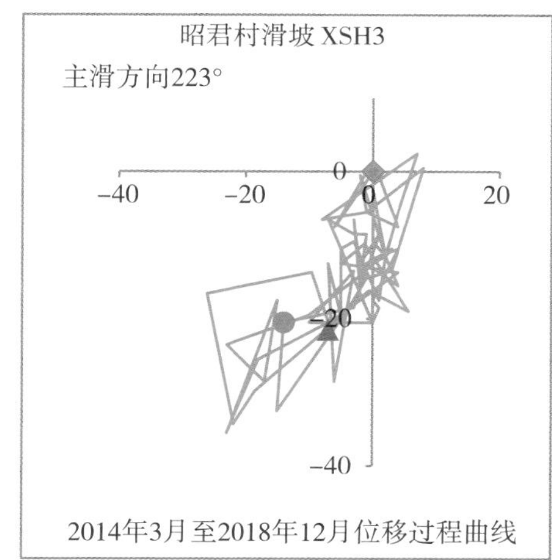

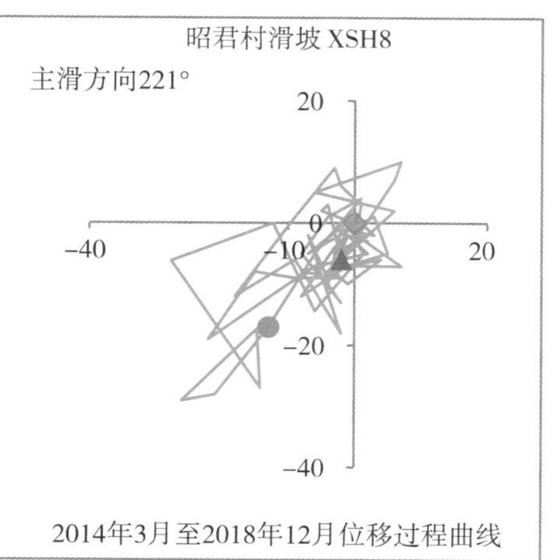

图 4-33 昭君村滑坡累计位移-时间曲线及其监测矢量图

振荡趋势型滑坡，如图 4-34 所示秭归淹锅沙坝滑坡，2006 年至 2018 年淹锅沙坝滑坡存在微弱变形，累计位移-时间曲线呈现上下波动特征，且具有上升趋势。

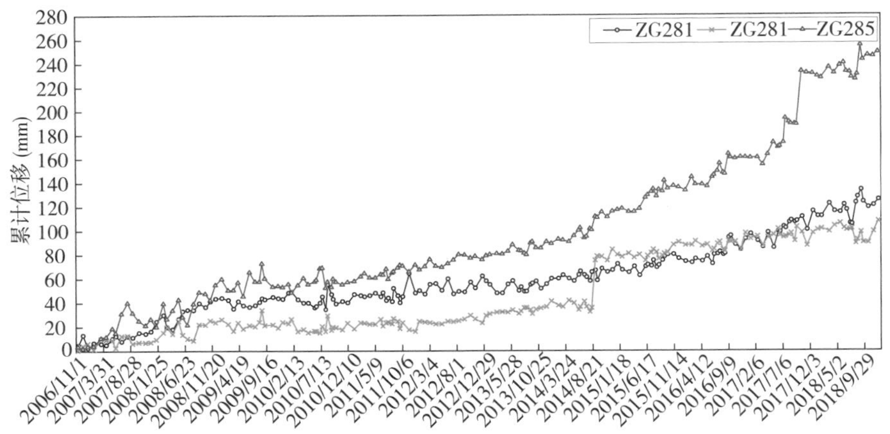

图 4-34　累计位移-时间关系曲线振荡型(秭归县淹锅沙坝滑坡)

2. 直线型

多年监测曲线为直线型的滑坡，表明其处于等速变形或蠕变阶段处于基本稳定状态，变形量不大，年变形量一般在十余毫米至数十毫米之间。此类曲线说明了滑坡主要是在重力作用产生变形，且受降雨、库水等外界因素影响小。GNSS 累计位移-时间曲线为直线型的滑坡，其年变形量一般在十余毫米至数十毫米之间，处于匀速变形阶段，如图 4-35 所示巴东李家湾滑坡。三峡库区 189 处专业监测滑坡点中，直线型的 13 处，占 6.88%。

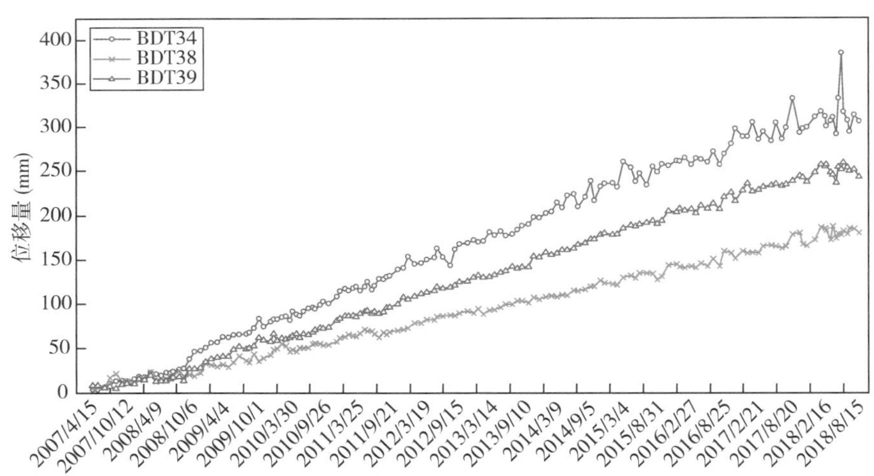

图 4-35　累计位移-时间曲线呈直线型的滑坡位移监测点曲线(巴东县李家湾滑坡)

3. 阶跃型

在库水波动、降雨和人类工程活动等外界因素的影响作用下，滑坡变形速率明显加快，其累计位移-时间曲线上出现一个明显的台阶，呈现出阶跃特征。阶跃型滑坡年变形量一般在数十毫米至数百毫米，处于较明显变形和明显变形状态，甚至更大或者失稳破坏。监测曲线为阶跃型的滑坡，反映了其对外动力因素的作用较为敏感。根据外动力因素不同，三峡库区阶跃型滑坡分为库水阶跃型、降雨阶跃型和人工活动阶跃型三类。考虑动力因素的作用机理不同，可进一步将阶跃型滑坡细分为七类，其中库水阶跃分为动水压力型、浮托减重型、淘蚀软化型和浸泡压密型四类；降雨阶跃型分为暴雨阶跃型和汛期(久雨)阶跃型两类。三峡库区 189 处专业监测滑坡点中，累计位移-时间曲线呈阶跃式变形特征 79 处，占 41.80%。

1)库水型

(1)动水压力型。当水库水位快速消落时，滑坡变形明显加速，累计位移-时间曲线呈陡直台阶状上升，且变形速率与库水位消落速度呈正相关性。按照三峡水库调度方案，每年在 5 月底至 6 月初库水位从 155m 快速消落至 145m。动水压力型滑坡累计位移-时间曲线会出现明显变形台阶。而在库水位缓慢下降、水位抬升或水位保持相对稳定条件下，滑坡变形明显趋缓。此类滑坡变形量较大，年变形量一般大于 100mm，至数百毫米，甚至大规模滑动，处于欠稳定或不稳定状态。多为土质滑坡或岩体破碎的岩质滑坡，滑体前缘明显宽于后缘，呈喇叭形，前缘厚度明显大于中后缘，库水淹没比例较大，如图 4-36 所示秭归卧沙溪滑坡(前缘次级滑体)、白水河滑坡、八字门滑坡和树坪滑坡等。动水压力型滑坡监测预警重点关注库水位下降速度。

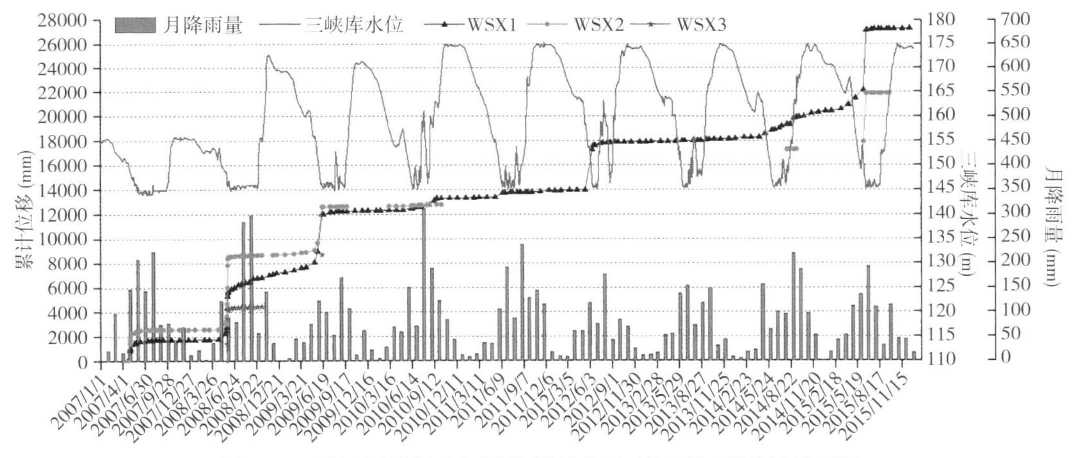

图 4-36 卧沙溪滑坡次级滑体累计位移-库水位-降雨量关系图

(2)浮托减重型。滑坡变形与库水位抬升有关，在水库蓄水及高水位运行期，滑坡变形速度明显加快。滑坡在库水位下降或低水位运行期间，变形相对缓慢。GNSS 累计位移-时间曲线在水位抬升及高水位运行期间出现台阶状上升，台阶形态呈现向上凸起的弧形特征。因此，受三峡水库调度影响，此类滑坡变形发生在每年 9 月底至次年 4 月水位抬升及高水位运行时期，年变形量一般在数十毫米至百余毫米，滑坡以整体性变形为主。滑坡体形态一般为喇叭形，前缘明显宽于后缘，滑带呈靠椅状，以基岩顺层滑坡为主，如图 4-37 木鱼包(范家坪)滑坡。滑坡当前稳定性状态一般为基本稳定或欠稳定，极个别出现大规模滑移。浮托减重型滑坡的监测预警预报应重点关注库水位抬升过程及高水位运行期的变形趋势。

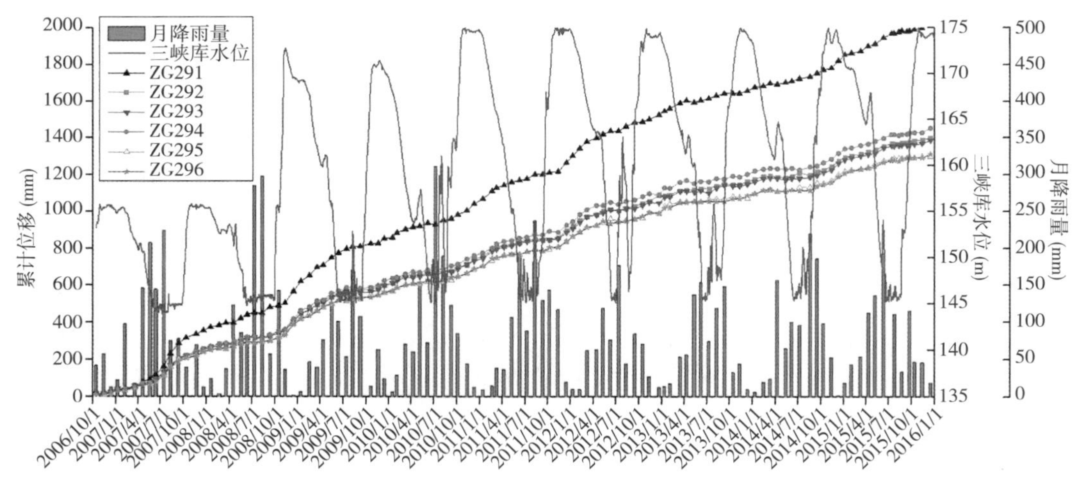

图 4-37　木鱼包滑坡 GNSS 监测点累计位移-降雨量-水库水位-时间相关性分析图

(3)浸泡压密型。滑坡变形发生在蓄水初期，当水位抬升时，滑坡前缘淹没段受库水浸泡，土体架构发生调整，产生压密现象，滑坡出现下座式变形特征，后缘形成弧形裂缝。此时滑坡稳定性较差，处于欠稳定或不稳定状态，易发生滑坡险情。滑坡一般在蓄水期间变形量较大，变形主要发生在 2003 年至 2012 年水库 135m、156m 蓄水及 175m 试验性蓄水期间。这类滑坡尤其初次蓄水过程中，当蓄水淹没前缘一定体积后，在数天至数月内易发生较大变形，随后变形逐年趋缓。滑坡变形是因库水浸泡压密而发生应力调整。三峡库区浸泡压密型滑坡出现险情居多，如 2008 年首次 175m 试验性蓄水期间出现的滑坡险情。水库经历了数年的高水位运行后，浸泡压密型滑坡应力调整已基本完成，库水位对此类型滑坡影响作用基本结束，滑坡处于新的平衡状态，其稳定性趋好。因此，浸泡压密型滑坡监测预警预报应重点关注初次蓄水期及以后数月内。如图 4-38 所示。

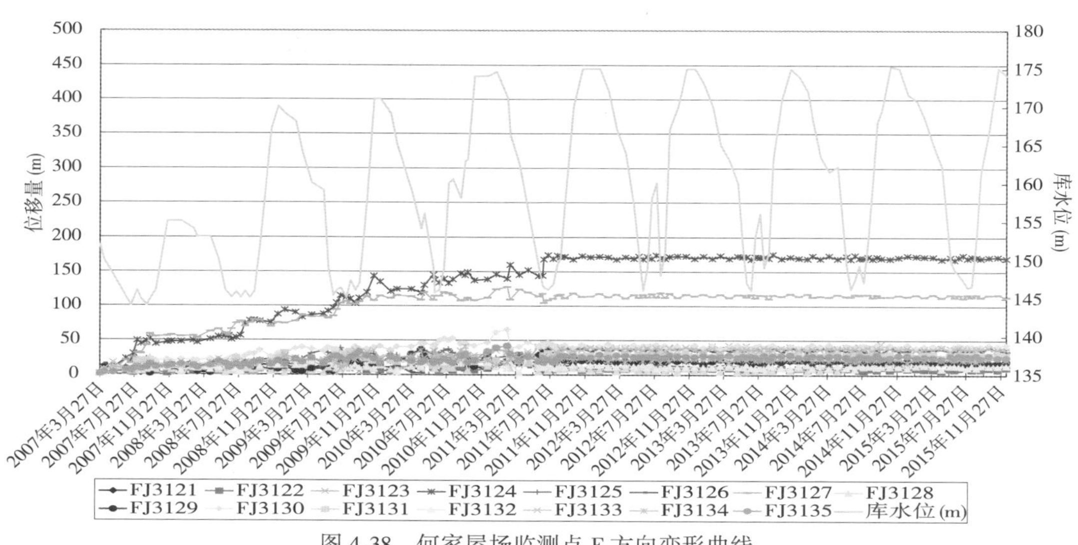

图 4-38　何家屋场监测点 F 方向变形曲线

(4)淘蚀软化型。库水位抬升时，坡脚受到库水浸泡软化和侵蚀淘蚀作用，滑坡发生明显变形，出现局部变形(如塌岸)或整体破坏。滑坡变形破坏主要发生蓄水初期，即2003年至2012年水库135m、156m蓄水及175m试验性蓄水期间，如2008年175m试验性蓄水期发生的龚家坊崩塌、秭归东门头塌岸等。淘蚀软化型滑坡的监测预警预报应重点关注在初次蓄水期，易出现滑坡险情或灾情群发，注意滑坡前缘局部变形发展与整体稳定性的关系。

2)降雨阶跃型

(1)暴雨阶跃型。受强降雨影响，且降雨强度达到一定值时，滑坡加速变形，GNSS累计位移-时间曲线出现阶跃，呈陡直台阶状上升，曲线的单个台阶形态与动水压力型类似，区别在于暴雨阶跃型的变形台阶并不是每年都会出现，而是在一次暴雨过程达到一定的降雨值时出现。暴雨阶跃型滑坡的每个台阶的高度(一次暴雨导致滑坡的变形量)也不一样，与降雨量及降雨强度有关。由于一次暴雨过程时间短，滑坡变形主要发生在暴雨期间或暴雨后数天内，因此在监测曲线上表现出陡直台阶状。而且此类滑坡变形量一般比较大，年变形量在数十毫米至数百毫米，甚至大规模滑移，滑坡处于欠稳定或不稳定状态，如秭归杨家湾滑坡等。因此，降雨强度成为此类滑坡预警预报的关键因素。

以如图4-39所示杨家湾滑坡为例。该滑坡位于秭归县沙镇溪镇马家坝村，长江支流锣鼓洞河左岸。滑坡前缘高程约185m，后缘高程约290m，体积约$36\times10^4 m^3$，为顺层土质滑坡。监测显示，自2008年以来一直处于变形，2011年12月上旬，在334省道以上的滑坡后缘，曾发生一次较大变形。2012年变形再次发展，后缘最大下座累计约1.3m，变形区南侧334省道路面形成宽约4米的错动带。2014年8月27日至9月1日持续强降雨，滑坡区雨量达163.7mm，致使滑坡9月1日凌晨1点出现大面积滑动，滑移约30m。9月1日晚又降暴雨，降雨量达92.8mm，滑坡再一次变形，滑动区再次下滑约30m，导致公路损毁，交通中断。

图4-39 杨家湾滑坡全貌照片

(2)汛期(久雨)阶跃型。受汛期降雨影响发生变形，每年 5 月至 9 月累计位移-时间曲线出现一个台阶。与暴雨型陡直台阶相比较，汛期阶跃型台阶持续时间较长。汛期阶跃型的台阶形态与浮托减重型相似性，区别在于变形台阶的发生时间段不同，年变形量一般在数十至数百毫米，滑坡处于欠稳定至不稳定状态。如图 4-40 所示秭归马家沟 I 号滑体和奉节生基包滑坡。汛期阶跃型滑坡的监测预警预报应重点关注汛期降雨情况，尤其是汛期连续降雨、久雨天气以及一次连续降雨过程的降雨量。

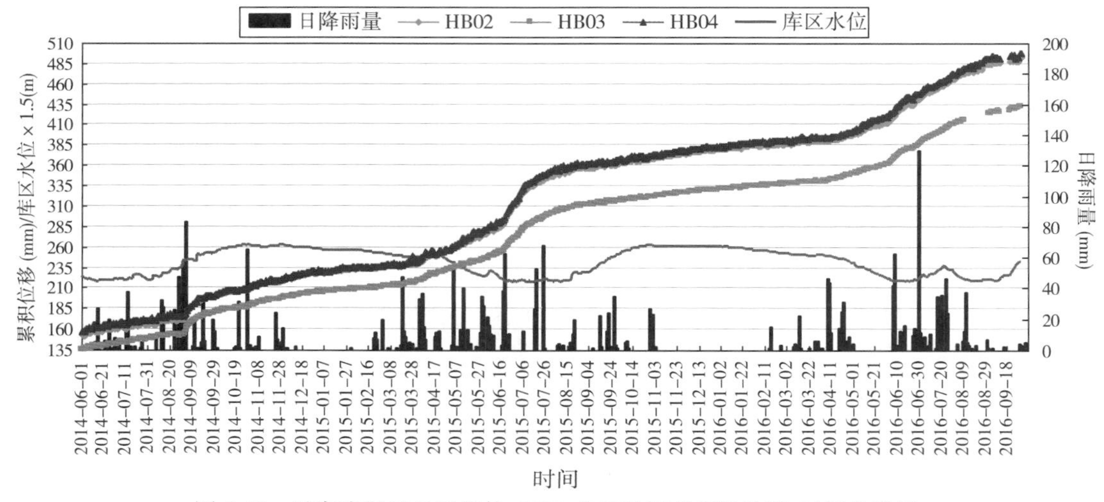

图 4-40　马家沟滑坡 I 号滑体 GNSS 自动监测点累计位移-时间曲线图

3)人工活动阶跃型

受到人工切坡、堆填和采矿等影响，滑坡出现明显变形甚至破坏，累计位移-时间曲线在人工活动期间会出现一个台阶。自然状态下滑坡一般处于稳定或基本稳定状态，当发生人工活动时稳定性明显下降，甚至变形破坏，如巴东凉水溪滑坡、燕子滑坡。对人工活动阶跃型滑坡应密切监测滑坡区土地开发利用情况，尤其是不合理开挖、堆填等，重点关注坡度较陡的松散堆积层覆盖区及顺向坡地段。

4)复合型

复合型滑坡受两种或以上的因素叠加影响，按照动力因素可以将复合型滑坡分为库水+暴雨型和人工活动+暴雨型。其中，库水+暴雨型又可分为库水位消落+暴雨型和库水位抬升+暴雨型两种子类。

(1)库水位消落+暴雨型。滑坡变形破坏主要发生在每年 5 月底至 6 月初，即库水位快速消落并叠加强降雨期间。这也是三峡库区滑坡的最不利工况组合之一，容易发生较大变形甚至失稳破坏，如巫山红岩子滑坡、奉节黄莲树滑坡(图 4-41)和曾家棚滑坡(图 4-42)等。2012 年 5 月 28—29 日，奉节县境内连续强降，24h 内累计降雨量达到 85mm。2012 年 6 月 1 日，库区 2 处专业监测滑坡，黄莲树滑坡与曾家棚滑坡相继发生大规模滑动。强降雨诱发滑坡的主要因素，库水位的变化对滑坡变形位移的影响较大，滑坡位移的变化与库水位的变化呈负相关，即在库水位快速消落时出现明显变形。黄莲树滑坡与曾家棚滑坡变形特征，与江强强等的降雨和库水位联合作用下库岸滑坡模型试验研究结果一致，即库水位下降和强降雨联合作用下坡体前缘产生局部破坏(塌岸)，并溯源发展至前缘整体破坏，为典型的牵引式破坏模式。累计位移-时间曲线上看，2 处滑坡变形显示出明显的阶跃特征，每年的 5—6 月，均会出现一个变形台阶。

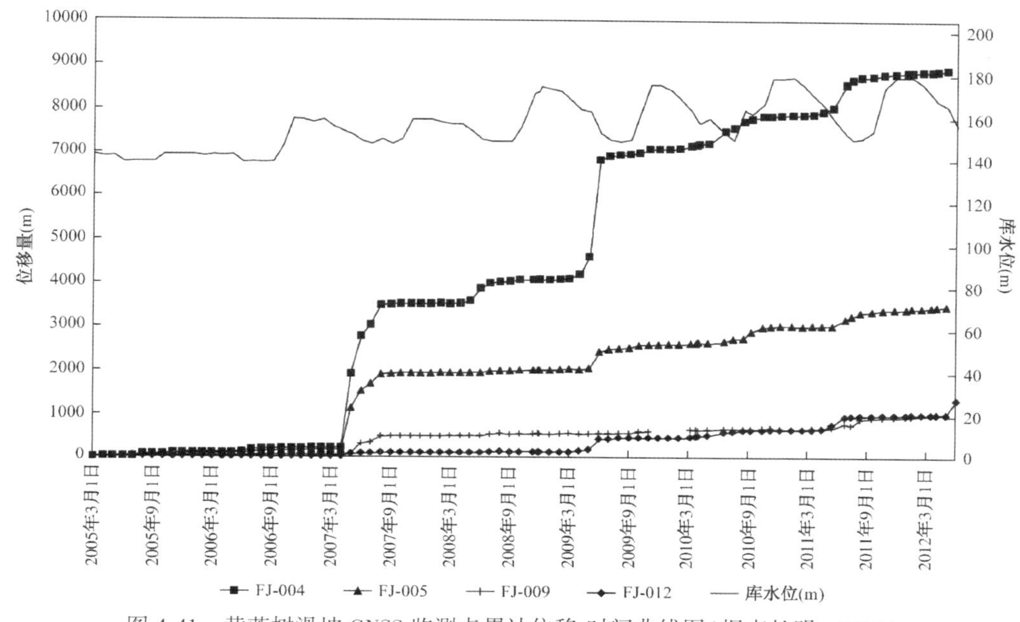

图 4-41 黄莲树滑坡 GNSS 监测点累计位移-时间曲线图(据李长明，2013)

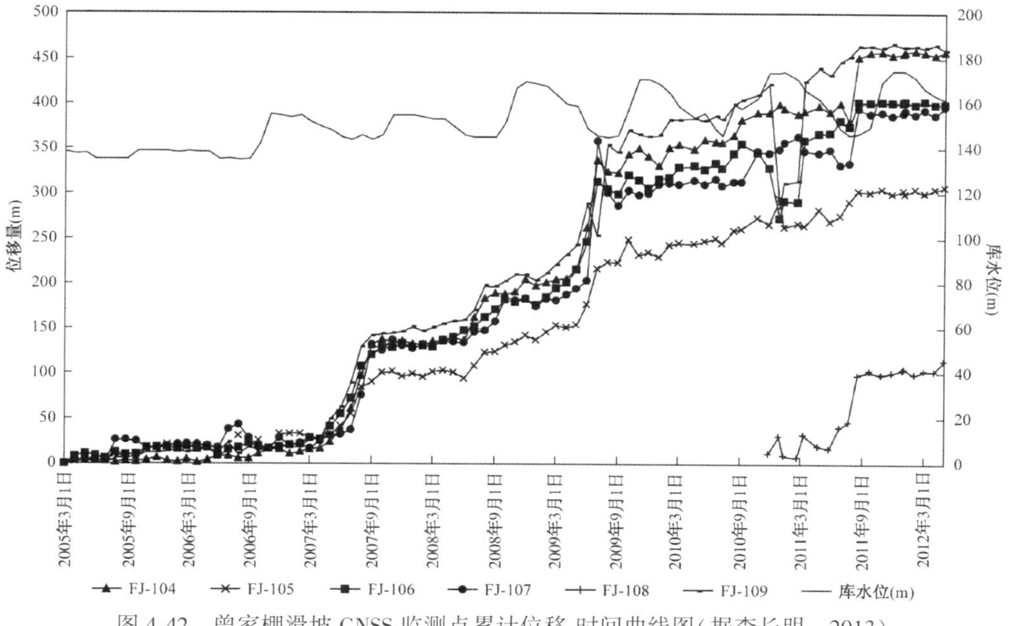

图 4-42 曾家棚滑坡 GNSS 监测点累计位移-时间曲线图(据李长明，2013)

（2）库水位抬升+暴雨型。滑坡变形破坏发生在蓄水初期（尤其是 135m、156m 和 175 试验性蓄水期间）叠加暴雨，滑坡变形加速，甚至失稳破坏，如响水滩滑坡、火石滩滑坡和下瓦渣坪滑坡、千将坪滑坡等。此类滑坡不仅受暴雨影响，加之蓄水初期受库水抬升、浸泡、软化作用影响明显，滑坡稳定性进一步下降，容易产生较大变形或破坏。这也是导致水库蓄水初期滑坡集中发生变形破坏的主要原因之一。该类滑坡的突发性较强，是水库蓄水初期滑坡监测预警预报关注的重点。如图 4-43 所示。

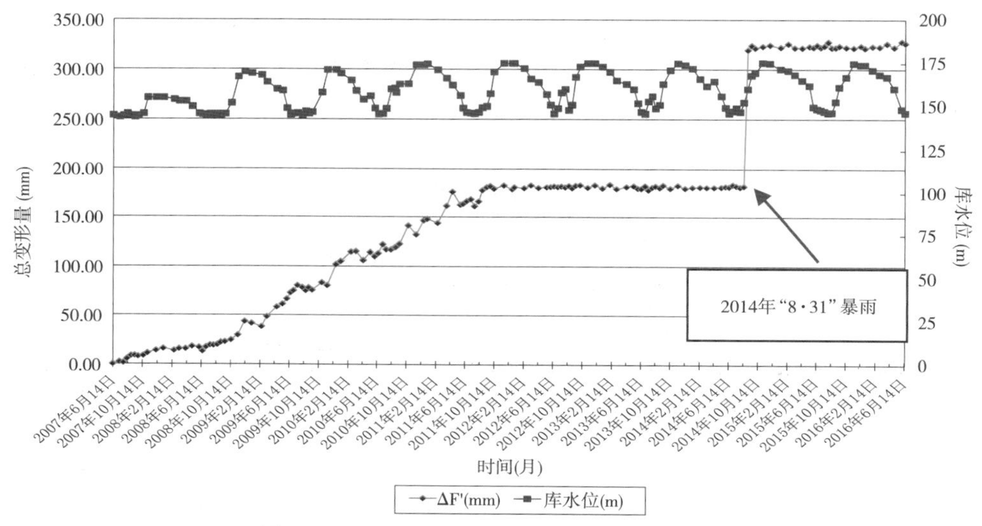

图 4-43　FJ3032 监测点累计位移-时间曲线图

4.8.3　变形影响因素分析

根据对缓慢及以上变形的地质灾害点的变形与影响因素相关分析，可以得到库区专业监测点中，受降雨、库水和人工活动的地质灾害点分别有 63 处、10 处和 2 处。受库水和降雨共同作用而产生变形的地质灾害有 14 处，受人工活动和降雨共同作用产生变形的地质灾害点有 3 处。另外有 3 处是在自身重力作用持续匀速变形。还有自 2003 年专业监测处于不变形、微变形的地质灾害，经历了水库蓄水和库水位周期性大幅波动，以及 2014 年“8·31”暴雨和 2017 年秋汛久雨等极端天气，可以得出，这些地质灾害受降雨、库水等外动力作用影响不明显。

从图 4-44 中分析可知，降雨成为当前诱发三峡库区地质灾害变形的主要因素。95 处缓慢及以上变形的地质灾害专业监测点中，有 80 处变形与降雨有关，占比 84.21%，包括降雨和库水、人类工程活动共同影响变形的 17 处。其次是受库水波动的作用影响而产生变的地质灾害有 24 处，含 14 处地质灾害受库水和降雨共同作用影响。近年来人类工程活动对地质灾害变形的影响作用有增长的趋势，5 处专业监测地质灾害的变形直接与人类工程活动相关，主要是受人工切坡和建房、弃渣等加载的影响。

影响因素对滑坡造成的影响反映在监测曲线上，呈现出不同的形态特征。可通过长时间监测曲线形态特征，分析变形影响因素。

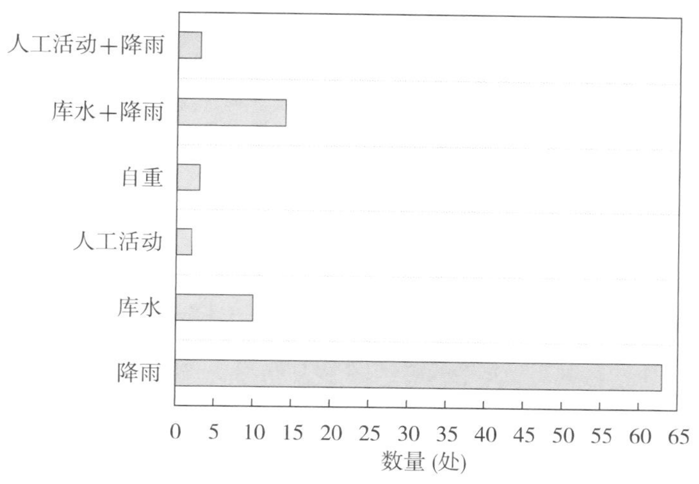

图 4-44 专业监测地质灾害变形影响因素分析

(1)振荡型监测曲线：反映了变形量小或者没有变形，隐患点处于不变形或微变形状态，表明降雨、库水等外界因素对隐患点变形的影响作用微弱或者不明显。

(2)直线型监测曲线：主要是受重力作用产生变形，处于匀速变形阶段，暴雨、库水等外界因素对其作用不明显。

(3)阶跃型监测曲线：可以通过曲线“台阶”的形态特征、出现时间和重复出现规律性来分析隐患点的变形影响因素。

表 4-6 总结了三峡水库运行期阶跃型滑坡变形曲线特征，可用于判定滑坡变形的主要影响因素。

表 4-6 **阶跃型曲线特征**

曲线形态	作用机制	累计位移-时间曲线的变形“台阶”特征			
		形态特征	出现时间	高度控制因素	重复规律性
阶跃型	动水压力型	陡直	快速消落期	库水位及水位日降幅	每年 5 月底至 6 月初重复出现
	浮托减重型	弧形	水位抬升及高水位运行期	库水位及高水位持续时间	每年 10 月至次年 3 月重复出现
	暴雨阶跃型	陡直	暴雨发生期及雨后数天内	降雨强度及一次降雨过程累计降雨量	暴雨达到一定降雨量时出现，如 2014 年“8·31”暴雨
	久雨阶跃型	陡直	长时间降雨中后期	降雨持续时间及累计降雨量	一般是极端久雨天气(2017 年秋汛久雨)

续表

曲线形态	作用机制	累计位移-时间曲线的变形“台阶”特征			
		形态特征	出现时间	高度控制因素	重复规律性
阶跃型	雨季阶跃型	多级阶梯状	发生在汛期，5—9月	雨季累计降雨量	每年汛期(4—9月)出现，每次发生较大降雨时会出现次级变形阶梯
	人工活动型	陡直	人工活动期间及完成后一段时间	人工活动强度	一般出现阶跃变形后会采取工程措施，所以仅出现一次
	动水压力+降雨	陡直	库水位快速消落期(5月底至6月初)	水位日降幅及降雨强度和降雨量	5—6月出现较大暴雨期间，如2012年5月31日至6月1日暴雨期间。
	人工活动+降雨	陡直	人工活动后降雨尤其是暴雨期间	人工活动强度及降雨强度和累计降雨量	暴雨期间

通过不同影响因素作用下地质灾害累计位移-时间曲线特征的总结分析，可以得出：

(1)从变形“台阶”的形态特征上看，动水压力型、暴雨阶跃型、久雨阶跃型、人工活动型滑坡的变形监测曲线“台阶”具有相似性，均呈陡立形态，主要是影响因素作用时间短、强度大，导致滑坡在较短时间出现较大变形，形成陡直“台阶”状累计位移-时间曲线。浮托减重型在水位抬升和高水位运行期出现变形，变形时间相对较长，变形“台阶”相对较缓。雨季阶跃型在汛期降雨一般都会出现变形，变形“台阶”由数个高低不同的次级“台阶”组成，时间跨度数个月。

(2)从变形“台阶”高度的影响因素上看，动水压力型滑坡变形主要受库水下降速率及库水位影响，浮托减重型变形主要受库水位及水位上升速率影响。暴雨阶跃型滑坡受暴雨强度及一次降雨过程累计降雨量影响，久雨阶跃型变形主要受降雨时长的影响。雨季阶跃型滑坡变形台阶高度主要受汛期雨量的影响。人工活动型地质灾害变形“台阶”高度与人类工程活动强度呈正相关，如切坡位置、高度或堆填加载量。

(3)从变形“台阶”出现时间上看，动水压力型滑坡变形主要发生在库水位下降时期，尤其是每年 5 月底至 6 月初库水水位快速消落期。浮托减重型滑坡变形主要发生在水位抬升及高水位运行期，即每年 10 月至次年 2 月期间。暴雨阶跃型主要变形发生在汛期 5—8 月的暴雨期间或暴雨过后 1~2 天内。久雨阶跃型滑坡主要发生在长时间降雨的中后期，如发生在 2017 年 9—10 月。雨季阶跃型变形发生在汛期降雨过程中，体现在一旦降雨，滑坡就随之出现变形，且变形量随着降雨量的增大而增大。

(4)变形曲线“台阶”的重复性存在差异。受三峡水库调度影响，库水位每年会出现一次 175m 至 145m 水位下降过程和由 145m 至 175m 水位抬升过程，因此，动水压力型、浮托减重型滑坡每年会出现一次阶跃变形。雨季阶跃型亦如此，每年汛期会出现一个变形台阶。因此，动水压力型、浮托减重型和雨季阶跃型滑坡在每年同一时期均会出现一个变形“台阶”。暴雨阶跃型、久雨阶跃型和人工活动型滑坡，只在外界影响因素的作用强度达到一定值时，出现变形台阶，不具重复性。

第5章　滑坡遥感监测分析

遥感作为一种滑坡监测方法，能够记录滑坡体地表现状与变化，是滑坡调查识别和监测的有效手段。由于遥感具有很强的专业性，应该将其纳入专业监测范畴，作为专业监测的手段之一。与隐患点的专业监测明显不同，遥感具有区域上的隐患识别和监测能力，在灾害调查、隐患早期识别、形变监测、影响因素监测、人类工程活动监测、承灾体监测具有优势。遥感也可以对单体进行周期性动态监测，还能开展滑坡相关信息提取，为区域上综合监测分析提供遥感信息。

5.1　滑坡隐患综合遥感识别

可从两种途径开展遥感灾害调查与早期识别：一是遥感解译；二是遥感变化监测。前者是通过灾害体地表典型特征来识别滑坡，解译滑坡孕灾环境，一般是利用可见光影像；后者是利用不同时期光学影像或者时间序列 SAR 影像，通过监测地表变形或变化来识别滑坡。

5.1.1　遥感解译识别

从 20 世纪 70 年代开始，国外诸多学者利用 Landsat 或 Spot 影像识别块体运动[43]，但由于当时遥感影像分辨率低，单体滑坡的识别并不能直接从影像中解译和圈定，而是依据滑坡形成的相关条件，如地形地貌、地层岩性、植被以及土壤湿度的差异等进行综合判识。随着遥感技术不断发展，航空影像、高分辨率卫星影像和 SAR 数据是目前大范围滑坡调查和信息提取的主要数据源之一[50,51]。滑坡遥感解译也由人工目视解译或人机交互，向图像处理和信息提取分析方向发展。

1. 滑坡遥感解译流程

遥感解译是通过目视解译或计算机解译(预测)识别滑坡。目视解译主要是抓住滑坡典型特征，通过专家经验或解译标志，调查与识别滑坡。而计算机解译(预测)，通过机器学习方式建立定量解译标志或指标，开展滑坡解译或易发性评价。遥感主要有以下几方面工作：

(1)收集资料和现场踏勘，了解调查区域滑坡灾害特征。尤其是掌握灾害体的微地貌、地形、地质环境条件特征。

(2)建立解译标志，形成识别滑坡关键标志，包括滑坡易发地形坡度、滑坡微地貌、地表变形、土地利用/地表覆盖、光谱/纹理/形态等。这些解译标志可以是目视解译标志，也可以转化为计算机定量解译标志。当前主要是以目视解译为主，尤其是叠加地形的三维遥感解译，可以更好地识别滑坡。计算机定量解译预测标志可以综合考虑遥感影像的光谱、纹理、形态特征和孕灾环境因子(地层岩性、地形坡度、斜坡结构等)，建立解译评价模型。解译标志宜细不宜粗，应针对不同区域、不同灾种以及同一灾种不同类型的灾害分别建立解译标志，尤其是判识灾害的关键细节。

(3)现场调查验证，排除误判，验证可疑区域。遥感解译之后，应开展必要的调查验证工作，对解译过程中不确定或存在疑问之处逐一排除。

2. 滑坡遥感解译标志

滑坡解译分为新滑坡和老滑坡两类，两类滑坡在解译标志上具有较大差异。

1)新滑坡遥感影像特征

新生滑坡的主要特点是滑坡体各要素(诸如滑坡周界、裂缝、台阶等)影像清晰可见(图 5-1)。三峡库区新发生的滑坡具体判识标志归纳如下：滑坡体破碎，地形起伏不平，斜坡表面有不均匀陷落，发育多级滑阶或存在滑坡平台；滑坡后壁新鲜、光滑，且后壁无植被分布，反射率高；高分辨影像中滑坡不同部位性质发育不同的裂缝，尤其是大型、特大型滑坡更明显，如千将坪滑坡(图 5-1)前缘鼓胀裂缝；滑坡地表湿地发育，常有泉水出露；滑坡体上植被破坏，可见醉汉林和马刀树，且有新生冲沟；滑坡体上公路、房屋破坏，与周围环境比较，存在明显扰动特征，纹理差异较大，且边界清晰；滑坡体上土石松散，有小型崩塌或泥石流；部分滑坡滑距长，能够清楚看到其滑移区、堆积区，以及滑体运移过程中的沿途刮产；很多新滑坡可以看到对河道的堆积、堵塞，甚至形成堰塞湖等。

图 5-1 千将坪滑坡影像解译

如图 5-2 所示，桂坝滑坡位于奉节县公平镇桂坝 7 社，该滑坡发生在 2014 年 9 月 1 日。从 Google 地图上，可以查询到滑坡发生前后时间间隔较近的两期遥感影像，其获取时间分别是 2014 年 8 月 20 日和 2014 年 10 月 11 日。从影像上可以看出，滑坡后缘高程 720m，形成圈椅状后壁，后壁高度在 25m 左右，可以看到多条拉裂缝。滑坡的剪出口位于公路以上，高程约为 610m，滑坡面积约为 $4.6\times10^4 m^2$，估算滑体厚度在 20m 左右，滑坡体积约为 $92\times10^4 m^3$，为中型土质滑坡。滑坡毁坏房屋 10 余间。滑坡滑动后转化为泥石流，沿着冲沟泄流而下 1.3km，淤积于梅溪河河床。

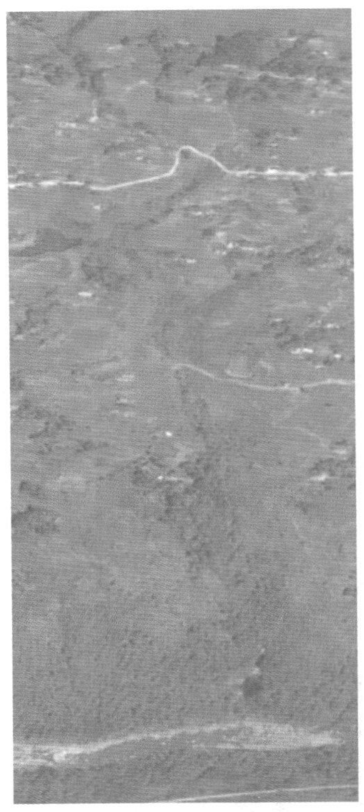

2014 年 8 月 20 日影像

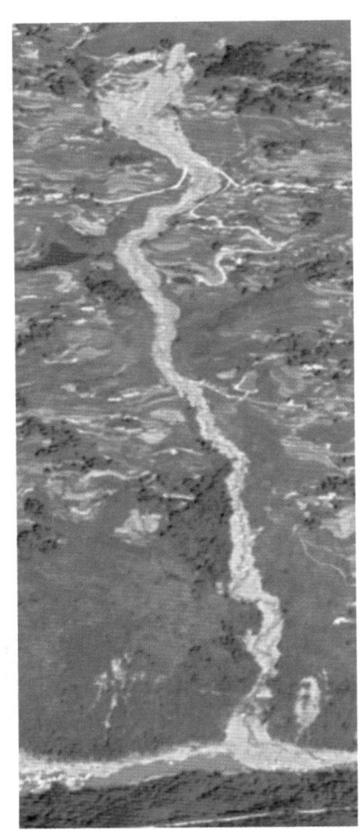

2014 年 10 月 11 日影像

图 5-2　奉节县桂坝滑坡前后遥感影像

2) 老滑坡遥感影像特征

老滑坡影像上与新滑坡不同，地表受到长期改造，滑坡地貌特征不明显，老滑坡的判识标志归纳如下：圈椅状后壁，坡度比滑坡体稍陡，有树木生长或被改造成农田；双沟同源，滑坡两侧发育较大的冲沟，两条沟切割较深，在滑坡后缘汇集(图 5-3)。坡度上，滑坡由后缘往前缘变缓，滑坡前缘形成较大的平台甚至反翘(如范家坪滑坡)；滑坡前缘舌状伸出，水岸线弧形弯曲，致使河道变窄或弯曲，如八字门滑坡或归州老城滑坡；与周边环境比较，滑坡体地形相对破碎，冲沟发育，冲沟继承古滑坡的裂缝或洼地发育；研究区滑坡体上人类活动强烈，为居民点、农田、果树分布；滑坡存在蠕变的，有时高分辨率影像可以公路上裂缝；滑体边缘泉水呈点状或串珠状分布，水体较清晰，在航片上呈黑色；滑坡发育坡度集中在25°以下，纵向河谷(逆向坡和顺向坡)滑坡比较发育，发育岩性主要是碎屑岩，尤其是志留系、三叠系巴东组和侏罗系地层滑坡发育等。

以位于老秭归县城的归州老城滑坡为例，该滑坡前缘高程135m，后缘高程是315m，面积$29\times10^4m^2$，体积$1300\times10^4m^3$，主滑方向近SW向，属堆积层滑坡，周边地层为侏罗系地层，主要岩性为粉砂质泥岩和泥质粉砂岩。

影像上，如图5-3所示，归州老城滑坡平面呈簸箕形，后壁为圈椅状并改造成耕地种植果树；两侧边界为冲沟，典型的双沟同源，前缘向长江舌状伸出；滑坡体上建筑密集，现为满足水库蓄水需求，175m水位线以下的建筑已经拆迁。滑坡体内植被稀少，滑坡后面斜坡上植被茂盛。

图5-3 归州老城滑坡遥感影像解译

3. 渝东北"8·31"暴雨滑坡遥感识别

利用渝东北地区2014年"8·31"暴雨前后的卫星遥感影像，解译此次暴雨过程诱发的滑坡。在暴雨后的高分辨率遥感影像上，发生大规模滑移的斜坡区域，其滑坡特征十分明显，包括：滑坡区域卫星影像色调较浅，植被、房屋、公路等破坏；滑坡体上裂缝明显，后缘出现拉裂缝或者岩土体下错形成圈椅状裂缝；前缘向河谷伸出，甚至拥塞河谷形成堰塞湖；部分滑坡前缘形成滑坡泥石流，滑动岩土体运移数百米甚至更长等等。通过"8·31"暴雨前后的卫星遥感影像对比分析，可以消除人类工程活动对滑坡解译的干扰，进一步提高解译精准度。遥感解译是在Google Earth软件中进行，充分利用了该软件中所展示的不同时期的历史遥感数据，可以较为准确、高效地解译出渝东北地区"8·31"暴雨诱发的滑坡。本次遥感解译所利用的高分辨影像的时间跨度为2004—2016年之间，其中大部分区域都有暴雨前后多期高分辨率遥感影像，只有少部分地区没有暴雨之前的高分辨率影像。解译遥感影像都在暴雨发生后 2 年以内获取，滑动后地表改造相对弱，滑坡特征比较明显，通过目视解译可以很容易圈定滑坡范围。利用软件提供的工具，可以对滑坡长度、宽度和面积等进行量测。

经遥感影像解译，得到该区域 589 处滑坡，分布于长江以北的奉节和云阳的北部区域、开州东部、巫溪南部地区，面积约 2000km^2 范围内(图 5-4)。其中，大部分滑坡发生在云阳县汤溪河流域和奉节县梅溪河流域。在规模上，以中小型滑坡为主，占滑坡总数的 90.7%。且本次暴雨诱发的滑坡，以新生型滑坡为主，占滑坡总数的 71.9%；另一部分为老滑坡在暴雨作用下，也出现较大变形甚至发生大规模滑移。详见表 5-1。

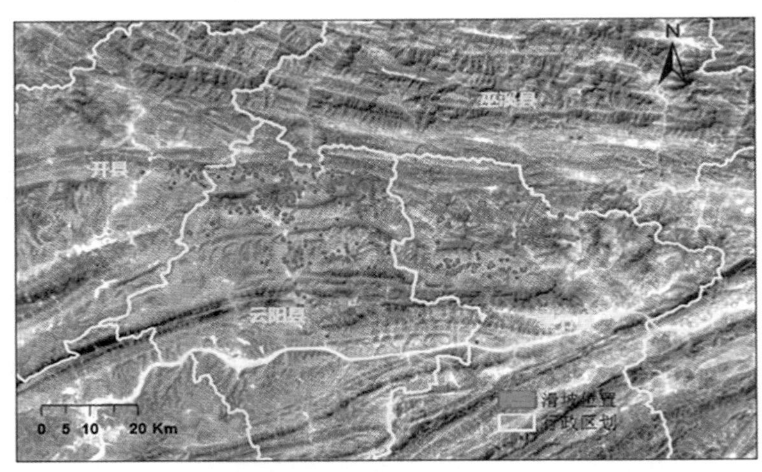

图 5-4　“8 · 31”暴雨诱发滑坡遥感解译分布图

表 5-1　**2014 年秋汛“8 · 31”暴雨引发的滑坡遥感解译**

序号	位置	描述	遥感影像
1	云阳 江口镇 新里村	位置：E108°47′37. 74″，N31°14′37. 28″； 类型：新生型滑坡 发育地层：J_2x 新田沟组 地形坡度：24°～36° 影像特征：淤积河床形成堰塞湖，坡体存在流动变形痕迹，道路损毁等	

续表

序号	位置	描述	遥感影像
2	云阳县鱼泉镇	位置：E108°50′33.05″，N31°17′20.96″； 类型：新生型滑坡； 发育地层：T_2b 巴东组； 地形坡度：23°～45°； 影像特征：影像亮度高，滑坡运动过程明显，植被破坏等	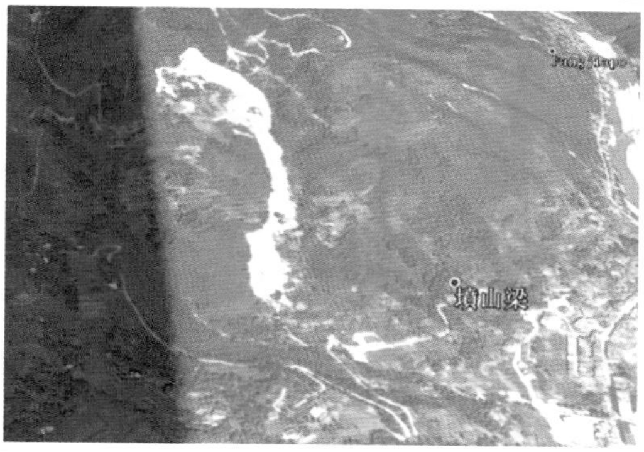
3	云阳县鱼泉镇小垭口	位置：E108°50′35.62″，N31°20′9.81″； 类型：新生型滑坡； 发育地层：T_3x 须家河组； 地形坡度：36°～41°； 影像特征：影像亮度高，滑坡运动过程明显，植被破坏等	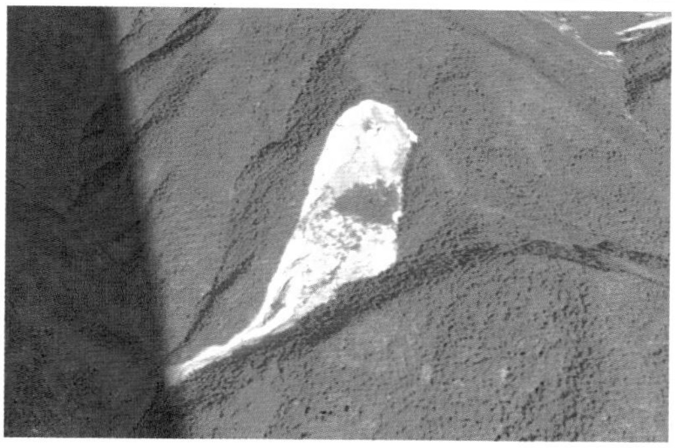
4	云阳县沙市镇	位置：E108°55′46.74″，N31°18′27.40″； 类型：老滑坡复活； 发育地层：T_2b 巴东组； 地形坡度：31°～40°； 影像特征：滑坡周界及后壁明显，滑体地形破碎，淤积河道，植被凌乱等	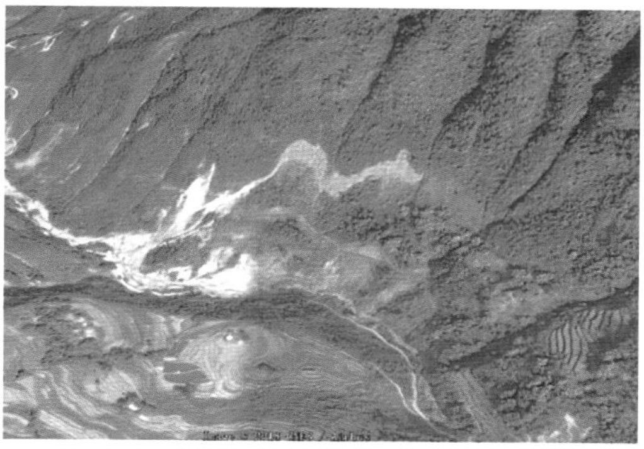
5	奉节县槽木乡曾家屋场	位置：E108°55′46.74″，N31°18′27.40″； 类型：老滑坡复活； 发育地层：J_2x 下沙溪庙组； 地形坡度：20°～40°； 影像特征：滑坡周界裂缝清晰，滑体淤积河床形成堰塞湖改变河道形态	

续表

序号	位置	描述	遥感影像
6	奉节县黄村乡丝场坪	位置：E109°25′45.63″，N31°11′51.81″； 类型：新生型土质滑坡； 发育地层：T_2b 巴东组； 地形坡度：26°～43°； 影像特征：滑坡周界及后壁明显，滑体影像亮度明显高于周围，滑体地形破碎，植被凌乱等	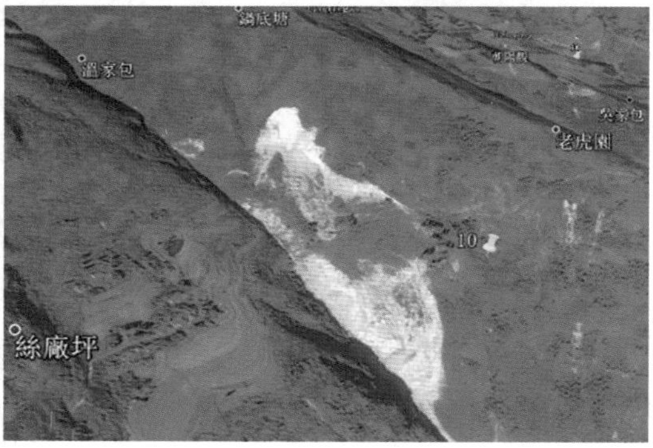
7	巫溪县上潢镇罗家坡	位置：E109°28′27.17″，N31°16′32.79″； 类型：新生型土质滑坡； 发育地层：J_1z 珍珠冲组； 地形坡度：29°～43°； 影像特征：滑坡周界及后壁明显，滑体影像亮度高于周围，滑体地形破碎，植被凌乱等	
8	奉节县罗黄坪	位置：E109°26′40.66″，N31°10′54.13″； 类型：新生型土质滑坡； 发育地层：J_1z 珍珠冲组； 地形坡度：29°～43°； 影像特征：滑坡周界及后壁明显，滑体影像亮度高于周围，滑体地形破碎，植被凌乱，滑体淤积河道并受到后期水流冲刷痕迹等	

4. 基于机器学习的滑坡解译

1）定量解译标志建立

这里基于面向对象的遥感图像分割方法，通过滑坡区域内的分割对象特征统计分析，筛选滑坡密切相关的对象特征形成滑坡定量解译标志。主要流程是：首先对高分辨率影像进行分割，分割尺度参数以分割对象尽量不跨滑坡和非滑坡区域为准则；其实是提取滑坡区域内和非滑坡区域各一定数量的分割对象特征值，包括光谱、纹理及形态特征，统计分析滑坡区域影像特征值，并于非滑坡区域进行对比分析；最后选择关联性较大的影像特征作为滑坡的定量解译标志。在开展滑坡计算机解译时，可以通过这种方式获取滑坡调查区域内的滑坡定量解译标志。

以千将坪滑坡群(包括千将坪滑坡和白果树滑坡)所在场景为例，采用的是 GF-2 号高分辨率遥感卫星影像，从光谱特征、几何特征和纹理特征三个方面选择了 25 个特征因子，建立特征因子集参与分类器模型的构建来实现对滑坡特征的提取。见表 5-2。

表 5-2 实验选择特征汇总表

类别	对象特征	数目
光谱特征	Brightness，Max_diff，StdDev，Mean，Ratio	5
纹理特征	GLCM_Mean，GLCM_Entropy，GLCM_Contrast，GLCM_Correlation，GLCM_StdDev，GLCM_Homogeneity，GLCM_Dissimilarity，GLDV_Mean，GLDV_Entropy，GLDV_Contrast	10
几何特征	Asymmetry，Length/Width，Area，Density，Average _ length/width，Compactness，Main_direction，Shape_index，Roundness，Curvaturel	10

通过控制变量和 ESP 工具可以得到千将坪滑坡群场景的最佳多尺度分割参数为：分割尺度 122，形状参数 0.5，紧致度 0.5。据此对该场景进行多尺度分割。依照同样的方法分别找出研究区所选场景的最佳分割参数并进行多尺度分割。如图 5-5 所示。

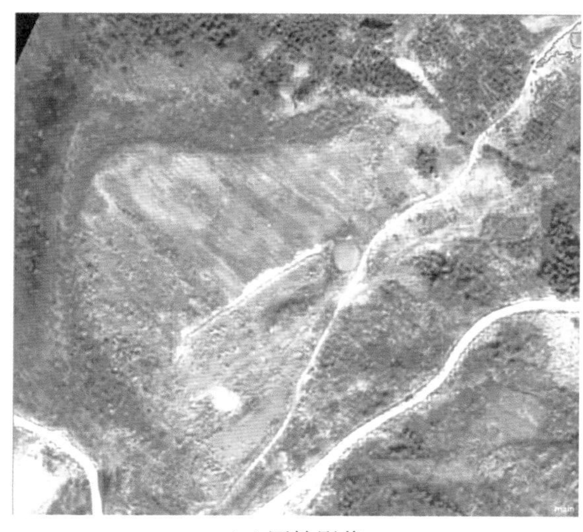

(a)原始影像

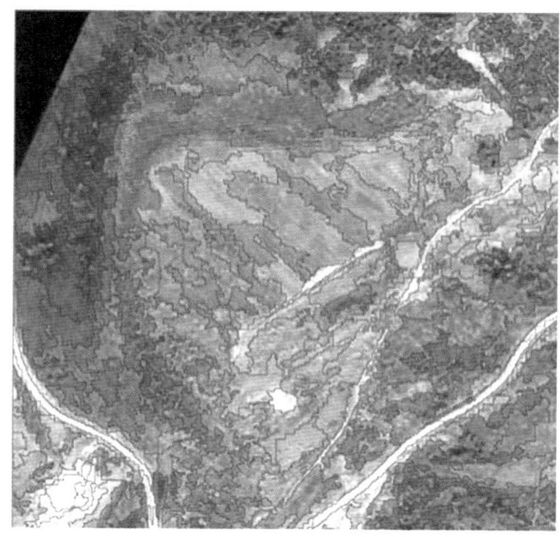

(b)分割后影像

图 5-5 千将坪滑坡图像分割

将滑坡场景分割、导出所得到的矢量合并起来，根据研究区域历史滑坡矢量数据，难免有分割对象跨越滑坡边界，将质心位于滑坡内部的对象赋予新的字段“type”并赋值 1，即滑坡对象，剩余对象予相同的字段“type”并赋值 0，即非滑坡对象。这样就得到了分割对象的类别信息与 25 个特征值之间的属性表。分割后得到 31387 个对象。

在上述所选的 25 个特征值中，包括了纹理、几何和光谱等各个方面，有些特征之间没有相关性，但是部分特征之间可能存在较大的相关性，例如基于同一个基础(GLCM 或 GLDV)计算得到的同质性、对比度、相似度等特征，它们之间可能存在着相关关系，从而导致变量之间的多重共线性。因此采用逐步回归分析方法，先用被解释变量对每一个所考虑的解释变量做简单回归。然后以对被解释变量贡献最大的解释变量所对应的回归方程为基础，再逐步引入其余解释变量。经过逐步回归，使得最后保留在模型中的解释变量既是重要的，又没有严重多重共线性。在统计软件 SPSS 中进行逐步回归分析，通过多次模型构建得到符合要求的 17 个特征的特征子集，建立了滑坡遥感解译标志体系(表 5-3)。

表 5-3　　**基于图像分割对象特征的滑坡遥感定量解译标志**

	光谱特征	纹理特征	几何特征
滑坡遥感定量解译特征	Brightness，Max_diff，StdDev，Mean	GLCM_Mean，GLCM_Entropy，GLCM_Contrast，GLCM_StdDev，GLCM_Homogeneity，GLCM_Dissimilarity，GLDV_Mean，GLDV_Entropy	Area，Average_length/width，Main_direction，Shape_index，Roundness

2)基于随机森林的滑坡体解译

随着机器学习的发展，影像的分类器从传统的神经网络算法、支持向量机算法等朝着集成学习和深度学习的方向发展。集成学习的思想是采取随机抽样划分训练集的方法，建立多个弱分类器的集合，最后通过投票来判定影像对象最后的类别信息。

下面列举一个例子，采用机器学习方法提取解译疑似滑坡区域，选择随机森林算法进行实验研究。随机森林可以看作是 Bagging 集成学习的一个拓展[52]。随机森林以决策树为基本模型通过构造不同的训练数据集以及不同的特征空间来产生一系列具有差异性的决策树模型，组合策略方面通常使用投票或者取平均值得到最终的决策。

随机森林的算法，是利用 Bootstrap 方法重采样，随机产生 T 个训练集 S_1，S_2，…，S_T；对每个训练集生成对应的决策树 C_1，C_2，C_3，…，C_T。在每个非叶子节点上选择属性前，从 M 个属性中随机抽取 m 个属性作为当前节点的分裂属性集，并以这 m 个属性中最好的分类方式对该节点进行分裂(m 值不变)。决策树的生成使用分类与回归树(Classification and Regress Tree)算法，每棵树完整成长，不进行剪枝；对于测试集样本 X，利用每个决策树进行测试，得到对应的类别 $C_1(X)$，$C_2(X)$，…，$C_T(X)$；采用投票的方法，将 T 个决策树中输出最多的类别作为测试集样本 X 所属的类别。

利用分割对象的特征因子，使用随机森林分类器进行滑坡信息的提取(图 5-6)，总精度为 83.41%，总体 Kappa 系数为 0.63。

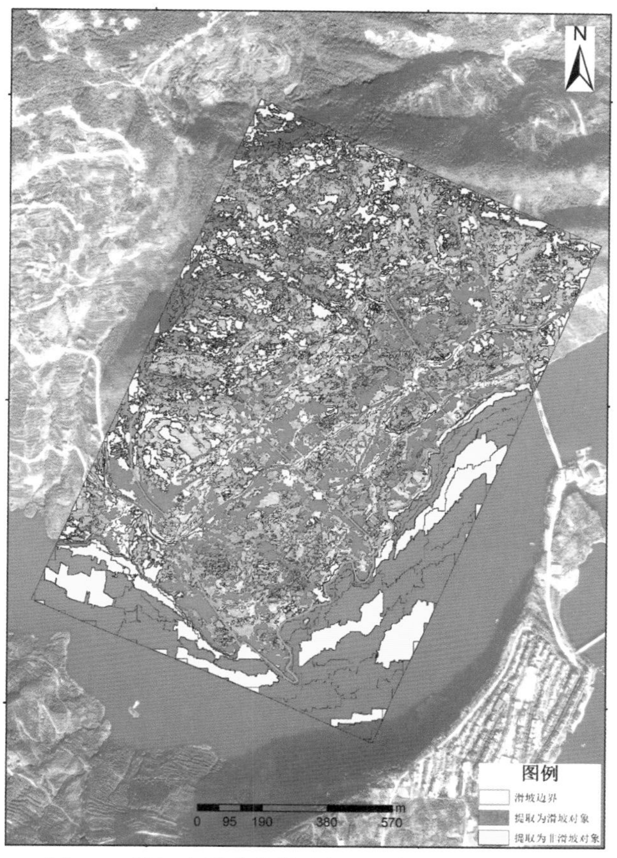

图 5-6 随机森林分类器进行滑坡信息的提取结果

5.1.2 遥感监测识别

通过两期或多期遥感图像对比分析，识别地表变形或变化，从而圈定滑坡可能发生的区域。可以通过多光谱遥感影像的目视对比或变化检测，以及微波影像的差分干涉等手段进行识别。

1. 目视对比或变化检测

收集同一地区不同期次的遥感影像，对影像进行校正配准处理。用这种方式进行滑坡解译或识别，在对不同影像的校正配准时必须注意选择不动点作为配准点，类似于选择滑坡 GNSS 监测的基准点。主要是发现地表较明显的特征变化，如滑坡较大变形(如公路下沉、地面沉降陡坎，甚至高分辨率影像直接能发现地表、路面裂缝等)，或者其他特征(如水塘干涸等)。

以图 5-7 所示卧沙溪滑坡前缘次级滑体为例，通过 2006 年与 2009 年影像(设置 50%透明度)叠加在一起进行对比分析，可以看出，机耕道公路随着滑体变形出现明显下移，通过测量分析得出 3 年时间公路下移了 8.9m。

图 5-7　卧沙溪滑坡前缘次级滑体变形遥感解译

高分辨率影像上，尤其是高分辨航空影像或者无人机影像，可以看到滑坡变形裂缝情况。最直观地体现在滑坡体上公路上，存在变形的滑坡，滑体内尤其是滑坡边界部位公路变形较为严重区域，因路面破损严重而影像纹理粗糙，路面不平整或者出现明显下错甚至裂缝，而且变形部位路面一般也会宽一些，如图 5-8 所示秭归白家包滑坡区公路破损较严重。

图 5-8　白家包滑坡两侧边界路面裂缝

对三峡库区巫山县西坪六社滑坡(图 5-9)，我们获取了滑坡 2006 年航空影像以及 2017 年卫星影像。通过两期影像对比，可以明显看到 2 处池塘的水干涸了。现场调查显示，该滑坡在 2016 年开始出现较大变形，池塘也出现裂缝，水有外泄现象。为了减少水对滑坡稳定性的影响，池塘也不再蓄水。

2006 年航空影像

2017 年卫星影像

图 5-9　滑坡因变形导致池塘不能蓄水而干涸

2. 微波影像的差分干涉

通过不同期 SAR 影像的差分干涉，监测地表或建筑物变形，在此基础上识别圈定滑坡。如王桂杰等(2011)[53]利用 PALSAR 传感器获取的 5 景 SAR 数据，对金沙江下游乌东德水电站库区内大面积区域上的滑坡进行辨识和监测，获得了不同区域的滑动状态，以及研究期间内研究区域上详细的位移图，潜在的滑坡滑动区域和滑坡危险区域被圈定。

以三峡库区滑坡灾害多发的巫山段为研究区(图 5-10)，选取在 2017 年 3 月至 2018 年 11 月之间共 48 景 Sentinel-1A 升轨数据，数据成像模式为 IW(干涉宽幅)，幅宽为 250km，地面分辨率为 5m×20m。利用永久散射体技术提取出相对稳定的散射体，作为地面控制点(GCP)，引入到小基线集(SBAS-InSAR)技术流程中，提取长时间序列的地表形变信息。

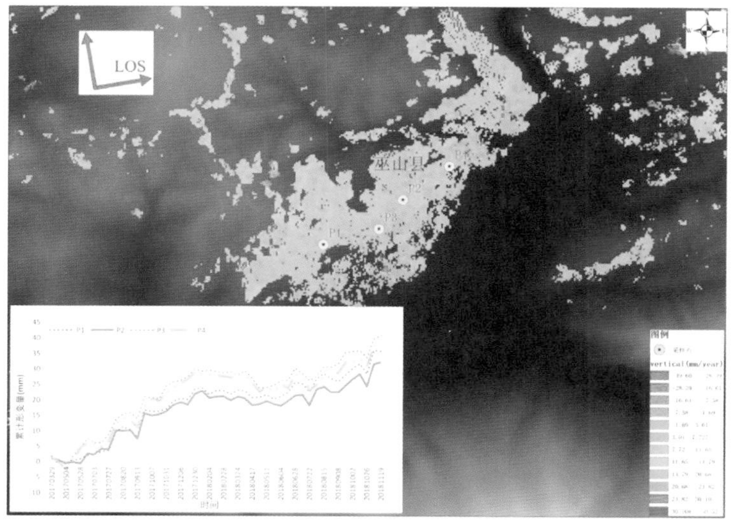

图 5-10　巫山县形变速率图及采样点时序变化图

在统计分析该区域滑坡孕灾因子特征基础上，结合区域 SAR 数据的可视性，筛选出孕育滑坡概率较大(概率大于 50%)形变点；然后对这些点采用异常值分析和聚类方法获得置信水平高(不低于 95%)的高异常值区，再联合区域地貌特征及高分辨率光学影像识别出高概率的潜在滑坡范围，以指导野外调查。

结合现有研究以及区域地表季节性运动特征，研究选定形变量在-4.9mm/a 至15mm/a 之间的点作为稳定点，阈值内的年均变形速率为 InSAR 技术的误差和地表季节性运动等引起的，不考虑为地表的形变。形变速率小于等于-4.9mm/a 或大于等于 15mm/a 的点，作为候选点，对候选点进行核密度估计，密度高的地区代表此区域地表活动异常，可能由于滑坡等因素引起，将高密度点聚集区提取出来，共划分出 22 个点密集区以待野外验证，具体分布见图 5-11。

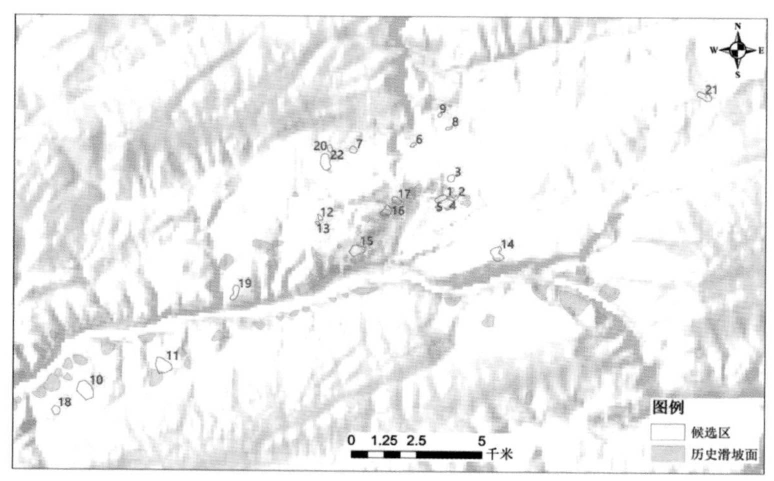

图 5-11　基于 InSAR 变形监测识别的疑似滑坡区域

5.1.3　承灾体识别

传统承灾体信息主要通过地面调查方式，这种方式耗费大、效率低。而利用遥感影像目视解译方式，或者利用图像处理技术，可以更为高效获取承灾体信息，达到滑坡灾险情快速评估效果。承灾体识别可以采用遥感解译方式，当面积不大时，可以通过目视解译或者人机交互式解译方式，判读主要威胁对象及其数量。

这里采用遥感图像分类方法，从影像中获取滑坡承灾体信息，如道路、房屋、农田等，提取承灾体信息(如面积)。基本思路是通过图像分类算法进行图像分类，或者在图像分割的基础上依据对象特征及隶属度进行分类，将同一种地物分成一类，最后统计每类地物包含的像素或面积。

以归州老城滑坡 DMC 影像为例提取滑坡承灾体信息(图 5-12)。一是利用 Definiens Developer 软件将影像分割成 89 个对象，每个色块代表一个对象；二是利用非监督分类中

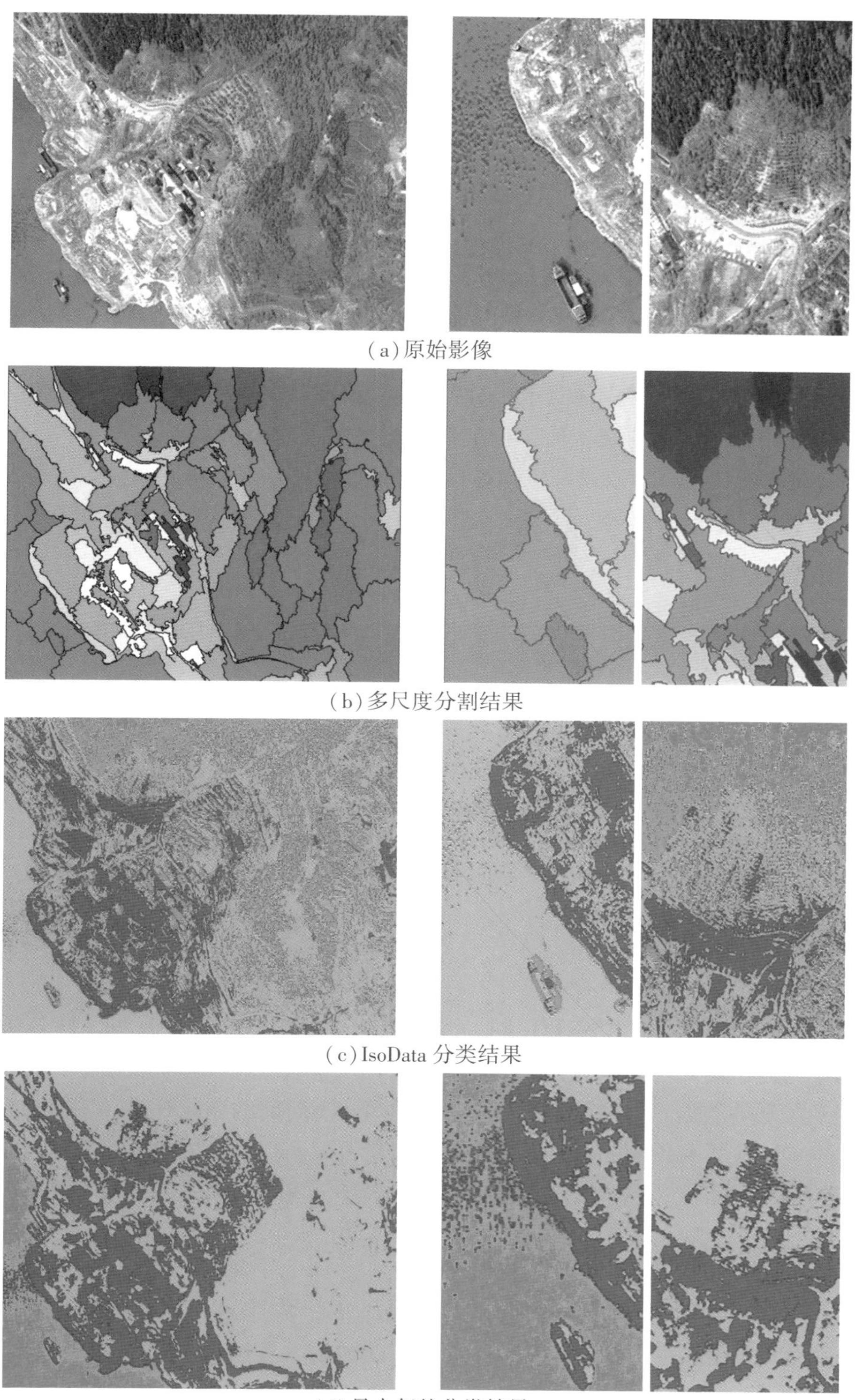

图 5-12 归州老城滑坡体 DMC 影像多尺度分割和分类图

的 IsoData 分类器和监督分类中的最大似然分类器，得到分类结果。影像多尺度分割结果显示，分割图像具有很好的分块性，将同一类地物类型分为一起，如果园、森林等，有利于信息统计。而两种常用的分类算法主要考虑图像的光谱特征，分类图像比较破碎，例如将果园中的裸土和果树分为两类，果树与森林分为一类；水体上的异物与水体不是一类。由于滑坡承灾体解译一般采用高分辨率影像，因此，面向对象的分类结果一般会优于传统分类结果。

在图像分割的基础上，可以通过两种方式获取承灾体信息：①直接统计分割图像中同一类地物的面积或像素个数；②在分割的基础上通过隶属度分类，统计每类承灾体的像素数量或面积。由目视判断，归州老城滑坡影像中包含 5 种地物类型，分别是居民地建筑、裸土、耕地(果园)、植被和水体。由于分割图像中对象数目少，这里逐一统计目视判断对象地物类型和每个对象的像素值，得到每类地物的像素及面积百分含量(表 5-4)。另外，从高分辨率影像上，可以进一步解译，获取更详细信息，如房屋间数、果树棵数、道路长度，甚至高压输电线路等。

表 5-4　**归州老城滑坡地表信息统计**

承灾体类型	居民地建筑	裸土	耕地(果园)	植被	水体
像素(个)	148237	1280687	1347082	1996397	619972
面积(km^2)	0. 068	0. 594	0. 625	0. 926	0. 288
百分比(%)	2. 75	23. 75	24. 98	37. 02	11. 50

5. 2　变形监测分析

滑坡遥感变形监测，主要是利用同一区域多期遥感图像，通过时间序列分析识别变形。时间序列分析是处理动态数据的一种有效工具。它通过对按时间顺序排列的、随时间变化且相互关联的数据序列进行分析，找出反映事物随时间的变化规律，从而对数据变化趋势做出正确的分析和预测。因此，时间序列分析可以实现对滑坡的动态监测。基于时间序列影像的滑坡动态监测包含区域动态监测和滑坡单体灾害动态监测。

5. 2. 1　区域变形监测

遥感技术广泛应用于地质灾害(如滑坡等)的监测。在滑坡遥感监测方面，国外许多学者进行了相关研究。意大利学者 Marcolongo 等(1974)、英国学者 Chandler(1989)和西班牙学者 Rispoll 等(1988)利用热红外数据，监测土壤湿度变化与滑坡运动关系[54-56]；Scanvic 等(1993)开创了雷达监测滑坡变形的先河，监测位移达到厘米级[57]；Barrett

(1996)利用干涉雷达影像，探测滑坡变形及运动形式[58]。Van Westen and Getahun(2003)利用航空摄影测量来监测滑坡运动，进行滑坡活动性成图和体积定量分析[59]。

InSAR在监测地表微小形变方面具有独特的优势，成为滑坡早期识别和隐患监测的新手段。众多学者将其用于地表形变监测和滑坡早期识别，均证实其在滑坡早期识别的精度和滑坡位置及边界识别上具有明显优势，成为滑坡隐患监测的新手段[60-63]。其主要监测方法有：差分干涉测量DInSAR、多时相MT InSAR、多孔径干涉测量MAI(Muitl Aperture InSAR)等方法。InSAR具有全天时、全天候和区域大面积的精确测量的特点，在获取大范围高精度地形信息的同时，还可以监测地表的微弱变化，监测时间间隔跨度大，从几天到几年，可获得高精度的、高可靠性的地表变化信息。时间序列InSAR影像中几乎没有斑点噪声的影响，表现出很好的相干性，从而突破了常规InSAR中时间基线和空间基线的限制，使大范围、低成本、高精度的三维地形量测及地表形变监测成为可能，并在许多地区获得了应用成果。

滑坡地表形变监测可以分为两个步骤：一是通过大范围SAR数据处理，快速获得较为粗略的地表形变图，快速锁定重点地区或者重点隐患；二是针对重点区块或重点隐患进行时间序列分析，获得变形特征集趋势。

图5-13所示为通过InSAR干涉处理，快速得到的三峡库区巴东-巫山段2016年8月23日和2017年10月9日的地表形变量，可以在大范围上，快速筛选出形变量较大的重点区块，为重点区块选择和进一步精细化工作提供基础。

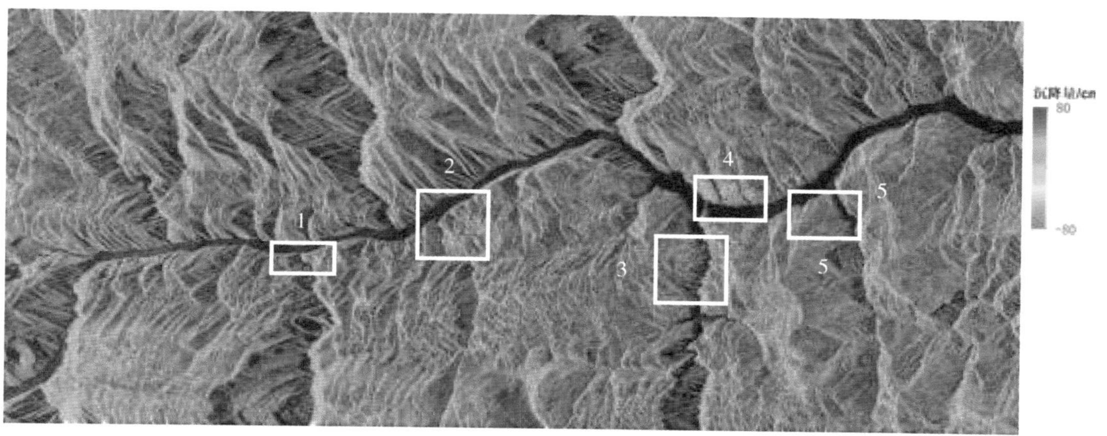

图5-13　干涉形变沉降量

利用InSAR开展滑坡变形监测，不仅可以进行大范围的区域性监测，也可以进行单体滑坡监测，还可以对区域内多个滑坡隐患进行监测，这是SAR相对于传统专业监测的最大优势。如图5-14所示。而且在滑坡变形监测方面，InSAR监测精度也较高。在监测频次方面，目前可以做到10天监测一次，相当于三峡库区过去人工监测频次。不过随着今后的SAR卫星不断发射，形成卫星组网监测，可以大大提升监测频次。

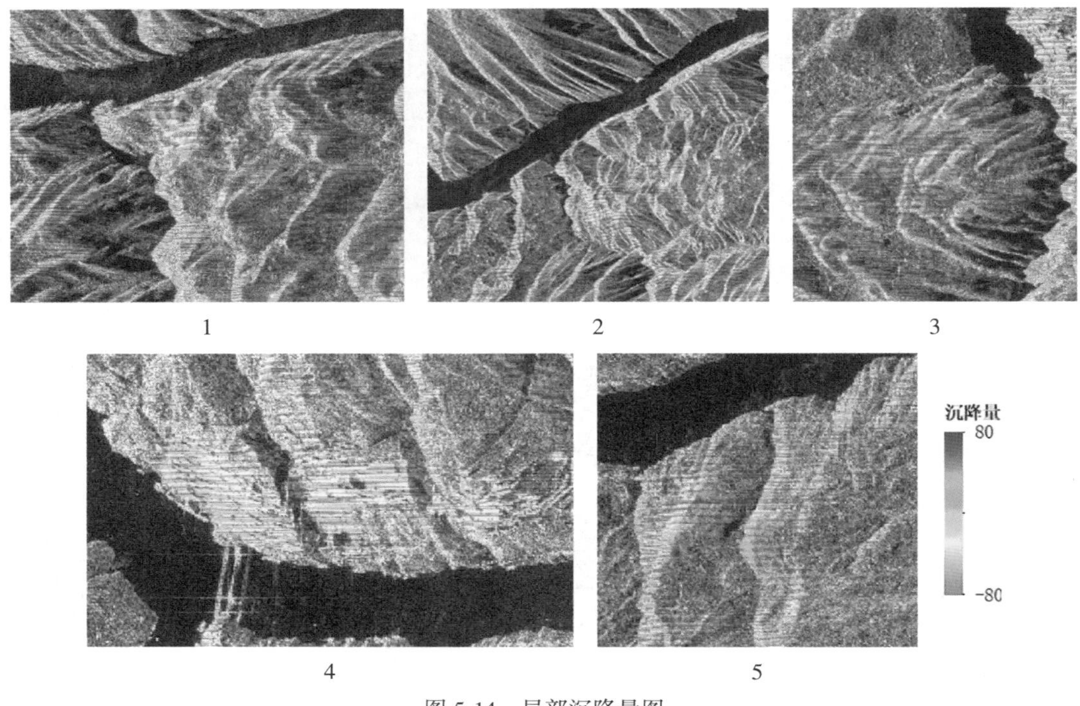

图 5-14　局部沉降量图

我们利用 ALOS 数据，选择巴东附近区域滑坡较为集中的地方开展三峡库区滑坡密集发育区段变形监测(图 5-15)。从结果上来看，监测效果是比较好的。选取了三峡库区木鱼包滑坡和谭家河滑坡 2 个专业监测点(图 5-16)，进行 InSAR 监测结果和专业监测数据对比，蓝色为 SAR 监测结果，橙色线为 GNSS 监测，可以看出两个结果比较吻合。但是两个监测结果有点差异。木鱼包滑坡监测结果基本吻合。而谭家河滑坡的 InSAR 监测变形值小于 GNSS 监测值，主要是它们两个主滑方向不一样。南北方向变形的滑坡监测效果好些，东西方向变形的效果差些，这与卫星运动扫描方向与滑动方向有关，类似于产状测量的真倾角和视倾角。

图 5-15　巴东附近滑坡 InSAR 变形监测

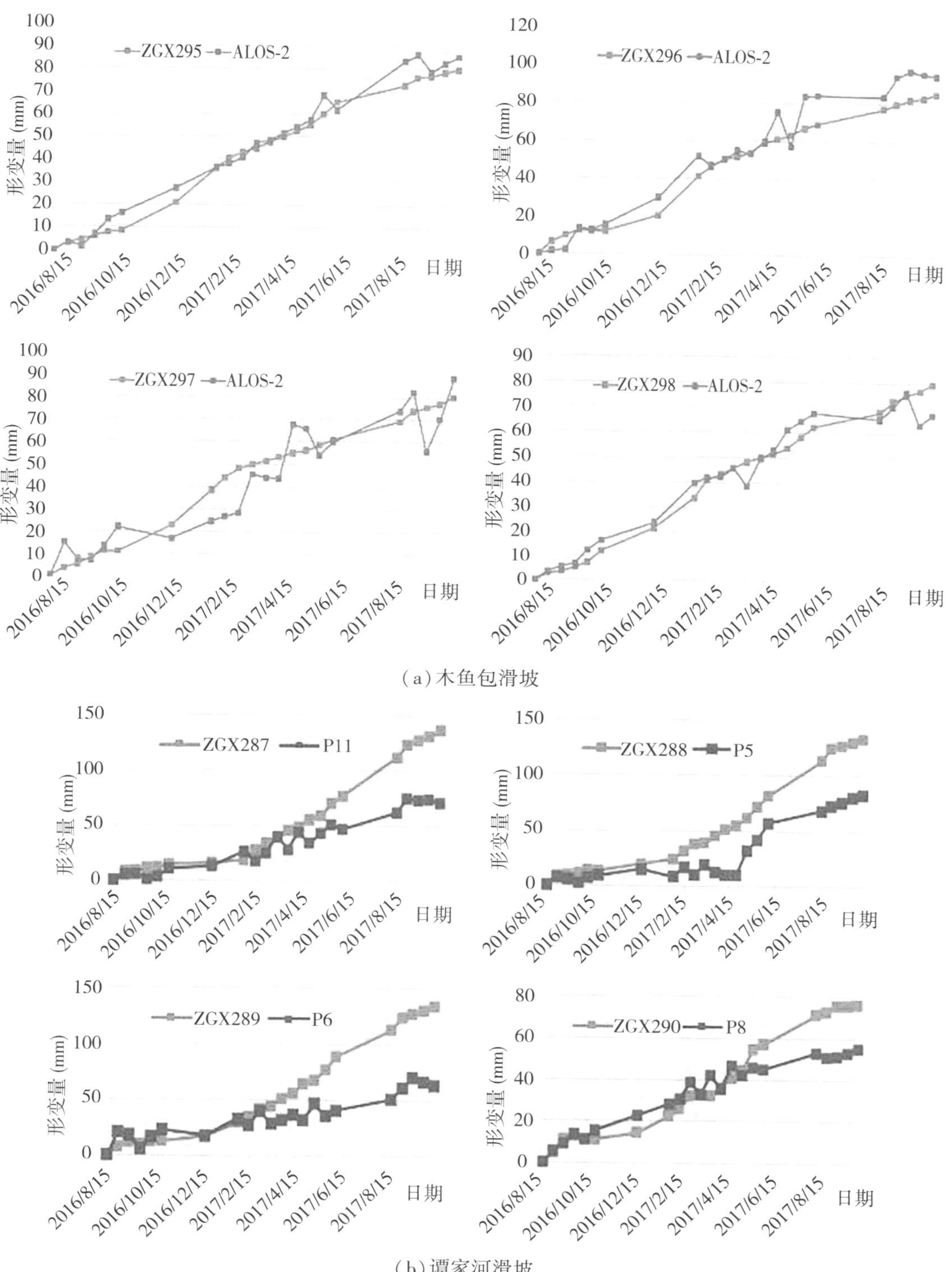

图 5-16 滑坡变形 InSAR 监测与 GNSS 监测数据对比

5.2.2　单体滑坡变形监测

单体滑坡变形监测，可以利用时间序列的高分辨率 SAR 影像、航空影像(Lidar)甚至地面遥感数据(地面 SAR、三维激光扫描等)，可以做到对滑坡的实时监测，也可以天、月为时间间隔的监测，能满足不同周期的监测需求。

我们通过 22 景 ALOS-2 PALSAR 数据，采用 2017 年 2 月 22 日景作为 MTI 单主影像，获取 21 组干涉对。经过 PS 方法形变监测，反演目标区域垂向形变速率。通过 Google Earth 叠加，体现其垂向形变趋势分布概况(图 5-17)。

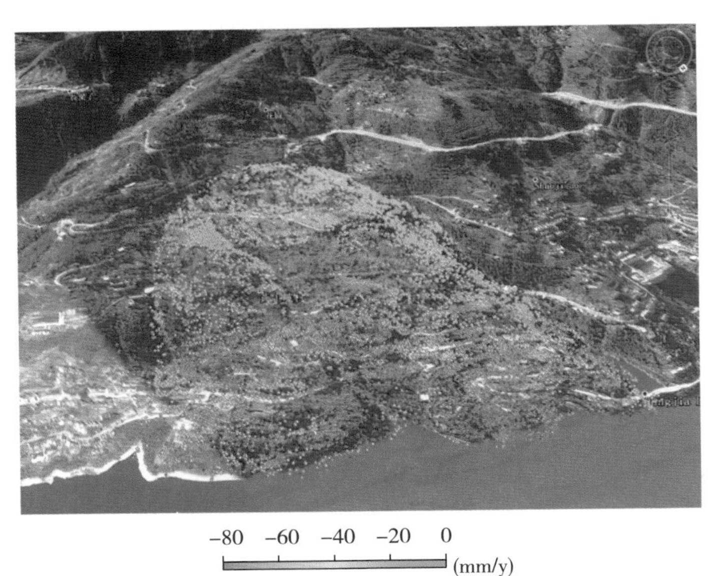

图 5-17　垂向形变速率场分布概况

黄土坡滑坡区域在 2016 年 8 月至 2017 年 10 月期间，最大垂向形变速率超过 6cm，其中以临江 Ⅰ 号滑坡体的形变量最大，局部区域形变量达到平均 5cm 每年左右量级。临江 Ⅱ 号滑坡体、园艺场滑坡体也有明显形变趋势，变电场的线性形变则相对较小，以非均速形变为主。

由上述几处目标点的形变历史，大致可知黄土坡滑坡在 2016 年 8 月至 2017 年 10 月期间，线性趋势程度不高，无明显的周期性，且各个区域的非线性形变发生时间有所不同。坡体形变较大，而平地如道路、建筑物等目标的垂向形变则相对较小。图 5-18 展示了黄土坡滑坡的形变过程。

经过 PS-InSAR 技术对黄土坡滑坡于 2016 年 8 月至 2017 年 10 月之间的垂向形变反演，总结如下：

(1)黄土坡滑坡垂向形变量级大多数处于 2~6cm，转换为滑动量，则部分区域累计滑动将超过 1dm；

(2)垂向形变主要集中在坡度较大区域，而道路、建筑物等地势较缓区域，其垂向形变较小；

（3）滑坡为整体变形，但是不同部位变形速率不一样。

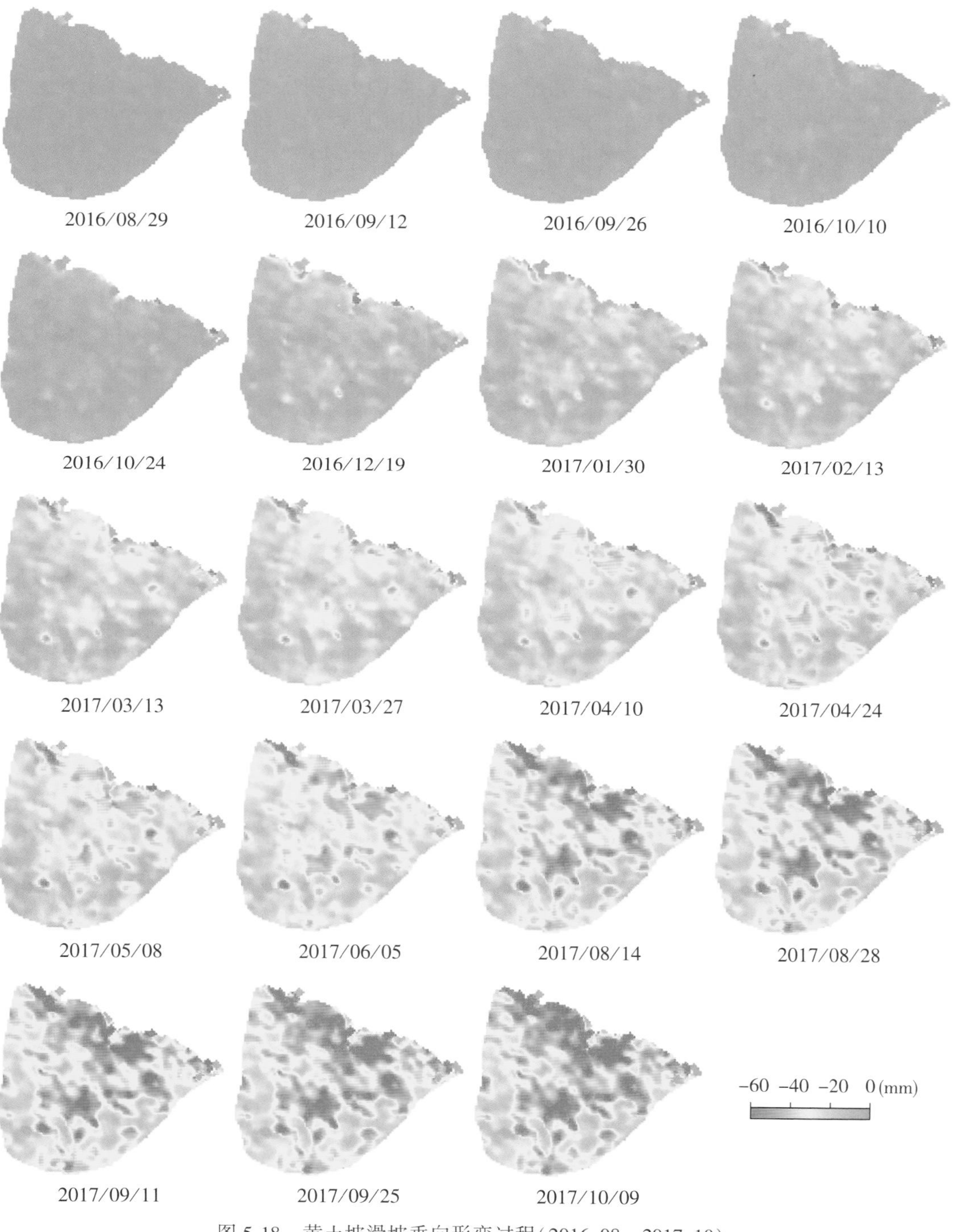

图 5-18　黄土坡滑坡垂向形变过程(2016.08—2017.10)

5.3 影响因素监测分析

5.3.1 土地利用变化监测

随着遥感技术的发展，较多学者开始利用该技术手段分析人类工程活动引起土地利用类型改变与滑坡发育的关系，特别是在滑坡易发性或敏感性分析评价的指标选取中，逐渐重视利用遥感影像获取一部分评价因子。冯杭建等(2017)利用GIS技术与确定性系数分析方法对降雨型滑坡影响因子敏感性分析，得出住宅用地、耕地、园地等为易诱发滑坡的地类，植被覆盖也是影响滑坡敏感性的因素之一[64]。杨光等(2019)将土地类型、植被覆盖度作为区域滑坡敏感性评价因子，当土地类型为耕地，归一化植被指数区间范围在0.2~0.3时，最有利于滑坡的发生[65]。

多期遥感数据可以记录不同时期的地表特征，如地表覆盖或土地利用。通过遥感获取区域上各种地物类型及其变化，研究不同地物类型及其变化与滑坡发育度之间的关系。主要包含变化统计、变化驱动力分析、变化影响评估、变化趋势分析四个方面的内容。变化统计以图表的形式展示各地物逐年的变化情况。变化驱动力分析结合其他数据，分析影响地物变化的原因。变化影响评估是研究地物的变化对灾害可能造成的正面或者负面影响，以及大致影响范围。变化趋势分析是通过监测的变化结果，预测未来可能出现的变化情况。

以三峡库区湖北秭归至巴东为例(图5-19)，通过多时相遥感影像获取三峡工程建设期与水库蓄水前后的土地利用及其变化，结合滑坡灾害调查结果，分析土地利用及其动态变化与滑坡发育的关系。选择移民之前、移民基本完成和水库正常运行期间的3个时相的卫星影像，采用图像分类方法，通过最大似然分类法获得1987年、2000年和2010年土地利用类型图。

统计得到近20年来研究区植被面积呈现单调下降趋势，由1987年的74.1%分别降到2000年的61.3%和2010年的52.4%，植被减少面积约158.8km^2；与植被相反，居民地建筑区面积呈现单调平稳增长态势，由1987年的3.69%增长到2000年的6.48%以及2010年的8.54%，居民建筑区面积增加了约35.5km^2；在20世纪90年代耕地面积快速增长(面积增加了约72km^2)，21世纪头10年基本维持不变；受2003年以来水库蓄水影响，水域面积从蓄水前的5%~6%增长到2010年的13%左右(面积扩大了约54km^2)。

将土地利用类型图像导入ArcGIS软件中，对分类图像中的土地利用类型赋值，然后采取栅格图像相减方式获得不同类型土地变化矢量图(图5-20)。1987年和2010年土地利用类型变化(图5-21)分析得出，变化区域和未变化区域面积分别占42.22%和57.78%，人类工程活动面积的年平均增长速度为0.7%。变化区域中有研究区总面积的18.53%和5.96%的植被变成了耕地和居民区。研究区的人类工程活动与2000年相比有所增强，但速度相对1987—2000年期间缓慢，主要是人口增长和经济社会发展所致。但是，三峡水库蓄水导致分别占总面积的1.96%、1.72%、4.24%的耕地、居民地和植被被库水淹没，因蓄水导致土地利用变化量占总面积的7.92%，接近2000—2010年土地利用类型变化值，因此水库蓄水是导致2000—2010年间土地利用类型变化的主要因素。

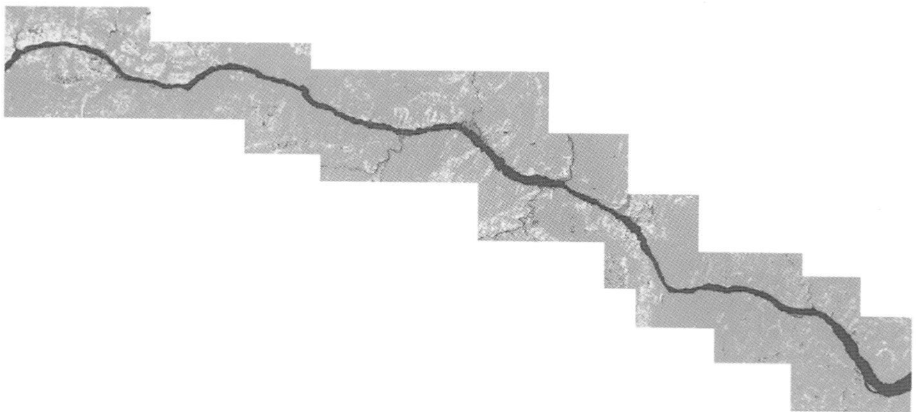

(a)1987年Landsat TM影像土地利用分类结果

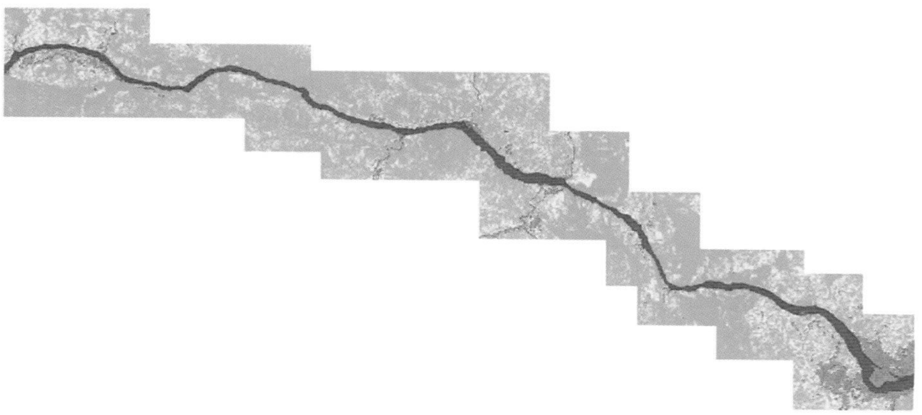

(b)2000年Landsat ETM+影像土地利用分类结果

(c)2010 HJ-1B影像土地利用分类图

(红色——居民地建筑，黄色——耕地，绿色——植被，蓝色——水体)

图5-19 多时相卫星影像土地利用分类图

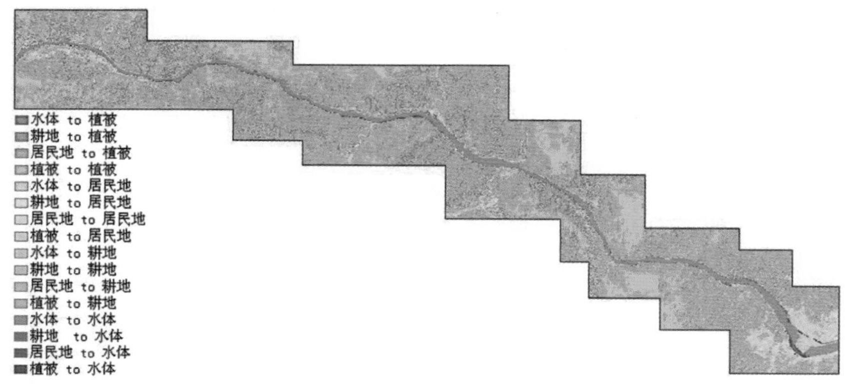

(a)1987 年和 2000 年土地利用变化

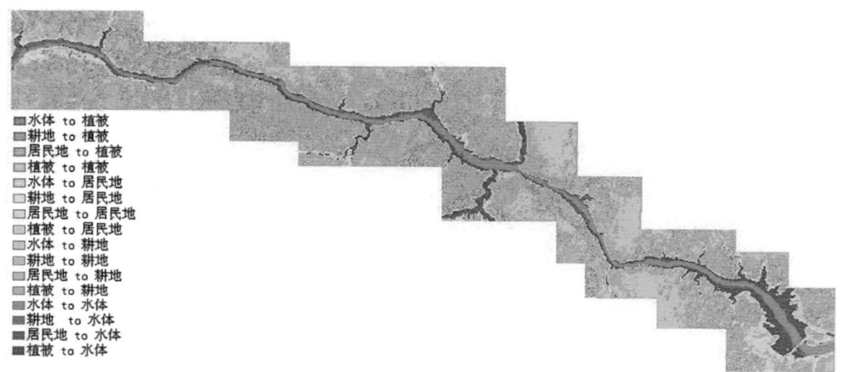

(b)1987 年和 2010 年土地利用变化

图 5-20　研究区 1987 年至 2010 年土地利用变化图

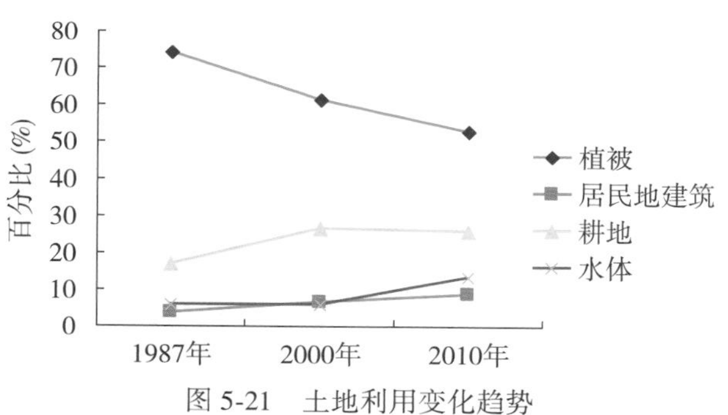

图 5-21　土地利用变化趋势

为了定量反映土地利用类型变化与滑坡发育之间的关系，选择滑坡面积模数比(R_{si})来衡量，R_{si}反映了一个地区滑坡的发育程度。土地利用类型变化的 R_{si} 计算结果显示，耕地变为居民区(FR)的 R_{si} 最高(R_{si} = 2. 68)，其次是未变耕地区(FF)(R_{si} = 2. 08)，接下来是居民区变为耕地(RF)(R_{si} = 1. 90)、未变化的居民区(RR)(R_{si} = 1. 47)等。总体上，R_{si} 有以下规律：

(1) R_{si}最大值为2.68，表明土地利用类型变化与滑坡具有很强的关联性，且相关性大于土地利用类型；

(2)土地利用类型变化区 R_{si} 大于未变化区，尽管未变化的植被区面积最大，但是其 R_{si}数小($R_{si}=0.77$)；

(3)人类工程活动区域 R_{si} 大于其他区域，且人类工程活动增强区域 R_{si} 大于不变或减弱的区域。以原有土地利用类型是耕地为例，“耕地 to 居民区”(人类活动增强)、“耕地 to 耕地”(人类活动变化少或基本不变)、“耕地 to 植被”(人类工程活动减弱)的 R_{si} 依次为2.68、2.08、1.28。

将基于土地利用变化计算的滑坡 R_{si} 值大小划为三个等级：FR、FF、RF 为滑坡易发性程度高的土地利用变化类型($R_{si}>1.5$)，FV、RV、RR、VF 为滑坡易发性程度中等的变化类型($1.0<R_{si}<1.5$)，VV、VR 等为滑坡易发程度弱的变化类型($R_{si}<1.0$)。据此，将研究区划分为滑坡高、中、低易发程度区(图5-22)。

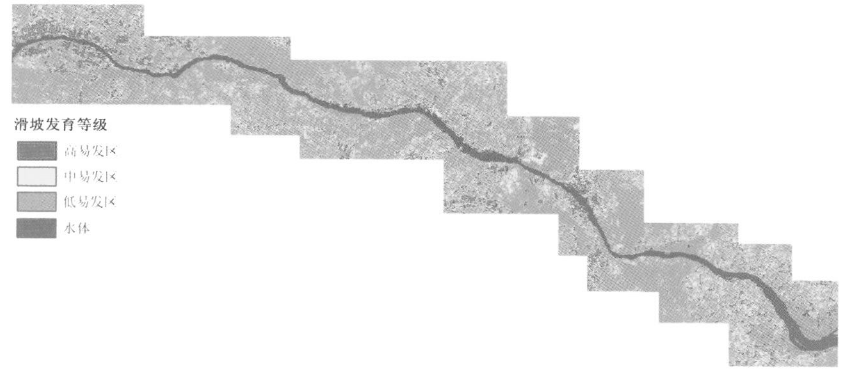

图5-22　基于 R_{si} 的滑坡易发性分区图

高易发程度区主要分布在巴东城区、新滩附近，以及主要支流沿岸。以巴东和新滩附近区域为例(图5-23)，将滑坡边界叠加于分区图上显示，滑坡主要落在高、中 R_{si} 值区域，表明此种滑坡易发程度分区与研究区滑坡发育程度相符，也说明了滑坡发育与土地利用类型有较好的正相关性，人类活动区域与滑坡发育有密切联系。

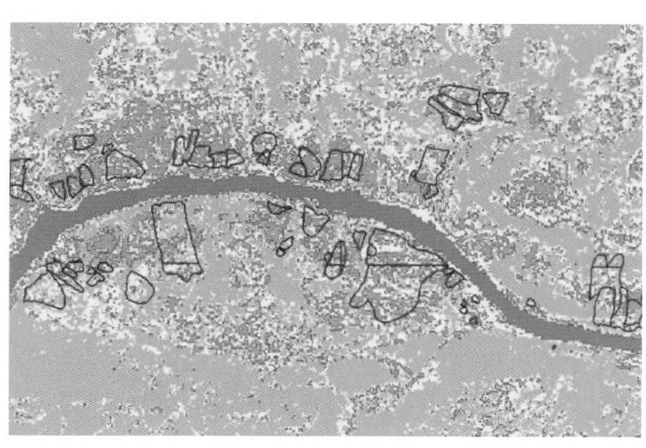

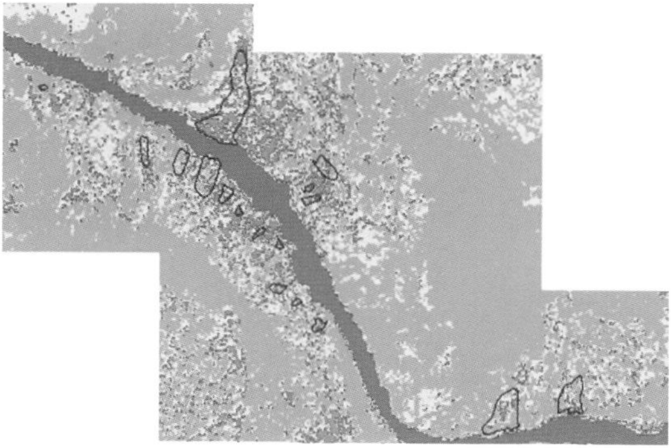

图5-23　巴东(左)和新滩(右)附近区域的叠加滑坡边界的滑坡易发性图

5.3.2 人类工程活动监测

监测灾害体上人类工程活动(如修建道路、房屋)及其变化，分析其对灾害体的稳定性的影响。通过连续多期的高分辨率遥感影像或立体像对形成的高精度地形图，识别灾害体上开挖切坡情况，解译位置、高度，计算切坡方量体积，为开挖对滑坡稳定性的影响评价提供数据参数。

以开挖切坡解译为例，利用高分辨率 DMC 航空影像和高精度 LiDAR 数据等多源数据三维可视化集成和浏览方式，开展高切坡遥感解译和分析。选择秭归至巴东段长江两岸各 4km 左右岸坡，总面积 $732km^2$。为保证水库蓄水运行，区内新建移民县城 2 个、新集镇 9 个，以及 209 国道、334 省道、255 县道、巴秭北线等各级复建公路十余条，进行了大规模切坡。近年来，高切坡体上落石、崩塌现象频发，危及交通运输和生命财产安全，成为三峡库区内危害性较大的灾害类型。

在三维遥感影像中，高切坡有以下方面的特征：

(1)发育于公路内侧、建筑物周围或采挖区；

(2)开挖面岩、土新鲜，比周围区域的反射率高，切坡面上植被很少或没有；

(3)与自然斜坡比较，高切坡的坡度明显大于周围斜坡，且边界上坡度存在突变；

(4)已工程治理的高切坡表面比较平整、影纹规则，如影像上格构护坡呈规则格网状，素喷或锚喷护坡呈灰色且表面较光滑(图 5-24(a))；

(5)未工程治理的高切坡表面影纹粗糙，色调与周围裸土一致，偶见坡脚或公路内侧有较大落石或碎块石土堆积(图 5-24(b))。

图 5-24　示范区高切坡遥感解译

经三维影像解译、信息提取和现场验证，得到研究区高切坡 177 处，总长度 25.165km，平均长度、高度和坡度分别是 143.0m、27.2m 和 49.2°，如图 5-25 所示。研究区存在两个高切坡密集带，分别是秭归至聚集坊长江南岸和香溪至泄滩长江北岸；两个高切坡较集中分布区，聚集坊至新滩和黄土坡至西壤坡；两个高切坡低发区，沙镇溪镇至巴东旧城区和郭家坝至沙镇溪长江南岸。

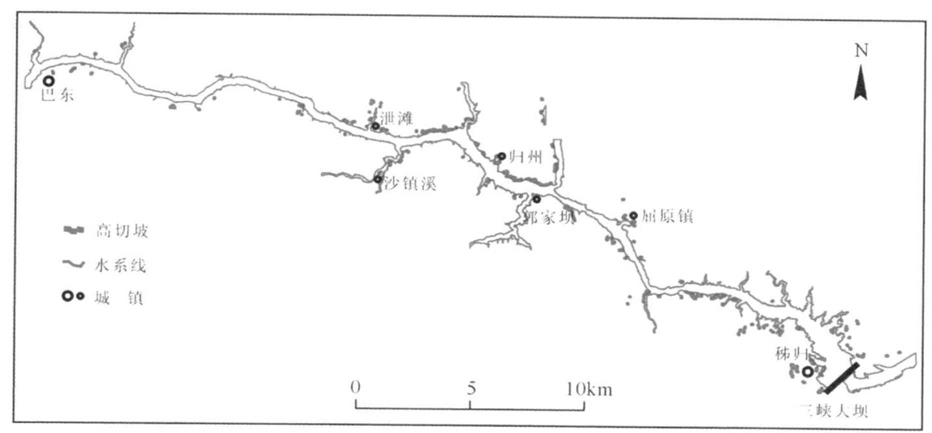

图 5-25 高切坡分布图

5.3.3 降雨监测

降雨作为滑坡的主要诱发因素，在专业监测中主要是在受降雨作用明显的专业监测点上安装雨量计，为专业监测点的预警预报提供降雨信息。而滑坡气象风险预警，主要是通过遥感手段对降雨的监测和预报来实现。

目前通过气象卫星开展大范围降雨监测和气象预报，但是空间分辨率较低。如中国风云系列气象卫星，可提供千米级分辨率数据。国外，NASA 全球降水测量(GPM)和热带降雨测量任务(TRMM)降雨数据，可免费提供 3 小时的时间分辨率和 0.25 度(相当于地面 5km)空间分辨率的降雨数据。如图 5-26 所示。

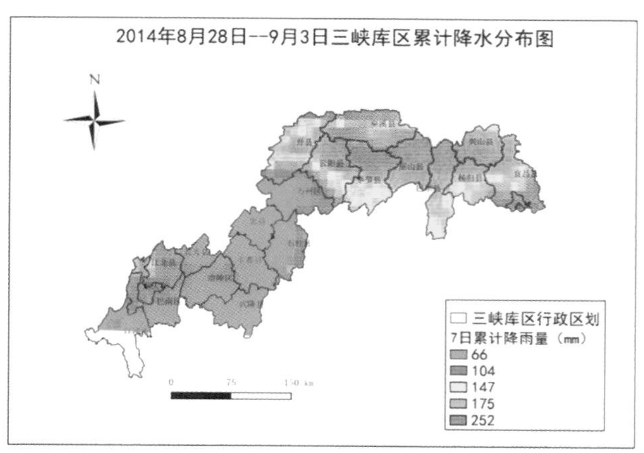

图 5-26 三峡库区 2014 年“8·31”暴雨累计降雨量图

2014 年 8 月底和 9 月初，三峡库区出现了一次广泛的强降雨过程，此次降雨持续时间在 3~6 天。此次极端降雨的最大特点是雨量大，局部地区降雨量超过 300mm，日降雨量超过 200mm。在渝东北地区出现特大暴雨，降水时间在 8 月 31 日至 9 月 1 日，暴雨主要集中在渝东北地区，包括巫溪、奉节、云阳、开县、万州等区域。据国家气象站点监测数据显示，8 月 31 日至 9 月 2 日，巫溪累计降雨量为 233. 3mm，最大日降雨量 214. 4mm；开县的累计降雨量为 189. 3mm，最大日降雨量为 179. 3mm。

从“8 · 31”极端暴雨的降雨量分布图(图 5-27)可以看出，暴雨范围主要分布于纬度 31. 0°至 31. 4°之间，涉及湖北夷陵区、秭归县、兴山县和巴东县以及重庆的巫山、奉节、巫溪、云阳和开县等 9 个区县。最大累计降雨量为 252mm，最大日降雨量为 138mm。其中，最大降雨量发生在奉节北部、云阳东北部、巫溪南部区域。

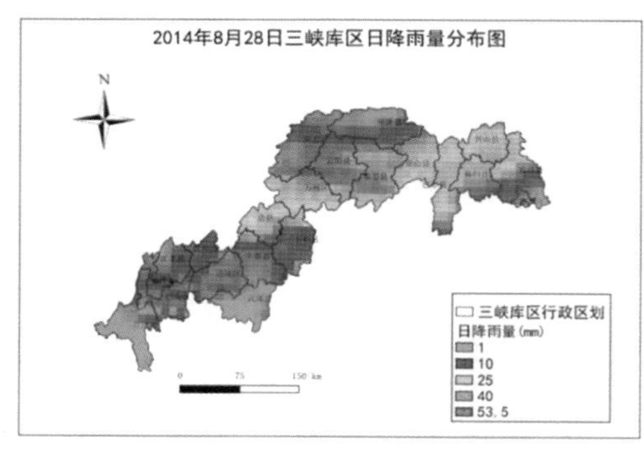

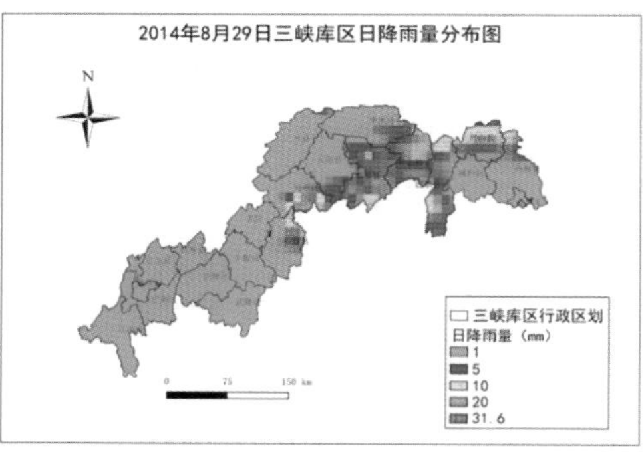

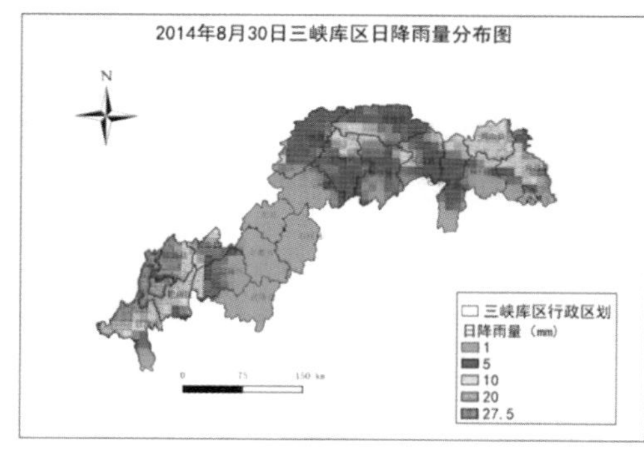

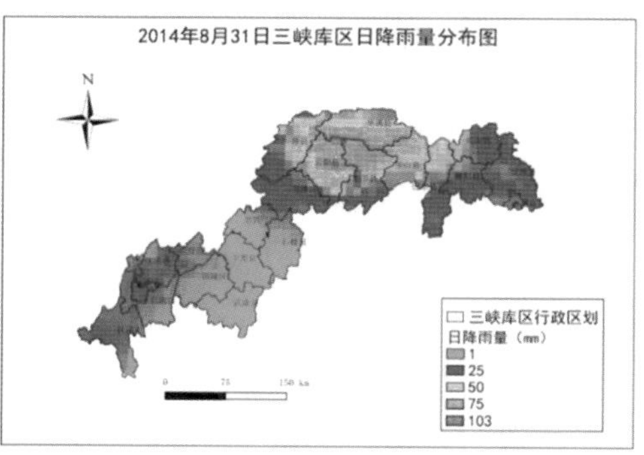

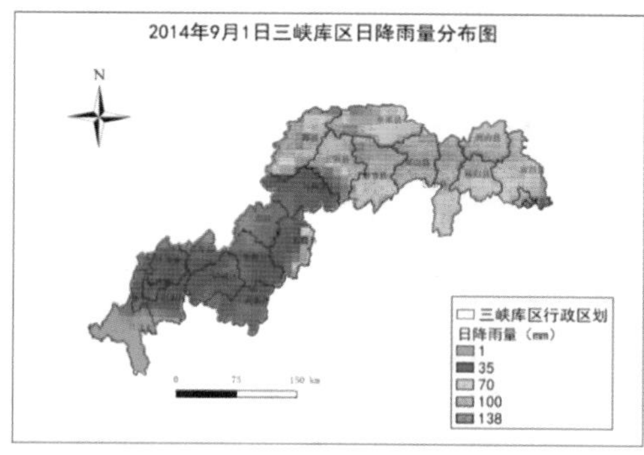

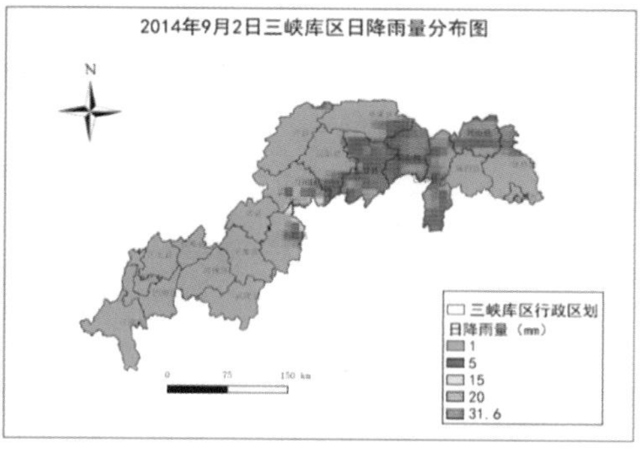

图 5-27　2014 年“8 · 31”暴雨期间(8 月 28 日—9 月 2 日)日降雨量图

5.4 遥感监测综合分析

5.4.1 降雨诱发滑坡遥感早期识别

对于三峡库区，降雨尤其暴雨易产生滑坡，而且主要是新生土质滑坡。对于汶川地震来说，一震山体到处在垮，主要也是发生在土质松散斜坡；对于这类型滑坡的监测预警来说，首先是要找出土质区域，并估算土体厚度。

1. 斜坡土体厚度与空间分布分析

Johnson(2005)[66]将土层厚度概化为是加深过程、堆积和搬运的函数。加深是底部基岩风化导致土壤厚度从底部向下增厚的过程，受地层岩性及节理构造控制；堆积是由于沉积和有机物堆积等作用使得土壤由表层往上增厚，主要受地形控制；而搬运是土层受侵蚀、剥蚀等土体缺失以及溶滤等质量亏损，受地形和人类工程活动控制。

叶润青等(2020)[67]提出基于多源数据融合的第四系厚度区划的研究思路，在收集遥感影像、地形图、地质图以及现场调查资料的基础上，获取第四系厚度评价因子专题图，通过多源信息融合，建立第四系相对厚度 C5.0 决策树模型，生成第四系相对厚度区划图。研究包含以下环节：①收集研究区多源数据，包括 Landsat 影像、DMC 航空影像、1∶1万地形图和 1∶5 万地质图和工程勘查、野外调查数据等；②专题图制作，利用多源数据生成厚度区划评价因子专题图，包括岩性、坡度、NDVI、土地覆盖等 6 个专题图件，并通过收集整理勘查资料并辅以遥感解译和现场调查获取已知区域第四系厚度图(即分类样本)；③数据融合和模型建立，确定评价因子的融合方法，选择 C5.0 决策树模型，建立第四系厚度区划模型，并生成第四系厚度区划图。如图 5-28 所示。

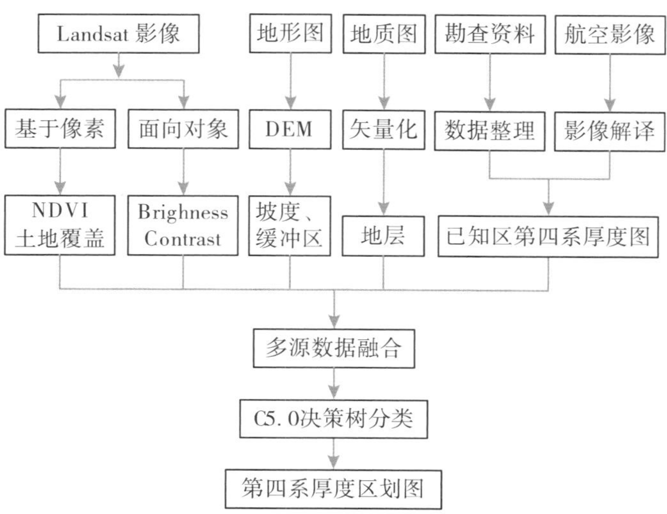

图 5-28　第四系相对厚度及空间分布信息提取流程图

多源数据可用间隔尺度、有序尺度和名义尺度三种类型描述。间隔尺度的变量用实数表示，如坡度为 0~90°、亮度值为 55~125、NDVI 为 0~255、GLCM Contrast 为 0~110；名义尺度的变量用特征状态表示，如地层岩性用碳酸盐岩和碎屑岩描述；有序尺度的变量用有序等级描述，如第四系厚度用厚层、中层、薄层、岩质等描述。在数据融合之前，先进行参数聚类，依据已知第四系厚度区域内每个因子的统计分析确定聚类方式。例如 NDVI 与第四系厚度图分析得出土质区 NDVI 值呈正态分布，集中分布在-0.3 至 0.1 之间（占 80%以上），且分布中心 NDVI 值随土层厚度增加而增大。因此对 NDVI 分级时，此区间的分级密度大些（以 0.05 为间隔），NDVI 值一共分为 12 级。NDVI 可以很好地区分土质和岩质区，但是难以区分土质斜坡中的厚层、中层和薄层。各因子聚类见表 5-5。

表 5-5　**土层信息获取因子聚类**

因子	类别数	类　别	
第四系厚度	4	厚层（>10m），中层（5~10m），薄层（1~5m），岩质（<1m）	
NDVI	12	<-0.30，-0.30~-0.25，-0.25~-0.20，-0.20~-0.15，-0.15~-0.10，-0.10~-0.05，-0.05~-0，0~0.05，0.05~0.10，0.10~0.20，0.20~0.30，>0.30	
亮度	14	55~60，60~65，65~70，70~75，75~80，80~85，85~90，90~95，95~100，100~105，105~110，110~115，115~120，120~125	
纹理	11	0~10，10~20，20~30，30~40，40~50，50~60，60~70，70~80，80~90，90~100，100~110	
坡度（°）	11	0~5，5~10，10~15，15~20，20~25，25~30，30~35，35~40，40~50，50~60，>60	
水系缓冲区（m）	12	0~200，200~400，400~600，600~800，800~1000，1000~1200，1200~1400，1400~1600，1600~1800，1800~2000，2000~2200，>2200	
岩性	2	碳酸盐岩	T_1j，T_1d，P_2c，P_1m，P_1q，C_2h，P_2w，O_3l，O_2b，O_1g，O_1h，O_1n，P_2d，C_1y，D_3x，D_3h，D_2y，O_3w，O_2m，O_1d，O_1f，ϵ_1t，ϵ_3sy，ϵ_2qn，ϵ_1sl，ϵ_1sp，ϵ_1s，Z_2d，Z_2dn
		碎屑岩	J_3p，J_3s，J_2s，J_2x，$J_{1\text{-}2}n$，J_1x，T_3s，T_2b，S_2s，S_1lr，S_1l，Nh_1l，Nh_2n

将多源数据融合的属性信息导出成表格，在数据挖掘 SPSS Clementine 软件中，利用 C5.0 决策树算法对训练样本学习，构建第四系厚度区划模型，并利用所建立的模型对 6 个因子分类，生成第四系厚度区划图（图 5-29）。

由分类结果统计（表 5-6）得到，研究区第四系覆盖区域面积占 73.48%，岩质区为 26.52%。第四系覆盖区中，厚层、中层、薄层土区域面积比重分别是 32.13%、4.28%和 37.07%。利用现场调查和遥感解译数据的一部分（50%）作为检验样本，在 ENVI 软件中通过混淆矩阵计算得到分类的总体精度为 75.79%，Kappa 系数为 0.64，第四系厚度的分类精度中等。

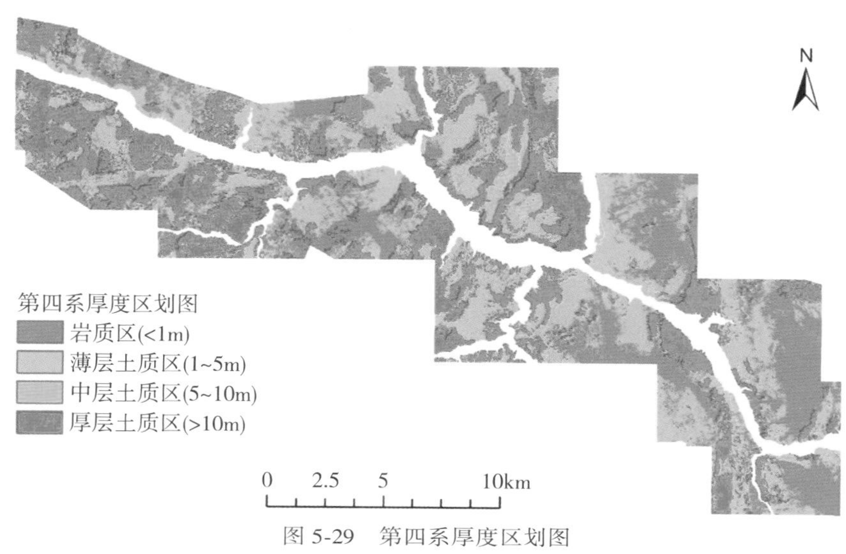

图 5-29 第四系厚度区划图

表 5-6 **第四系厚度区划结果统计**

第四系厚度	厚层	中层	薄层	岩质
单元数量	109735	14600	126574	90578
面积百分比	32.13%	4.28%	37.07%	26.52%

从第四系厚度区划图可以得出，区域上第四系分布及其厚度具有如下规律：①第四系分布及厚度受岩性控制，厚层土质覆盖区主要分布在碎屑岩中，碳酸盐岩则是以薄层土质覆盖和岩质区占主导；②第四系厚度与水系相关，随着离岸距离的增大，第四系厚度具有由厚变薄的趋势。

而从局部范围看，第四系分布和厚度受 NDVI、坡度以及面向对象的光谱、纹理等因素存在较强关联性，表现为第四系厚度随着 NDVI 和坡度值的增大而变薄，且主要分布在土地覆盖类型为居民区建筑区、耕地、裸土和稀疏植被区。

研究区 172m 高水位蓄水期间(2008 年 11 月)塌岸现场调查显示，区内共发现 19 个塌岸，均为土质塌岸。塌岸数量上，发育在厚层第四系覆盖区的塌岸有 11 处、薄层土质区的塌岸有 8 处；塌岸规模上，厚层第四系覆盖区的塌岸规模总体上大于薄层第四系区，9 处较大规模的塌岸中有 7 处发育在厚层第四系中。在某种程度上，塌岸调查结果反映了此研究结果可为库岸再造和塌岸防治提供科学依据。见表 5-7。

根据第四系厚度区划结果，将研究区长江干流及其主要支流岸坡划分为若干段，其中长江干流划分为 11 段。分段长度统计得出以厚层、中层第四系覆盖为主的岸坡长度 79.3km(长江干流 45.2km)，以岩质和薄层第四系覆盖的岸坡长度为 47.9km(长江干流 38.9km)。

表 5-7　　　　　　　　　　　　**第四系厚度分段**

水系	岸别	段	第四系厚度描述	长度(km)
长江	左岸	庙河—屈原镇	岩质和薄层第四系覆盖为主，局部为厚层	8.2
	左岸	屈原镇—新滩	厚层第四系覆盖	2.4
	左岸	新滩—香溪	岩质和薄层第四系覆盖	4.5
	左岸	香溪—泄滩	厚层第四系覆盖为主，局部为薄层	18.7
	左岸	泄滩—牛口	薄层第四系覆盖	8.9
	右岸	九曲垴—路口子	岩质和薄层第四系覆盖为主，局部为厚层	6.3
	右岸	路口子—链子崖	中、厚层第四系覆盖	4.1
	右岸	链子崖—郭家坝	岩质和薄层第四系覆盖	4.5
	右岸	郭家坝—生田	厚层、薄层第四系覆盖	6.9
	右岸	生田—青干河	岩质和薄层第四系覆盖	6.5
	右岸	青干河—范家坪	厚层第四系覆盖为主，局部薄层	13.1
主要主流	香溪河	左岸	岩质、薄层第四系覆盖为主	4.1
		右岸	厚层第四系覆盖	4.1
	童庄河	左岸	厚层、薄层第四系覆盖	7.2
		右岸	中、厚层第四系覆盖	5.6
	青干河	左岸	厚层第四系覆盖	7.8
		右岸	薄层第四系覆盖为主	4.9
	归州河	左岸	厚层第四系覆盖	4.7
		右岸	厚层第四系覆盖	4.7

2. 降雨容易诱发土质滑坡区域

1) 降雨诱发滑坡坡度分析

汛期降雨成为触发三峡库区崩塌滑坡的主要因素。如 2014 年“8・31”暴雨以及 2017 年 9—10 月久雨天气均产生大量滑坡灾情和险情。尤其当暴雨区和持续降雨处于三叠系或侏罗系易滑地层，极易引发滑坡。

在遥感解译的基础上，我们统计了 2014 年暴雨诱发的土质滑坡原始地形坡度，得出暴雨容易诱发土质滑坡的地形坡度大致为 20°~45°，20°~35°斜坡。见表 5-8。

表 5-8　**2014 年“8·31”暴雨诱发土质滑坡坡度统计**

序号	位置	滑坡类型	坡度
1	云阳县文龙乡老药铺	新生型土质滑坡	25°~39°
2	云阳县江口镇黄沙包滑坡	新生型土质滑坡	30°~46°
3	云阳县向阳乡向家坪场镇后滑坡	新生型土质滑坡	21°~31°
4	云阳江口镇新里村	新生型土质滑坡	24°~36°
5	云阳县鱼泉镇	新生型土质滑坡	23°~45°
6	云阳县鱼泉镇小垭口	新生型土质滑坡	36°~41°
7	云阳县沙市镇	土质老滑坡复活	31°~40°
8	奉节县槽木乡曾家屋场	土质老滑坡复活	20°~40°
9	奉节县黄村乡丝场坪	新生型土质滑坡	26°~43°
10	巫溪县上潢镇罗家坡	新生型土质滑坡	29°~43°
11	奉节县罗黄坪	新生型土质滑坡	29°~43°

对 2017 年有明显变形或出现滑坡险情的部分滑坡点分析可得出：久雨导致变形的部位其地表坡度均在 25°以上，在 30°左右的斜坡易发生滑动变形破坏，以土质斜坡变形为主，且易出现新生型滑坡。即在久雨条件下，坡度在 30°左右土体较厚的斜坡易发生变形破坏。见表 5-9。

表 5-9　**2017 年发现大变形的滑坡坡度统计**

序号	灾害体名词	变形部位	平均坡度
1	兴山矿务局滑坡	后缘垃圾填埋场下方柑橘园裂缝	30°
2	兴山彭家槽滑坡	滑坡后缘滑动区	29°
3	兴山水文站滑坡	滑坡中前部	27°
4	秭归盐关滑坡	前缘 2017 年已经发生大规模滑移部位	28°
5	秭归柏堡滑坡	滑坡右侧罗家沟出现滑移	33°
6	秭归谭家湾滑坡	滑坡中部裂缝发育区	26°
7	巴东秦家岭滑坡	滑坡中部	26°
8	巴东汪家包滑坡	滑坡地表裂缝、房屋变形、局部坍滑	27°
9	巫溪广安村滑坡	整体滑动	33°

从两次秋汛降雨触发的滑坡变形部位地形可以看出，降雨型滑坡主要发生在坡度相对较陡的部位。暴雨产生滑坡区域的地形坡度为坡度 20°~45°，平均坡度在 30°~35°的斜坡最易发生。久雨导致的斜坡变形部位其地表坡度一般在 25°以上，在 30°左右的斜坡易发

生滑动变形破坏，以土质斜坡变形为主，且易出现新生型滑坡，即在久雨条件下，坡度在30°左右土体较厚的斜坡易发生变形破坏。从诱发滑坡类型来看，暴雨易诱发新生型土质滑坡，久雨易导致老滑坡复活。

2)降雨易诱发土质滑坡区域分析

降雨容易诱发滑坡地形坡度与斜坡土质分布叠加分析，可以得到研究区域内降雨易发土质滑坡区域。图 5-30 中红色区域为降雨诱发土质滑坡区域，是降雨型滑坡防范的重点区。

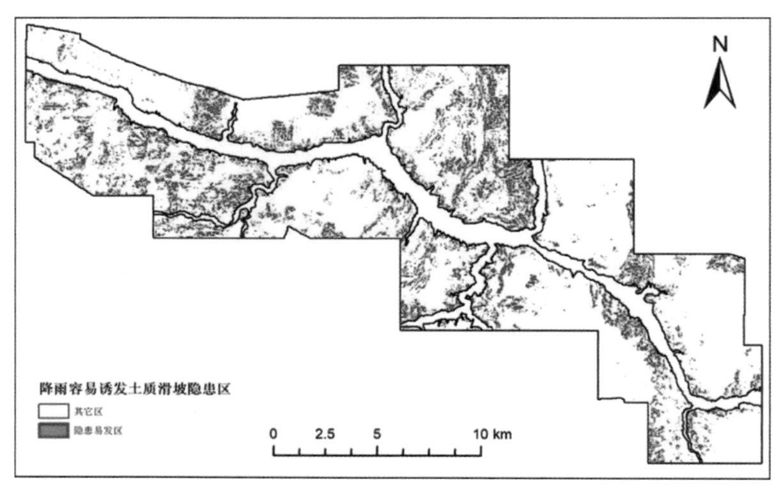

图 5-30　降雨容易诱发土质滑坡分布图

5.4.2　多源数据滑坡风险动态评价

遥感数据在推动局部到区域尺度的滑坡灾害评估方面发挥了重要作用。越来越多的遥感数据为滑坡灾害评估提供了一个新的空间尺度。遥感技术为区域性降雨诱发滑坡风险动态评价提供有效手段。首先，大范围的降雨观测数据，为实现区域性滑坡风险动态评价提供可能。其次，遥感可以快速获取大范围的相关信息及其变化，尤其是大数据云平台为大范围滑坡风险提供了高效的计算方法，是开展滑坡风险快速评价，实现动态甚至准实时分析的有效手段。

采用多源遥感数据开展区域降雨型滑坡风险动态评价研究，以三峡库区 2014 年“8 · 31”极端降雨事件诱发滑坡为研究对象，通过降雨诱发滑坡遥感解译及信息提取、多源数据融合分析等，综合考虑累计降雨量和滑坡易发性，实现了三峡库区降雨诱发滑坡危险性动态评价。

1. 滑坡易发性评价

采用加权梯度提升决策树方法(Weighted Gradient Boosting Decision Tree，WGBDT)进行滑坡易发性评价。GBDT 方法是传统机器学习方法中对真实世界分布拟合最好的算法之一，拥有较强的泛化能力，而且既可以使用在分类问题当中，也可以使用在回归问题当中。同时也可以使用正则函数来改进训练结果，并减少模型的过拟合程度。

收集整理三峡库区滑坡调查数据、基础地质数据、地形数据、遥感数据等孕灾因子数据和诱发因子数据等多源异构数据。使用 SRTM1 30m 分辨率的 DEM 数据，提取坡度、坡向、高程等地形地貌因子；采用 1∶20 万基础地质图，将库区出露的地层，按照岩土性质划分为不同的工程地质岩性组合，将具有相同或相近的岩石物理力学性质的地层划为同一类工程岩组。滑坡主要受易滑地层控制，大多数发生在含有软弱面或软弱层(带)的层状岩层中，以碎屑岩类软硬相间的砂岩、粉砂岩和泥岩为主的岩组，主要包括侏罗系蓬莱镇组、遂宁组、沙溪庙组、新田沟组，三叠系巴东组，为三峡库区易滑地层；遥感信息提取相关因子图，生成了三峡库区归一化植被指数(NDVI)图、归一化水体指数(NDWI)图、土地利用图、土壤湿度遥感图、年平均降雨图等因子图层。如土壤湿度数据的空间分辨率为 0.25°，可以提供地表和地下的土壤湿度分布，以及土壤水分异常数据。

在滑坡易发性评价模型的构建过程中，以降雨诱发滑坡样本点作为正类，在三峡库区非滑坡区域内随机选择点作为负类，建立加权的梯度提升决策树模型，生成三峡库区滑坡的易发性分区图。按照滑坡易发性由高到低，将三峡库区划分为滑坡高、较高、中、较低、低易发区五个等级。

由三峡库区滑坡易发性分布图(图 5-31)可以看出，三峡库区滑坡高易发区主要集中在长江干流及其主要支流香溪河、青干河、大宁河、梅溪河、汤溪河等河流沿岸。秭归盆地、渝东北地区是滑坡集中发育区。发育地层上，主要发育在碎屑岩分布区，包括侏罗系地层以及三叠系巴东组地层分布区为滑坡中、高易发区。在区域分布上滑坡易发性主要受岩性、地势、河流控制；对于局部而言，滑坡受地形地貌、地表覆盖等影响。

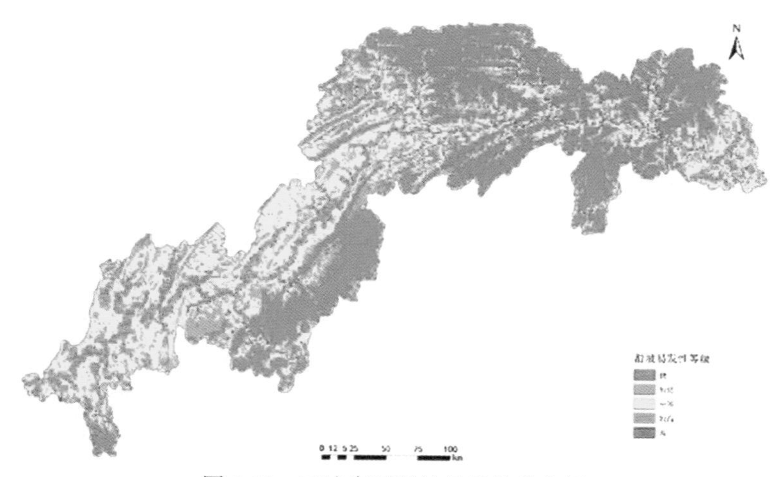

图 5-31　三峡库区滑坡易发性分布图

2. 滑坡危险性评价

降雨诱发滑坡危险性评价，一般综合考虑滑坡易发性和降雨阈值两项指标。对于降雨指标，多使用降雨-持时(I-D)指标。考虑三峡库区汛期的暴雨持续时间一般在 1~3 天，不超过 5 天，再加上暴雨过后 1～2 天是滑坡灾害高发期，因此采用前 7 天的累计降雨量作为评价指标，即在评价降雨型滑坡危险性时，将评价日期前 7 天的累计降雨，与前面开展了滑坡易发性评价划分的易发性等级相结合，形成暴雨型滑坡危险性评价矩阵。

根据对“8・31”暴雨诱发滑坡与降雨分析，以累计降雨量阈值划分，可以将本次降雨诱发滑坡阈值划分五个级别，分别以滑坡开始发生、零星出现、少量发生、群体发生和大量发生时所对应的累计降雨量值为划分依据，其对应的累计降雨量值分别是 100mm、140mm、170mm 和 200mm。由图可知，当累计降雨量小于 100mm 时，滑坡基本不发生，其危险性低；当累计降雨量在 100～140mm 范围内，滑坡零星发生，其危险性较低；当累计降雨量在 140～170mm 范围内时，局部区域开始持续出现滑坡，其危险性中等；当累计降雨量在 170～200mm 范围内时，区域范围内滑坡具有群发性，其危险性较高；而当累计降雨量大于 200mm 时，区域内滑坡大量发生，危险性高甚至极高。如图 5-32 所示。

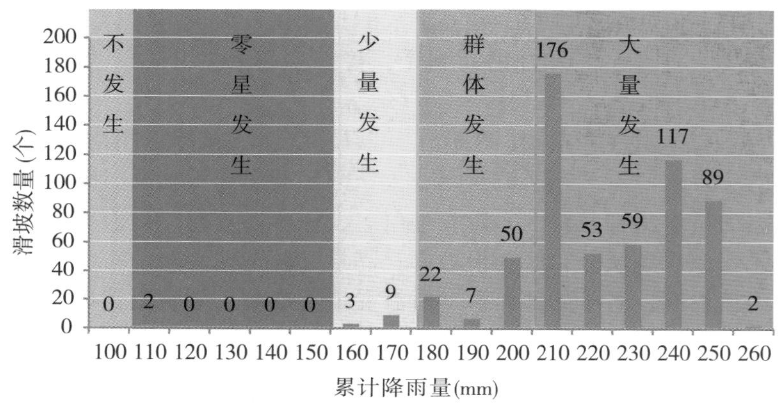

图 5-32　2014 年“8・31”暴雨诱发滑坡与降雨关系统计

因此，将累计降雨量阈值与滑坡易发性相结合，建立三峡库区降雨型滑坡灾害危险性分级表。按照滑坡危险性由高到低，分为高、较高、中、较低和低五个等级，依次用红色、橙色、黄色、浅绿和绿色表示，分别对应于不同的滑坡易发性和累计降雨阈值等级。见表 5-10。

表 5-10　**基于降雨量阈值的滑坡危险性分级表**

易发性等级 / 7 天降雨量	高	较高	中	较低	低
大量发生(>200mm)					
群体发生(170～200mm)					
少量发生(140～170mm)					
零星发生(100～140mm)					
不发生(<100mm)					

3. 基于夜间灯光数据的构筑物易损性评价

为了快速地获取大区域范围内构筑物的易损性，假设一个地区经济发达程度或者构筑物密度及经济价值与夜间灯光的光强成正比。作为一个粗略估计，本书采用了简单的算法来计算易损性，即将夜间灯光数据重采样到 0~1 之间，作为城市建筑物的易损性。利用上述灯光遥感数据，得到的三峡库区建筑物的易损性分区结果。如图 5-33、图 5-34 所示。

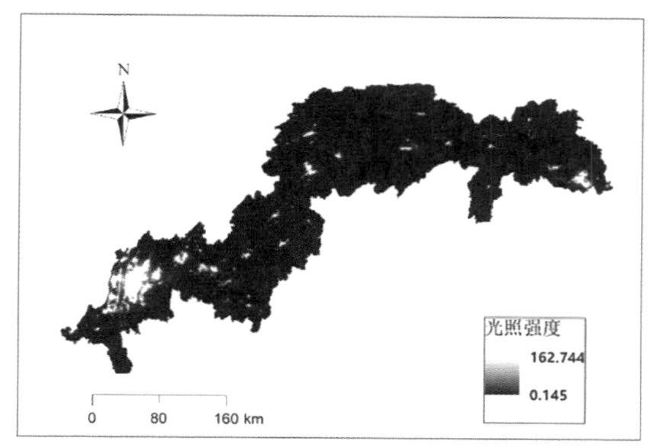

图 5-33　三峡库区夜间灯光强度分布图

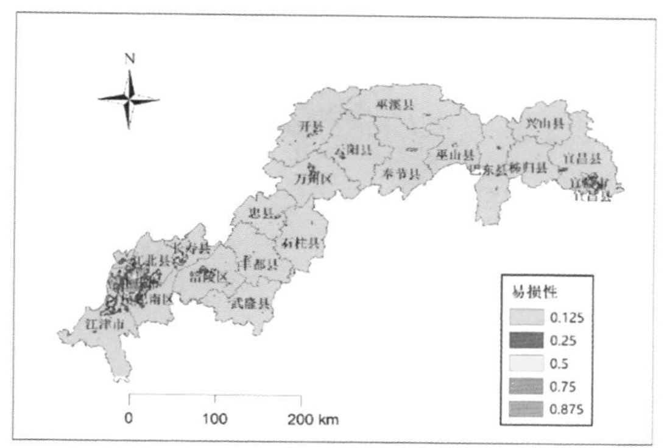

图 5-34　三峡库区滑坡易损性分布图

4. 重庆“8·31”暴雨滑坡危险性评价

2014 年 8 月底至 9 月初，三峡库区尤其是重庆市东北部地区遭受了严重的暴雨袭击，云阳、奉节、开县等地发生了大量的滑坡事件。利用所开发的系统，基于三峡库区范围内的降雨时空分布，研究了 2014 年 8 月 29 日至 2014 年 9 月 3 日之间三峡库区滑坡风险的时空变化规律。根据前述的滑坡危险性分析方法，得到 2014 年 8 月 29 日至 9 月 3 日的滑坡危险性分布图(图 5-35)。

从滑坡危险性分布图可以看出，2014 年 8 月 29 日，累计降雨量在 30mm 以内，三峡库区为滑坡低危险为主；8 月 30 日，开县、奉节、巫山、巴东、秭归等地累计降雨量超过 100mm，局部区域最大降雨量达到 138mm。这些区域滑坡危险性以中等为主，局部为较高危险区；2014 年 8 月 31 日降雨峰值出现在重庆东北部的奉节县、开县(开州)、云阳县北部和巫溪县南部，最大日降雨量为 104mm，局部地区累计降雨量超过 200mm，滑坡危险性以较高风险为主，局部区域到达高危险等级。9 月 1 日至 3 日，渝东北区域和湖北秭归、巴东等地区降雨量明显减少，日降雨量不超过 20mm，但渝东北地区有相当一部分区域的累计降雨量超过了 200mm。而且滑坡发生具有一定的滞后性，降雨后 1~2 天时间内，渝东北地区大面积为滑坡高危险性区。

评价结果显示，滑坡高危险地区主要分布在巫山、奉节、云阳、巫溪等渝东北地区，滑坡危险性从 2014 年 8 月 30 日开始逐日增加，9 月 1 日至 3 日，一直处于滑坡高危险性水平，主要是因为在滑坡危险性的计算中考虑了降雨对滑坡影响的滞后性，前期降雨对滑坡风险的影响较大，暴雨过后滑坡的危险性依然处在高位。据地方上报数据显示，此次降雨诱发滑坡，绝大部分发生在 9 月 1 日和 2 日，而降雨主要集中在 8 月 30 日至 31 日，因此本研究得出的危险性评价结果也是符合实际的，表明采用前 7 天累计降雨量作为滑坡灾害危险性评价是合理的。

利用前述滑坡危险性计算系统，得到 2014 年 8 月 29 日到 2014 年 9 月 3 日的滑坡危险性分布图。

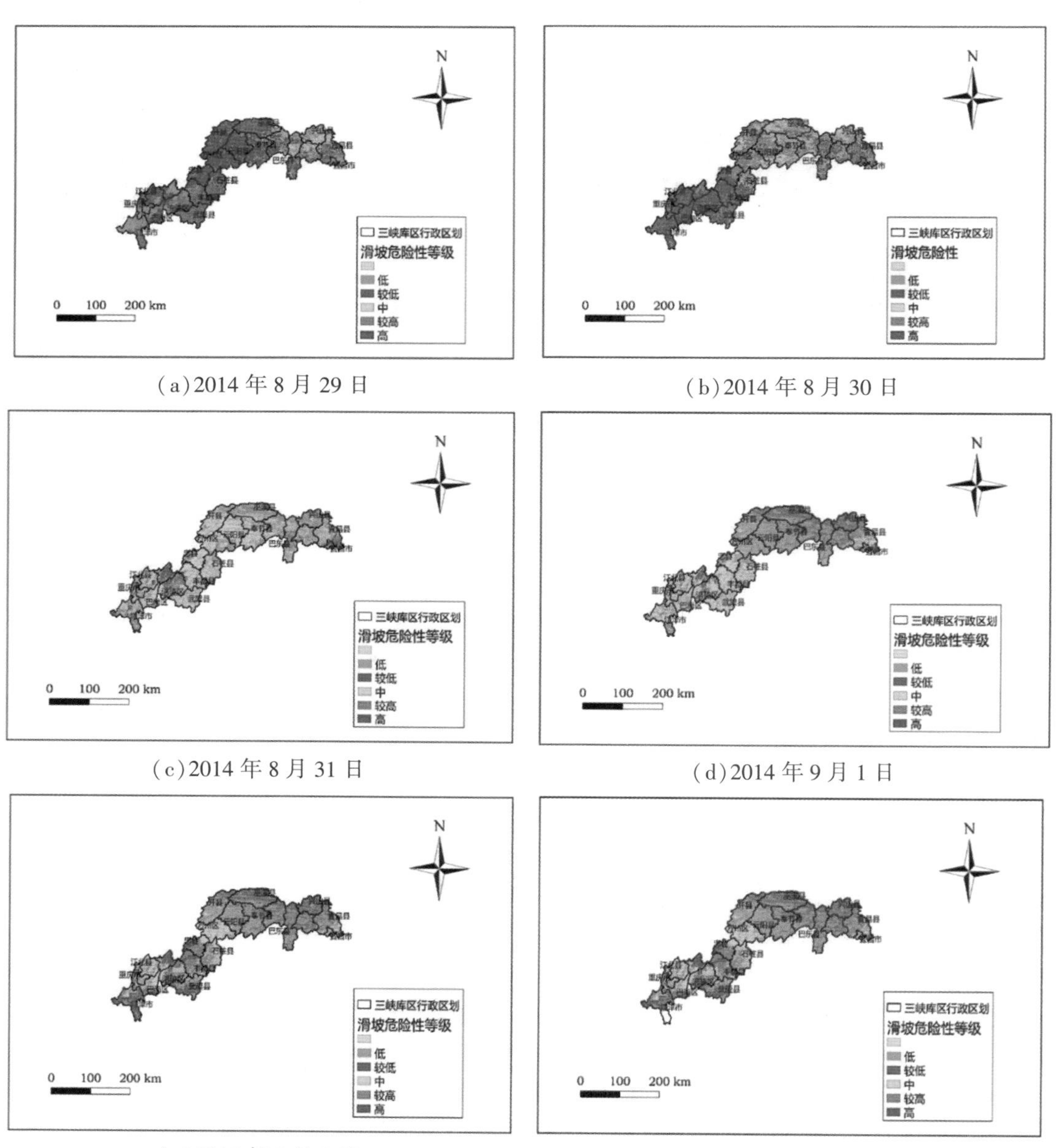

(a)2014 年 8 月 29 日　(b)2014 年 8 月 30 日

(c)2014 年 8 月 31 日　(d)2014 年 9 月 1 日

(e)2014 年 9 月 2 日　(f)2014 年 9 月 3 日

图 5-35　三峡库区 2014 年“8・31”暴雨诱发滑坡危险性区划图

第6章　滑坡监测综合分析

6.1　滑坡预警预报分析

6.1.1　预警模型

1. 预警预报模型适宜性及选择

滑坡预报模型主要分为确定性预报模型、统计预报模型、非线性预报模型和宏观预报模型。根据预报模型的适宜性，选择合适的预报模型。确定性预报模型适用于滑坡或斜坡单体预测；统计预报模型除黄金分割法除适用于中长期预报外，大多还适用于中短期和临灾预报；非线性预报模型，除分维跟踪预报模型、非线性动力学模型和位移动力学分析法用于中长期预报外，其余均为短期和临滑预报模型；宏观预报模型可识别滑坡所处的变形阶段。

对于滑坡预警预报，模型选择至为关键。合理地选择预警模型，应将模型的算法原理与灾害变形特征、主控因素和发展演化阶段结合起来。一方面是了解模型的算法原理，分析算法各项式的数学含义，掌握其适合于解决哪类问题及其适用范围，甚至算法长处和弱点；另一方面是分析灾害体变形特征及监测曲线形态，分解影响因素及其作用规律，掌握灾害体变形阶段及趋势，建立起算法原理与灾害特征的对应关系。详见表6-1。

表6-1　　滑坡预测预报模型和方法一览表[68]

滑坡预报模型及方法		适用预报尺度	备　注
确定性预报模型	斋滕迪孝方法 变形趋势外延法 蠕变试验预报模型 福囿斜坡时间预报法	临滑预报	以蠕变理论为基础，建立了加速蠕变经验方程，其精度受到一定的限制
	蠕变样条联合模型	临滑预报	以蠕变理论为基础考虑了外动力因素
	滑体变形功率法	临滑预报	以滑体变形功率作为时间预报参数
	滑坡形变分析预报法	中短期预报	适用于黄土滑坡
	极限平衡法	中长期预报	基于极限平衡理论，计算斜坡稳定性，通过稳定性大小判断斜坡所处发展演化阶段

续表

	滑坡预报模型及方法	适用预报尺度	备　注
统计预报模型	灰色 GM(1，1)模型(传统 GM(1，1)模型、非等时距序列的 GM(1，1)模型、新陈代谢 GM(1，1)模型、优化 GM(1，1)模型、逐步迭代法 GM(1，1)模型等)	短临预报	模型预测精度取决于模型参数的取值，优化 GM(1，1)模型也适用于滑坡的中长期预报，逐步迭代法 GM(1，1)模型计算精度较高
	生物生长模型(Pearl 模型、Verhulst 模型、Verhulst 反函数模型)	临滑预报	常用于临滑阶段的滑坡发生时间预报
	曲线回归分析模型	中短期预报	多属趋势预报和跟踪预报
	多元非线性相关分析法		
	指数平滑法		
	卡尔曼滤波法		
	时间序列预报模型		
	马尔科夫链预测		
	模糊数学方法		
	泊松旋回法		
	动态跟踪法		
	斜坡蠕滑预报模型(GMDH 预报法)		
	梯度-正弦模型		
	正交多项式最佳逼近模型		
	灰色位移矢量角法	短期和临滑预报	主要适用于堆积层滑坡
	黄金分割法	中长期预报	有从等速变形阶段到加速变形阶段系统全面的监测数据，利用经验判据粗略预报滑坡发生时间
非线性预报模型	BP 神经网络模型	中长期或短临预报	通过对已有监测数据的学习，外推预测今后的发展演化趋势
	协同预测模型	临滑预报	
	滑坡预报的 BP-GA 混合算法	中短期预报	联合模型预报精度较单个模型高
	协同-分岔模型	临滑预报	
	突变理论预报(尖点突变模型和灰色尖点突变模型)	中短期预报	
	动态分维跟踪预报	中长期预报	
	非线性动力学模型	长期预报	
	位移动力学分析法	长期预报	

2. 综合预警预报模型

滑坡的成因机理、形成条件、诱发因素等具有复杂性、多样性，其变化具有随机性、非线性，从而导致滑坡所表现的动态信息极难捕捉，加之滑坡的动态监测技术不成熟且理论研究不完善，完全从定量的角度或完全从定性的角度准确地预测预报滑坡的发生时间是非常困难的。滑坡预报应建立在深入研究滑坡类型、滑坡特征、变形特点和形成机制的基础上，以监测资料为依据，遵循科学性、综合性、易操作的原则，运用综合信息预报方法对滑坡进行预测预报。可根据现场监测信息和宏观信息等各单项信息的研究分析，建立滑坡的长期、短期、临滑和宏观预报模型及相应的预报判据，将理论预报与现象预报、定量预报与定性预报、单项预报与综合预报结果有机结合起来，形成滑坡的综合信息预报。详见表 6-2。

表 6-2　**滑坡综合信息预报的思路框图**[68]

<table>
<tr><td rowspan="2">长期预报</td><td>预报模型</td><td>极限分析法
位移动力学分析法
非线性动力学模型
分维跟踪预报模型
黄金分割法</td><td rowspan="2">预报滑坡
是否稳定</td></tr>
<tr><td>预报判据</td><td>稳定性系数
可靠概率
塑性应变
塑性应变率
分维值</td></tr>
<tr><td rowspan="2">中期预报</td><td>预报模型</td><td>指数平滑法
生物生长模型
神经网络模型
尖点突变模型
多元非线性相关分析</td><td rowspan="4">预测具体
滑动时间</td></tr>
<tr><td>预报判据</td><td>变形值
变形速率
临界降雨强度
位移加速度
库水下降速率</td></tr>
<tr><td rowspan="2">临灾预报</td><td>预报模型</td><td>斋滕迪孝方法
优化 GM(1, 1)模型
灰色位移矢量角法
协同预测模型
蠕变样条联合模型</td></tr>
<tr><td>预报判据</td><td>变形值
变形速率
临界降雨强度
位移加速度
库水下降速率</td></tr>
</table>

续表

<table>
<tr><td rowspan="2">宏观预报</td><td>预报模型</td><td>缓慢蠕动阶段
匀速蠕滑阶段
加速蠕滑阶段
急剧变形阶段</td><td rowspan="2">预报所处变形阶段</td></tr>
<tr><td>预报判据</td><td>宏观变形迹象（裂缝、隆起与沉陷、崩塌、变形量、变形速率、变形量与降雨关系、地下水动态特征、变形量与库水关系、地声、地气、动物异常等）</td></tr>
</table>

3. 综合预警判据指标与预警模型建立

单体滑坡监测分析内容包括：分析滑坡变形特征、变形阶段及发展趋势，掌握滑坡体的变形与各种诱发因素的相关性及影响程度；建立单体灾害预警预报模型及预报判据，并进行动态跟踪预测；依据监测分析结果，提出预警级别、灾害防控措施等建议。一些判据指标设定，如变形量和位移速率，可借助于数值模拟分析或者是结合已有监测数据分析。对滑坡专业监测和宏观地质巡查数据进行分析，结合数值模拟等地质分析结果，筛选关键监测预警指标并科学分级，建立滑坡监测预警综合指标体系，最终建立滑坡综合预警预报模型。

综合预警模型建立包括以下环节：滑坡监测预警指标筛选，指标体系建立及分级，确定各指标权重，选择适合的分析计算方法，对指标体系进行综合评分，给出各预警等级的分值区间或阈值。

指标体系构建分为指标筛选、指标分级和指标刻化。指标可从专业监测、宏观巡查和关键影响因子中选取。指标选择既要考虑全面，也要把握关键或控制性指标。科学的指标体系的刻画，要以野外调查巡查、监测、数值模拟计算等结果为依据。

指标分级就是将指标分为若干子指标甚至进一步分解成多级指标体系。如滑坡预警模型建立时选择变形监测、宏观巡查和关键影响因子作为关键性指标或一级指标，这些指标可以进一步分解，变形监测可以分为位移速率、加速度或切线角、位移矢量等；关键影响因子指标，三峡库区主要为降雨和库水，降雨进一步细分为一次降雨过程或者一段时间（如 10 天）的降雨量和降雨强度；宏观巡查可分为裂缝及其配套、前缘剪出口、地下水出露及水质等。

在指标体系构建的基础上，可采用层次分析法、相关矩阵法等数学分析方法建立滑坡预警模型。通过这些数学方法评价指标相互作用强度，确立各指标对系统稳定性的重要程度，为指标体系结构和权重确定提供依据。各指标权重确立后，依据各指标评分值取得滑坡在某种状态下指标体系的综合评分，对照确定的综合分级预警下的指标体系综合评分阈值，确定滑坡的预警级别。

以三峡库区大石板滑坡为例，基于对滑坡地质建模、数值模拟分析等建立了该滑坡监测预警综合指标及分级体系，见表 6-3。

表 6-3　三峡库区大石板滑坡监测预警综合指标体系

一级指标	二级指标	四级刻化			
		等速变形阶段	加速变形初期	加速变形中期	临滑阶段
变形监测	位移速率	$v \leqslant 10$mm/d	$10 < v \leqslant 50$mm/d	$50 < v \leqslant 150$mm/d	$v > 150$mm/d
	切线角	$\alpha_i \leqslant 45°$ 位移时间曲线为倾斜直线，切线角相对恒定	$45° < \alpha_i \leqslant 80°$ 位移时间曲线弯曲向上抬升，切线角缓慢增大	$80° < \alpha_i \leqslant 85°$ 位移时间曲线持续上弯增长，切线角持续增大	$\alpha_i > 85°$ 位移时间曲线快速增长，趋于直立，切线角骤然陡立
	位移矢量	各监测点位移矢量方向不一致	各监测点位移矢量方向逐渐一致指向主滑方向，位移量值一般是后部大前部小、中部大、两侧小	不同部位监测点位移矢量方向基本统一，指向主滑方向，位移量值差别逐渐缩小	不同部位监测点位移矢量方向和量值均趋于一致
关键影响因子	降雨	日降雨量 ≤ 120mm，一次降雨过程累计降雨量≤160mm	120<日降雨量≤160mm，160mm<一次降雨过程累计降雨量≤200mm	160<日降雨量≤220mm，200<一次降雨过程累计降雨量≤320mm	日降雨量>220mm/d，一次降雨过程累计降雨量>320mm
	库水	库水升降速率≤1.2m/d	1.2m/d<库水升降速率≤2m/d	2m/d<库水升降速率≤4m/d	库水升降速率>4m/d
裂缝分期配套	后缘裂缝	断续延伸、初具雏形	基本连通、开始加大加深	已经连通、出现下错台坎	迅速拉张甚或闭合
	侧缘裂缝	裂缝分布于中后部，并逐渐从向前缘扩展、延伸	两侧裂缝逐渐向坡体中前部扩展延伸	两侧裂缝基本贯通	裂缝完全贯通、擦痕明显
	前缘剪出口	肉眼察觉不到明显变形	前缘开始隆起、鼓胀	前缘隆起部位出现纵向胀裂缝和横向鼓胀裂缝	前缘隆起加剧，出现局部坍塌不断。临空面开始剪出

4. 模型判据的追踪和修正

在把这些判据指标作为预警预报的重要参考依据的同时，检验预警预报模型效果和判据准确性也十分重要。因此，很有必要对所建立的预警模型和判据进行跟踪修正，使所建立的预报模型和预报判据能更好地服务于滑坡监测预警。滑坡隐患点追踪预报是一个长期而必要的过程，需要不断地对监测数据分析，及时修正预警模型和判据。重点关注以下几个方面内容：

一是通过一段时间的监测数据分析，评估预警模型和判据是否与隐患点的变形行为特征相吻合。关注模型关键指标的选取是否合理，定量判据的各级预警值大小设置是否合理。如果存在较大差异，则应及时修正判据值甚至预警模型。

二是根据滑坡变形阶段和稳定性趋势研判结果，评价模型的适宜性。当变形阶段研判发生变化时，及时调整预警模型。

6.1.2　预警判据

1. 稳定性判据

稳定性判定是滑坡监测建设和监测预警分析重要内容和依据，可从宏观地质调查巡查、监测数据分析以及数值模拟等方法开展灾害体稳定性的定性或者定量评价。

1)宏观地质调查判断

无论是三峡库区以群测群防为基础、专业监测为重点的滑坡"群专结合"监测预警体系，还是全国"人防+技防"的滑坡"专群结合"监测预警实验，巡查排查都是监测预警不可或缺的手段，是隐患点专业监测的重要辅助工作。通过专业人员或者群测群防员调查、巡查和排查工作，可以宏观判定滑坡稳定性现状和滑坡变形发展阶段。

(1)滑坡变形裂缝分期配套特征及其稳定性。在滑坡监测预警中，裂缝监测和裂缝巡查是主要监测内容，裂缝分期配套也是滑坡综合预警模型的重要指标和判据。

许强等(2008)[36]总结大量的滑坡实例表明，不同成因类型的滑坡，在不同变形阶段会在滑坡体不同部位产生拉应力、压应力、剪应力等的局部应力集中，并在相应部位产生与其力学性质对应的裂缝。如果将这些裂缝据实绘制在滑坡工程地质平面图上，将会看到这些裂缝的发育分布表现出一定的宏观规律，其中最明显的就是分期配套特性。滑坡裂缝体系的分期是指裂缝的发生、扩展与斜坡的演化阶段相对应，对于同一成因类型的斜坡，不同变形阶段裂缝出现的顺序、位置及规模具有一定的规律。配套是指裂缝的产生、发展不是随机散乱的，而是有机联系的，在时间和空间上是配套的。

通过滑坡裂缝(地面、地下)的分期配套特性、斜坡变形-时间曲线特点和各类斜坡变形破坏模式及阶段等进行综合分析，才能较为准确地评价滑坡的稳定性状况。滑坡稳定性宏观综合评价表是对上述评价方法进行抽象，简化所得到的。利用表4-3，可以较为准确地定性判断和评价斜坡的稳定性状况，并给出对应的稳定性系数。

(2)滑坡稳定性判断的定性判别标准。稳定性定性判定主要用于在滑坡野外调(勘)查过程中，通过坡体微地貌特征、地形坡度、侵蚀切割和临空条件、变形破坏迹象、切坡加载等，综合定性判断滑坡稳定性状态。《滑坡防治工程勘查规范》中建立了滑坡稳定性定性判别标准，详见表4-2。

滑坡稳定性定性判别是滑坡监测网络建设依据。首先，稳定性的定性判断是监测选点依据，在监测设计阶段，优先对不稳定和欠稳定的滑坡开展专业监测。其次，稳定性判定是确定其监测级别重要依据之一，对于不稳定或欠稳定、危害大、规模大的典型滑坡，开展一级或者二级专业监测，对滑坡进行综合立体监测。而基本稳定或欠稳定的、危害较大的滑坡隐患，开展二级专业监测；对于基本稳定、危害性较小的可开展三级专业监测(普适型监测)。再次，稳定性的定性判别标准是专业监测布网和优化的依据，包括地形地貌、地表变形破坏迹象(尤其是当出现裂缝等宏观变形迹象)、地下水出露等。

2)数值模拟分析

数值模拟获取滑坡稳定性系数，是稳定性定量分析的常用方法。

模拟计算不同工况条件下的稳定性，得出稳定性系数 K。通过获取的外部影响因素监测数据(如降雨实况数据及预测数据、库水位数据等)，进行滑坡稳定性动态分析。对于有条件的专业监测点，充分利用好勘查成果建立监测滑坡地质模型和力学模型。

3)趋势预测分析

目前对滑坡变形预测使用的方法主要是将变形数据分解为趋势项和周期项，其中趋势项多为单调的线性曲线，可由简单的线性拟合进行计算，而较为复杂的周期项则具有非线性、随机性等特点。已有很多方法模型被应用到滑坡预测中，如支持向量机法、ELM 法、BP 神经网络算法等。以神经网络为例。易庆林等(2013)在对三峡水库滑坡进行变形预测时使用了 BP 神经网络模型，反映了滑坡的总体变形趋势[69]。刘艺梁等(2013)建立了 EMD-BP 模型进行滑坡变形预测，因其结合了信号分析领域的经验模态分解法(EMD)与 BP 神经网络算法结合，取得了良好效果[70]。李秀珍等(2012)利用小波函数作为神经网络核函数，将位移速率和降雨量作为输入参数，利用小波函数建立了神经网络预测模型[71]。高彩云等(2015)采用灰色模型和神经网络模型，将二者通过并联、串联、混合组合等方式进行组合，建立了滑坡变形预测模型[72]。陈亮青等(2018)在广义回归神经网络的基础上，提出了 MIV-GRNN 滑坡位移混合预测模型[73]。Zhou 等(2018)考虑各种因果因素，采用多因子表法分别对位移项进行预测，并进行汇总得到总位移[74]。Guo 等(2019)提出了一种基于小波分析(WA)和灰狼优化算法(GWO)优化后的 BP 神经网络(BPNN)预测模型，得到了预测公式[75]。Gao 等(2019)提出了一种将灰色系统方法与进化神经网络相结合的滑坡智能预测方法[76]。该方法通过免疫连续蚁群优化和改进的反向传播算法进行预测。李麟伟等(2019)基于 Bootstrap-KELM-BPNN 模型，构建考虑滑坡变形状态动态转换的位移区间预测框架，实现滑坡位移的动态区间预测[77]。

因此，变形趋势预测主要是通过特定的数学模型对监测曲线拟合分析，预测未来某个时间的变形量或速率等。这里以白家包位移预测为例，通过白家包滑坡 GNSS 数据，建立了 prophet 时间序列预测。

Pophet 算法是 Facebook 开源一款基于 Python 和 R 语言的数据预测工具，即“先知”。prophet 时间序列预测原理，其时间序列基本模型如下：

$$y(t) = g(t) + s(t) + h(t) + \in t$$

这里，模型将时间序列分成 3 个部分的叠加，其中，$g(t)$ 表示增长函数，用来拟合非周期性变化的；$s(t)$ 用来表示周期性变化，比如每周、每年、季节等；$h(t)$ 表示假期、节日等特殊原因等造成的变化；$\in t$ 为噪声项，表示随机无法预测的波动。事实上，这是 Generalized Additive Model(GAM)模型的特例，但我们这里只用到了时间作为拟合的参数。

(1)增长项。将增长项 $g(t)$ 定义为一个逻辑函数：

$$g(t) = \frac{C}{1 + \mathrm{e}^{-k(t-b)}}$$

这个函数实际上就是类似于人口增长函数，其中，C 是人口容量；k 是增长率；b 是偏移量。显然，随着 t 的增加，$g(t)$ 越趋于 C，k 越大，增长速度就越快。

(2)周期性。这里使用傅立叶级数来近似：

$$s(t)=\sum_{n=-N}^{N}C_n e^{i\frac{2\pi nt}{P}}$$

因此，模型需要拟合这些 C_n 系数，N 越大，越能拟合复杂的季节性或周期性。

(3)节假日。处理节假日的方法很简单，就是将过去，将来的相同节假日设置一个虚拟变量。

$$h(t)=\sum_{i=1}^{L}k_i 1\quad(t\in D_i)$$

式中，D_i 表示第 i 个虚拟变量，如果属于就是 1，不属于就是 0。

采用白家包滑坡 GNSS 自动监测数据进行预测，得出了 2020 年滑坡变形预测结果(图 6-1)显示从 5 月至 6 月底将会出现一个明显变形台阶，预计累计变形量大致在 50mm 左右。据白家包滑坡监测数据显示，主剖面 3 个 GNSS 自动监测点的此期间的监测累计变形量在 30~60mm 之间，与模型的预测数据大致相符。

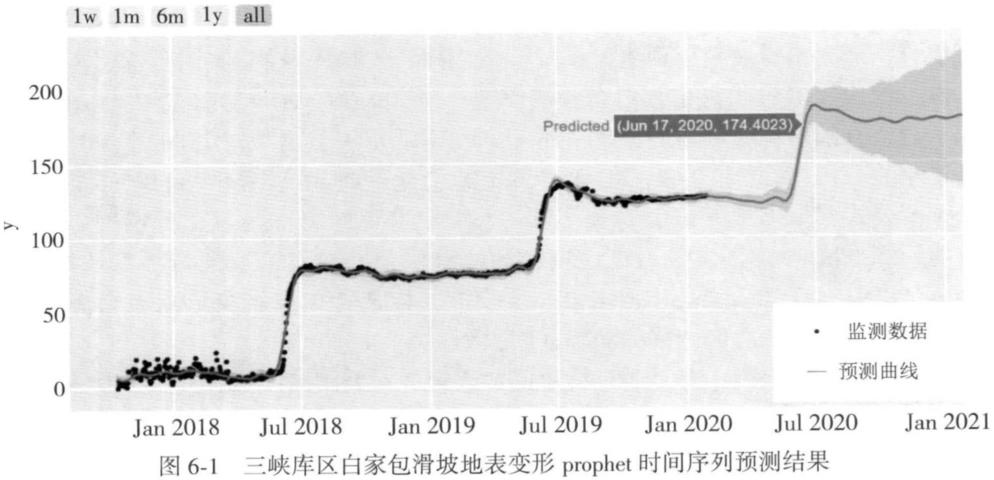

图 6-1　三峡库区白家包滑坡地表变形 prophet 时间序列预测结果

2. 变形判据

变形判据主要有变形量、变形速率、加速度、切线角。其中，变形加速度和切线角为最常用的变形判据。

1)切线角

累计位移-时间曲线能够很直观地反映监测点的位移量、变形行为特征、所处变形阶段及发展趋势等。斜坡演化从等速变形阶段过渡到加速变形阶段的一个显著特点就是累计位移-时间曲线的斜率发生明显的变化。在等速变形阶段，尽管受外界因素的影响，变形曲线会有所波动，但变形曲线宏观的、平均的斜率应该基本保持不变，总体上应为一条“直线”。一旦进入加速变形阶段，曲线斜率会不断增加，变形曲线总体上应为一条倾斜度不断增大的“曲线”。斜坡变形曲线的斜率可以利用切线角 α_i，即变形曲线上某点切线与横坐标的夹角来表达。但是直接进行切线角计算也存在一定的问题，即不同尺度的纵横坐标来绘制的变形—时间曲线，会导致同一时刻的切线角并不相同。因此一般采用改进切线角，通过对 $S\text{-}t$ 坐标系作适当的变换处理，使其纵横坐标的量纲一致。

根据 $T\text{-}t$ 曲线，可以得到改进的切线角 α_i 的表达式：

$$\alpha_i = \arctan\frac{T(i) - T(i-1)}{t_i - t_{i-1}} = \frac{\Delta T}{\Delta t}$$

式中，α_i 为改进的切线角；$T(i)$ 为某一监测时刻；Δt 为与计算 S 时对应的单位时间段(一般采用一个监测周期，如 1 天、1 周等)；ΔT 为单位时间段内 $T(i)$ 的变化量。

因此，根据定义，当切线角小于 45°时，滑坡处于初始变形阶段；当切线角为 45°时，滑坡处于等速变形阶段；而当切线角大于 45°时，处于加速变形阶段。

一般而言，滑坡不同变形阶段预警切线角阈值可以参照滑坡预警级别的定量划分标准表(表 4-1)。值得注意的是，对于不同的滑坡，临滑阶段的切线角可能存在一定的差异。王珣等(2017 年)[37]研究认为，滑坡等速变形速率和临滑切线角之间具有较大关联性，即等速变形阶段的变形速率越大，临滑切线角小。该研究在改进切线角和岩土体材料蠕变强度特征点的基础上，提出了 $T\text{-}t$ 曲线转换的适用范围。以西原模型为基础，研究了蠕变参数在等速变形阶段发展至恒定值或稳定值，等速变形速率可看作滑坡蠕变过程中各参数的综合外在表现，与临滑切线角存在相关性，并呈反比关系。通过对 16 个典型蠕变滑坡进行阶段划分和 $T\text{-}t$ 曲线转换，获得滑坡等速变形速率和临滑切线角，并建立两者之间关系，相关系数较高，同时结合未破坏滑坡变形过程的最大切线角，以下限作为滑坡预警判据，保证了预测预报的可靠度。如图 6-2 所示。

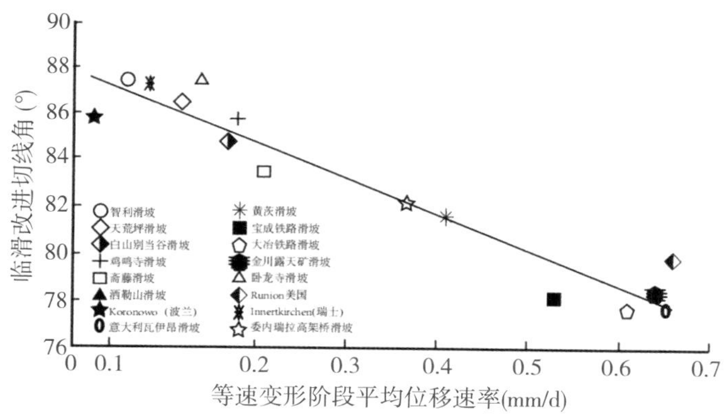

图 6-2 16 个典型滑坡等速变形速率与临滑切线角关系图[37]

王珣等对蠕变型滑坡在确定等速变形阶段后采用拟合公式计算出滑坡可能发生时的临滑切线角，公式如下：

$$\alpha_{max} = -15.10\dot{\varepsilon}_0 + 87.85$$

式中，α_{max} 为蠕变型滑坡临滑切线角；$\dot{\varepsilon}_0$ 为等速变形阶段的变形速率。

通过上式可知，临滑改进切线角主要是由等速变形速率决定的，等速变形速率是各蠕变参数的综合反应，依据滑坡的等速变形速率计算出该滑坡的临滑切线角值。

2）加速度判据

以滑坡变形加速度为桥梁，建立斜坡稳定性系数与斜坡变形阶段之间，即强度稳定性与变形稳定性之间的相关关系。滑坡稳定性系数 K 与 S-t 曲线中加速度 a 存在如下对应关系：

初始变形阶段：加速度 $a<0$，稳定性系数 $K>1$；

等速变形阶段：加速度 $a\approx 0$，稳定性系数 $K\approx 1$；

加速变形阶段：加速度 $a>0$，稳定性系数 $K<1$。

既然斜坡已经开始变形，说明其稳定性系数虽大于 1，但数值不会太大，参考相关规范，可对与 S-t 曲线相对应的各变形阶段的稳定性状况作如下规定：

初始变形阶段：加速度 $a<0$，稳定性系数 $1.05\leqslant K<1.15$，斜坡处于基本稳定状态；

等速变形阶段：加速度 $a\approx 0$，稳定性系数 $1.00\leqslant K<1.05$，斜坡处于欠稳定状态；

加速变形阶段：加速度 $a>0$，稳定性系数 $K<1.00$，斜坡处于不稳定状态；

临滑阶段：加速度 $a\geqslant 0$，稳定性系数 $0<K\leqslant 1.00$，斜坡处于极不稳定状态。

图 6-3 所示为秭归县小岩头滑坡临滑阶段裂缝计 LF1 监测数据获取的速度-时间曲线和加速度时间曲线。

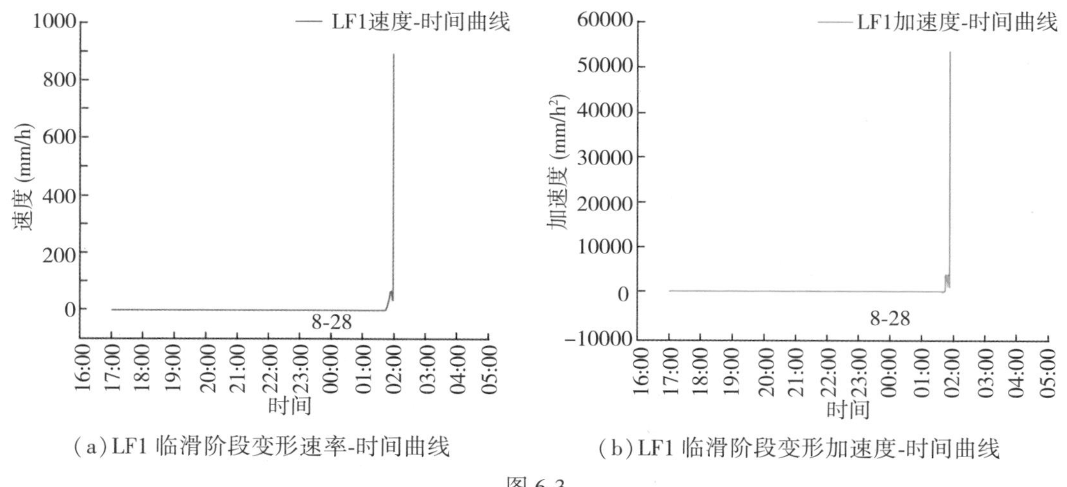

（a）LF1 临滑阶段变形速率-时间曲线

（b）LF1 临滑阶段变形加速度-时间曲线

图 6-3

3. 降雨判据

1）区域降雨阈值分析

确定滑坡发生的降雨阈值是降雨型滑坡做好预警预报的关键。利用统计学方法研究分析区域内的降雨和滑坡数据资料，可得出经验性降雨阈值是目前常用的研究方法。概括起来，滑坡的经验性降雨阈值模型可分为四类[79]：降雨强度-历时关系阈值（I-D）、累计降雨量-历时（E-D）关系阈值、累计降雨量-降雨强度（E-I）关系阈值和总降雨量阈值。在这四类经验性降雨阈值模型当中，降雨强度-降雨历时（I-D）关系阈值研究最为广泛众多学者通过建立降雨强度-降雨历时阈值的关系曲线，以确定研究区域内的降雨阈值[80][81]。赵衡等(2011)[82]发现国内还没有普遍适用的降雨强度-降雨历时阈值曲线，于是创造性地建立了湖北西部地区的降雨强度-历时曲线，得出结果为 $I=4.0D^{-0.51}$，并提出了确定降雨历时 D 起始时刻的方法。丛佳伟(2020)[83]将天水市滑坡资料与降雨数据相结合，在分析滑坡的时空分布规律的基础上，建立了研究区内降雨型滑坡的经验性阈值模型，得到其降雨阈值表达式为 $I=6.03D^{-0.58}$。赵方利(2017)[84]等提出利用研究区域内的降雨量确定滑坡临界启动降雨量的方法，这种方法是在确定滑坡地下水位埋深临界值的基础上，根据地下水位变化量与有效降雨量二者之间的关系，确定滑坡发生的有效降雨量阈值。Yuri Galanti(2015)[85]根据平均强度、降雨持续时间定义降雨阈值并用年平均降水量进行归一化，得到 Serchio 河谷地区浅层滑坡启动的(*I-D*)降雨阈值曲线。Abdul 等(2020)[86]在卡梅隆高原滑坡区选取了 12 个滑坡案例，分析引发滑坡的降雨强度-持续时间(*I-D*)，利用分析得出的最大降雨强度(I)和降雨序列持续时间(D)等重要变量的结论，建立了研究区的经验降雨强度-持续时间(*I-D*)阈值。Francesco 等(2019)[87]利用现场和实验室数据建立数值模型，以确定该地区在一系列可能的降雨强度和地形坡度范围内诱发滑坡的降雨强度-降雨持时阈值。Ascanio 等(2016)[88]以斯洛文尼亚为研究区域，根据收集的滑坡数据以及降雨数据建立了该地区降雨诱发型滑坡的降雨强度-历时阈值模型。

将在世界上不同国家和地区之间的阈值模型进行总结，得出表 6-4[89]。

表 6-4 **世界不同国家和地区诱发滑坡降雨阈值统计关系[89]**

类型	使用国家和地区	公式形式	取值条件
降雨强度-历时	世界范围	$I=14.82\times D^{-0.39}$	$0.167<D<500$
	世界范围	$I=2.20\times D^{-0.44}$	$0.1<D<1000$
	台湾地区	$I=115.47\times D^{-0.80}$	$1<D<400$
	波多黎各	$I=91.46\times D^{-0.82}$	$2<D<312$
	牙买加	$I=53.531\times D^{-0.602}$	$1<D<120$
	西雅图地区，美国	$I=82.73\times D^{-1.13}$	$20<D<55$
	四国岛，日本	$I=1.35+55\times D^{-1}$	$24<D<300$
	浙江宁海县，中国	$I=26.5939\times D^{-0.545}$	$1<D<48$
累计降雨量-历时	世界范围	$E=14.82\times D^{0.61}$	$0.167<D<500$
	世界范围	$E=4.93\times D^{0.504}$	$0.1<D<100$
	里斯本地区，葡萄牙	$E=70+0.2625\times D$	$0.1<D<2400$
	托斯卡纳地区，意大利	$E=1.0711+0.1974\times D$	$1<D<30$
降雨强度-累计降雨量	四国岛，日本	$I=1000\times D^{-1.23}$	$100<E<230$
	川北地区，中国	$I_{24}=235-0.96\times E$	$0<E$

注：I_{24}表示 24 小时的降雨强度。

2）单体滑坡降雨阈值分析

建立经验性滑坡降雨阈值能够为研究区域提供诱发滑坡的降雨临界值，也为构建适用于当地的滑坡预警预报方法奠定了基础。然而，区域降雨阈值模型存在着不足之处，主要有以下两点：当在研究区内获取的滑坡样本数量太少，则很难建立当地的滑坡预警模型。由于每个滑坡具有其独特的地质环境和岩土体特征，导致失稳破坏的影响因素也不尽相同，难以建立起研究区内统一适用的滑坡预警模型。

雷德鑫(2019)[90]以王家坡滑坡作为研究对象，通过对比分析不同观测时段内滑坡累计位移的各类破坏点的前期累计降雨量，分析得出滑坡的斜率阈值。胡晓猛(1999)[91]通过分析影响太平县境内陈村水库附近坝坡的稳定的因素，确定引发该区域滑坡的临界降雨量阈值。姬超等(2021)[92]以岷江电化西侧滑坡为例，计算得到该滑坡的类破坏点，并以类破坏点前10天作为研究区间，取时间间隔为1天计算此期间内的平均累计降雨量，利用斜率阈值法确定滑坡的降雨阈值。卢远航等(2015)[93]以南江县二潢坪滑坡为研究对象，通过进行工程地质分析及有限元分析，结果表明降雨是诱发滑坡的最主要外在因素，并分析得出该滑坡在不同降雨历时下的降雨阈值。杨仲康等(2019)[94]以天水廖集村缓倾黄土滑坡为研究对象，对滑坡降雨入渗过程进行分析，确定斜坡失稳机制，在此基础上求得考虑降雨过程的降雨强度-降雨历时滑坡阈值。何玉琼等(2018)[95]以楚雄双柏一斜坡为例，基于对滑坡发生前的降雨量、地形地貌特征、岩土体特性等因素考虑，运用斜坡的降雨阈值计算出发生变形失稳所需要的临界降雨量。卓云等(2014)[96]以华蓥山滑坡作为研究对象，利用滑坡的位移监测数据，能够实现基于RIA的WebGIS滑坡快速预警系统中相应的模型算法，判断出滑坡所处的形变阶段，可将其作为单体滑坡预警预报的依据，从而实现单体预警的功能。向小龙等(2020)[97]以云南省盐津县庙坝滑坡为研究对象，建立了降雨型滑坡失稳概率计算模型。Pinom等(2020)[98]提出了一种计算降雨对边坡临界降雨特性的程序方法，基于利用降雨(FLaIR)模型诱发的滑坡预测、历史滑坡信息和降雨渗入分析开发的降雨阈值确定临界雨量。Calvello M. 等(2008)[99]提出了包括地下水模型和运动学模型的数值程序，地下水模型可将降雨数据与边坡内部孔隙压力的变化联系起来；运动学模型则结合多种极限平衡稳定性分析，并结合了沿滑动面的瞬态孔隙水压力，能够计算出的安全系数与沿滑动面的位移率之间的经验关系。Yang等(2019)[100]基于模糊理论建立了土的黏聚力与内摩擦角之间的隶属函数，将模糊点估计与水蛇二维水文力学耦合模型和边坡立方体模型相结合，再利用局部安全系数理论确定了边坡不同深度的局部安全系数，计算出不同深度边坡的失效概率。Pham等(2018)[101]使用聚集单依赖估计器分类器对印度北阿坎德邦的Pauri地区的降雨诱发滑坡进行空间预测，可用于生成更好的滑坡易感性图。Massimiliano等(2020)[102]通过数据驱动技术对特定区域浅层滑坡易感性定义进行了深入分析，并对不同清单的作用进行了建模。通过对数年多事件发生的滑坡进行分组，获得浅层滑坡的易感性，可以更准确地估计一个地区典型降雨触发模式导致的浅层滑坡的易感性。José等(2019)[103]提出了一种基于物理的有效生成分层背景下滑坡动态易感性制图的模型，可实现对浅层斜坡降雨诱发滑坡的空间分布模拟。Sung(2017)[104]提出了一种基于考虑初始非均匀含水率分布的一维概念入渗模型关于浅层基岩边坡的稳定性分析方法来预测滑坡，该方法能有效预测降雨入渗引起的滑坡。Kim 等(2019)[105]利用耦合的水-机械有限元模型，研究了乌云山地区降雨引起的浅层滑坡的不稳定性，分析结果表明，该水力-力学耦合有限元模型能够较好地模拟土体内边坡的渐进破坏；边坡破坏发生在地表层-基岩界面上，与实际破坏区吻合较好。

4. 临灾前兆异常

临灾前兆异常主要表现为宏观变形迹象以及临灾地声、动物异常等。宏观变形迹象主要有裂缝出现扩展甚至贯通、地面隆起与沉陷、局部或前缘滑塌、房屋裂缝倒塌、道路裂缝或鼓起、管线变形错动获悉等；地下水地表水异常，包括泉水流量增大或断流，地下水浑浊、外冒(喷射)、池塘水外泄或者干涸等；树木或电线杆等歪斜；地声方面出现岩石破裂声等；动物异常表现，如狗、老鼠等动物行为明显异于常态。见表 6-5。

表 6-5　　三峡库区滑坡滑动前的宏观前兆异常特征

滑坡名称	发生时间	滑坡前宏观前兆异常特征
秭归新滩滑坡	1985 年 6 月 12 日	5 月姜家坡至广家崖地段，方量 $1300\times10^4m^3$ 斜坡体呈整体滑移迹象。6 月 9 日新增裂缝密布，并呈增宽、加长和扩展态势；滑坡洼地积水；主动滑移区姜家坡前缘坡脚出现剪裂、潮湿现象；运煤的乡村公路两处错断并向长江方向推移，路面多处隆起；前缘陡坎小崩塌不断，规模渐大；坡体大幅度下沉，大块石翻滚。6 月 10 日，滑坡发生前前缘泉水变浑，水量增大，湿地面积突然增大，在滑体上段姜家坡望人角一带 $70\times10^4m^3$ 石下滑前 5 分钟左右，斜坡突然喷射超高压泥沙水流(或气流)三丈余高。滑坡前一个月，监测点平均变形速率为 85.9~399mm/d。
秭归千将坪滑坡	2003 年 7 月 13 日	7 月 12 日 8 时青干河岸边千将坪山体发现裂缝；21 时贴在三金硅业公司厂房墙壁上监测裂缝的纸条被撑破，硅厂成品车间裂缝明显增大，伴随着啪啪的响声；23 时裂缝出现错位，山体在加速运动。滑坡在发生前数天内，青干河滑坡部位突然鱼群聚集，致使周围渔民纷纷聚集于此打鱼。
巴东县大堰塘村滑坡	2007 年 6 月 15 日	5 月 26 日发现斜坡出现裂缝，6 月 2 日后缘斜坡出现宽 2~6cm 裂缝，6 月 3 日前缘出现小规模土体坍滑(塌岸)，6 月 14 日前缘出现 $20\times10^4m^3$ 土体坍塌，后缘裂缝增宽至 12~20cm，弧形裂缝基本形成，6 月 15 日下午 4 时 56 分发生大规模坍滑 $300\times10^4m^3$。

续表

滑坡名称	发生时间	滑坡前宏观前兆异常特征
秭归县泥儿湾滑坡	2008年11月9日	11月5日该滑坡主滑区开始出现变形，北侧归水公路下沉0.19m，自北至南近100m长公路出现鼓胀隆起，公路顺坡向推移变形位移0.08m；11月8日上午，出现整体变形迹象：滑坡前缘出现局部崩塌，北侧形成长约300，宽0.2~0.5m，下沉0.3~1.0m的纵向边界贯穿性裂缝，后缘土体下沉1.5m，公路水平位移最大达0.17m，公路路面向内倾，公路上方坡体较陡地段有块石崩落。11月9日滑坡南侧边界形成，并与后缘和北侧贯通形成主滑区周边裂缝的圈闭，后缘滑坡体下沉台坎高达6m，滑坡后壁面斜长约8m；归水公路路面水平位移达1.0m，北侧缘公路下沉达0.8m，南侧缘路面裂缝水平位移0.2m，坡体上电杆歪斜，前缘不断有土石塌落入库。
巫山县青石村八、九社(神女溪)崩滑体	2009年10—11月	10月11日库水位达到169.4m，其前缘发生了3处坍塌。体积约$1.5\times10^4m^3$。10月18日，在Ⅰ号、Ⅱ号塌岸上方228m高程出现一平行岸坡方向的张裂缝，长130m，宽0.2~1.20m，外侧下座15cm。至11月4日，该张裂缝宽达1.25m，下座1m。10月25日后，后缘缝张开速度变缓，每天变形为毫米级或厘米级。10月18日，高程320m左右产生了另一条大型张裂缝，裂缝宽3~20cm。至11月4日，该张裂缝已发育长达450m，宽0.8~1.5m，下座0.5~09m。该裂缝包围范围体积约$375\times10^4m^3$。部分居民房屋建筑物变形。
奉节县曾家棚滑坡	2012年6月2日	5月31日凌晨1时左右，滑坡前缘局部发生滑塌(塌岸)，滑坡后缘出现大量裂缝，滑体强烈变形。5月31日晚6点至6月1日早6点左右，滑坡前缘中部发生滑塌，方量约$15\times10^4m^3$。滑塌体两侧60~100m范围内出现多条横向拉张裂缝；滑塌体后侧房屋墙体拉裂，耕地局部产生多条横向拉裂缝和纵向裂缝。滑坡后缘出现多处拉张、沉降裂缝，局部土体垮塌。6月1日9点，滑坡后缘大规模下沉，沉降量0.5~1m，出现临滑险情。6月2日凌晨，曾家棚滑坡东侧发生大规模滑动，滑动体积$460\times10^4m^3$。5月份监测数据分析可知，全部监测点的月变形数据均偏大，在14~18.6mm之间。
奉节县黄莲树滑坡	2012年5月31日	5月28日14时至29日13时，黄莲树滑坡区域出现强降雨，23小时降雨量达88mm。30日发现西侧中部公路处出现0.3m下错台坎。30日夜至31日6时，滑坡后缘下座15m，两侧边界出现并和后缘贯通，右侧公路最大下座5m。坡体两侧剪张裂缝、中上部横张裂缝和前缘鼓胀裂缝纵横发育。坡体内人工堆砌台坎多处崩塌。滑坡启动后，5月31日9-14时滑动约5m，之后变缓，至6月1日上午8时，滑动量达9m，滑坡地表呈现解体状，滑动区体积约$66.7\times10^4m^3$。2012年5月份监测数据分析可知，变形区域内的FJ004和FJ005监测点变形最大，月变形量分别为35.8mm和32.8mm。

续表

滑坡名称	发生时间	滑坡前宏观前兆异常特征
秭归县杉树槽滑坡	2014 年 9 月 2 日	8 月 27 日至 9 月 1 日累计降雨量 163.7mm，9 月 2 日 0 时至 8 时降雨量达 92.8mm。9 月 2 日 10 时大岭电站引水管发现漏水现象，13 时滑坡体前缘 S348 国道公路外侧发生挤压变形，公路路面出现裂缝，公路边坡出现鼓胀变形，公路切坡壁上块石脱落，后变形逐渐加剧趋势，13 时 19 分滑坡体整体失稳并快速下滑，整个滑动过程约 1 分钟，滑距 80m，体积 $60\times10^4m^3$。
巫山红岩子滑坡	2015 年 6 月 24 日	6 月 21 日监测发现出现裂缝及小型滑塌。23 日前缘 175m 高程以下发生了 $1.5\times10^4m^3$ 滑塌(塌岸)，在滑坡后缘 250~281m 高程范围内新增了一条长 250m、宽 3~10cm 的弧形裂缝；24 日早上监测发现裂缝变形急剧增加，下午 6 时 25 分约 $23\times10^4m^3$ 的滑坡体下滑入江，形成了约 6m 高的涌浪。
秭归盐关滑坡	2017 年 10 月 30 日	10 月 26 日上午滑坡内多处局部变形现象，右侧边界处排水沟垮塌，屋前挡墙出现垮塌变形，左侧房屋屋后出现裂缝；27 日凌晨 5 时，后缘出现贯通性弧形拉张裂缝，长约 120m，张开宽 0.2~0.5m，前缘下座 2~5m。17 时裂缝再次下座，下座高度达到 6~10m。两侧剪切裂缝也已形成，主要顺两侧冲沟展布，冲沟内排水沟已垮塌，右侧边界处房屋附属房屋倒塌；滑坡前缘房屋开裂、倾斜；S255 省道路面开裂、鼓胀现象明显。省道外侧出现多条纵向鼓胀裂缝，裂缝长约 30m，张开 0.3~0.5m，可见深大于 3m。30 日 7 时，滑坡发生大规模的滑移变形，滑体总方量 $125\times10^4m^3$。
卡门子湾滑坡	2019 年 12 月 10 日	11 月 20 日，该滑坡公路上下发现变形裂缝。29 日滑坡体呈现沿粉砂质泥岩(软弱面)滑移现象，南侧出现一条拉张裂缝，缝宽 10~25cm；中部南侧陡坎处粉砂岩沿粉砂质泥岩顶面滑动 20cm；后缘出现弧形拉张裂缝，宽 5~25cm；前缘局部下座 5~30cm，裂缝可见深度 1.2m。5 日 15 时至 6 日 9 时，滑坡南侧拉张裂缝增宽 8mm，后缘裂缝增宽 11mm，公路内侧出现新的裂缝。12 月 9 日后缘裂缝单日下座变形量达 20cm，中部出现多条横向裂缝，左侧及后缘裂缝完全贯通，道路单日变形约 17cm，前缘临江部位出现臌胀隆起变形，左侧边界滑移面变形错动增大约 12cm。12 月 10 日上午，滑坡两侧及后缘裂缝已完全贯通，变形速率 0.8cm/h。左侧边界处公路上方岩体不断掉块，且岩体错动发出破裂声音。下午 4 点 50 分，滑坡出现整体滑动，导致秭归县 005 乡道错断，水平推移约 15m，损毁道路长度约 135m，部分滑体入江但未堵塞河道。体积约 $50\times10^4m^3$。

6.1.3 监测预警分析实例

1. 谭家湾滑坡综合预警模型和判据分析

1) 滑坡概况

如图 6-4 所示，谭家湾滑坡位于三峡库区秭归县水田坝乡上坝村 1 组。滑坡平面形态呈舌形，谭家湾滑坡最大纵长约 440m，前缘宽约 250m，后缘宽约 210m，面积约 11.3×10^4m^2，体积约 282.5×10^4m^3，滑坡主滑方向为 68°，滑坡后缘边界以南西侧坡顶基岩陡壁为界，高程 328~360m，沿陡壁近南北向展布，陡壁高 10~15m，相比之前监测工程的后缘边界，向南侧略有延伸和扩大。右侧边界在地形上以南东侧冲沟为界，冲沟走向约 64°，冲沟底部部分位置可见基岩出露；左侧以北西侧小型山梁及其下部坳沟为界，受岩土分界点与变形点控制。前缘剪出口位于归州河河道上方基岩出露位置，左侧高程在 195~200m 位置，中部及右侧高程在 168~170m 位置。

图 6-4　谭家湾滑坡形态

滑坡体为第四系残坡积层，下伏基岩为泥质粉砂岩与石英砂岩不等厚互层，岩层产状为 30°∠12°，与斜坡构成顺向坡，南西高北东低，向归州河方向展布。纵向上看，地面形态呈折线状，后缘高程为 380~390m，前缘高程中部及南侧为 168~170m，北侧高程为 200m，整体坡度为 25°~35°。如图 6-5 所示。

谭家湾滑坡滑体物质组成主要为含碎石粉质黏土，为黄褐-红褐色，碎石成分以泥质粉砂岩、石英砂岩为主，碎石颜色为紫红色、灰黄色、灰色。在两冲沟之间，滑体厚度分布不均，受中部基岩面上凸影响，呈现出两端厚，中间薄的特点。垂向上滑体物质组成略有差异，自上而下碎石含量逐渐降低。

谭家湾滑坡区范围内主要发育两处较大冲沟，冲沟仅在滑坡下部位置有地表水流在沟内流动，主要来源于中部及中上部出露的泉水。谭家湾滑坡地下水类型主要为第四系松散岩类孔隙水及碎屑岩裂隙水两种类型。滑体前缘陡坎处可见1处泉点，两侧冲沟内及冲沟附近可见3处泉点，该类地下水由于赋存于滑体松散堆积体内，对滑坡稳定性影响较大。

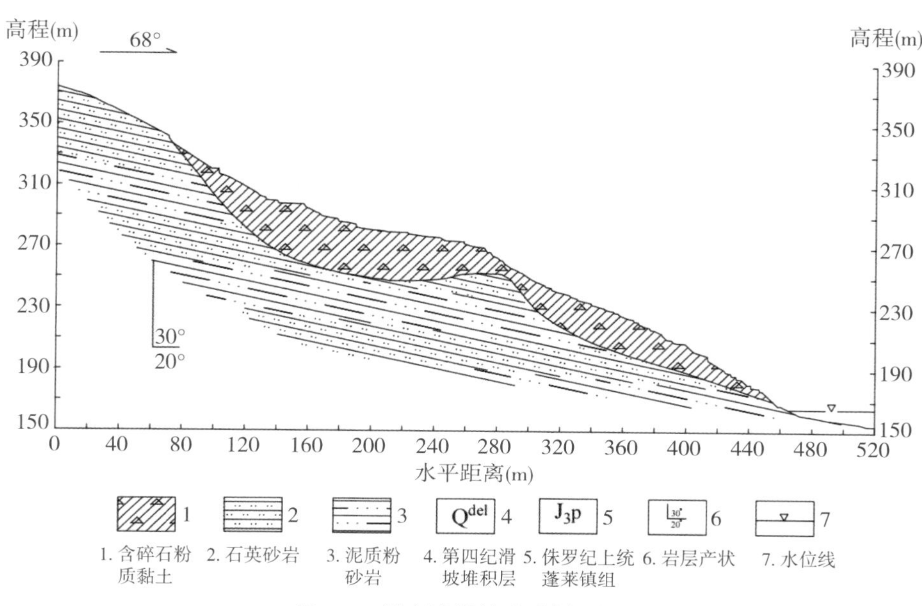

图6-5　谭家湾滑坡地质剖面图

2）滑坡变形特征

（1）监测曲线分析。根据图6-6所示谭家湾滑坡累计位移-时间监测曲线[106]，可见滑坡中部ZG331监测点的位移最为明显。在2010年4月至2014年8月，滑坡整体变形趋势不明显，累计位移曲线略有波动，位移增长缓慢。2014年9月1日，滑坡累计位移曲线出现一个明显台阶。此后曲线呈近似水平状态，且有小幅度的波动。2015年7月和2016年8月分别出现一个小幅度的阶跃，位移量分别为25mm和35mm。在2017年10月以及2018年7月均发生十分明显的阶跃，且变形量呈递增趋势变化，期间滑坡最大位移分别达到279.8mm和827.8mm，至2019年8月，滑坡累计变形量达到1441.3mm。

谭家湾滑坡发生变形时间与降雨的变化有较好的一致性，且强降雨和持续性降雨均会影响滑坡发生变形。2017年9月18日至10月12日，累计降雨量为258.4mm，日均降雨量为10.4mm，期间最大单日降雨量为29.8mm，造成滑坡前缘、后缘地表均发生不同程度的变形。2018年6月18日单日降雨量达到121.6mm，随后出现3次中雨降雨事件，至7月6日谭家湾滑坡启动，可见滑坡发生变形的滞后性。2017年、2018年全年累计降雨量分别为1529.7mm和1151.1mm，2018年的年降雨量小于2017年，而位移量较2017年大，主要是由于2018年出现了大暴雨事件，可见大暴雨事件对于滑坡发育的积极影响。

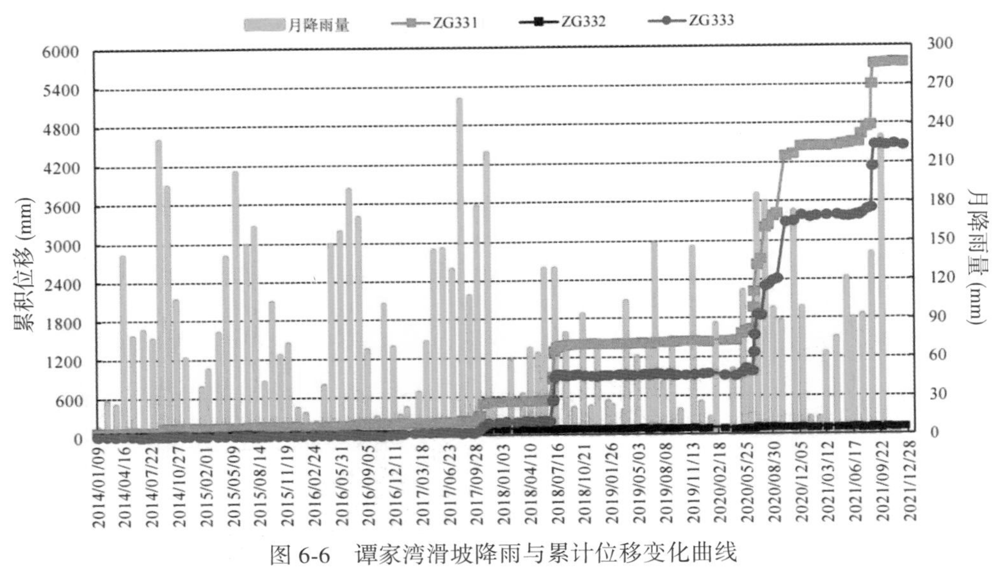

图 6-6　谭家湾滑坡降雨与累计位移变化曲线

(2)滑坡变形现象分析。据监测，滑坡体第一次较大规模的变形发生于 2014 年夏季[107]，此后发生的变形多集中在每年雨季。滑坡体变形主要表现为地面变形裂缝和人工构筑物变形等，主要集中于中部、中后部及边界地带。滑坡上主要的裂缝有 6 条，多发育于滑坡的中部及中后部。见表 6-6。

表 6-6　**谭家湾滑坡裂缝发育特征**

编号	发育部位	裂缝走向(°)	长度(m)	宽度(cm)	落距(cm)
LF117	中后部	165	135	5~20	120
LF118	中后部靠左侧	10	20~25	5~15	20~30
LF24	中后部	10	3	0.5	1
LF32	中部	342	10.5	5~8	1
LF33	中前部靠右侧	170	8	2~5	1~3
LF116	中部	12	28	3~5	30~40

滑坡中后部靠左侧田间道路裂缝所在位置为原截排水沟，2016 年被改建为田间道路，仅在路内侧预留宽 15~20cm 的土排水沟。裂缝整体延伸方向为 165°，长约 135m，裂缝拉张 5~20cm，最大下错 120cm。该裂缝现在迹象已不明显，但是造成的挡墙和水泥步道破坏依然存在。如图 6-7 所示。

2018 年 7 月滑坡中后部田间多处地表产生横向拉张裂缝，裂缝近南北向展布，长 20~25m，缝宽 5~15cm，下错 20~30cm，裂缝的存在使得降雨造成地表水大规模入渗，影响滑坡稳定。后因老乡种地，平整场地，该裂缝迹象已不明显，但造成的水泥步道变形依然存在。如图 6-8 所示。

图 6-7 中后部裂缝 LF117

图 6-8 中后部裂缝 LF118(左侧)

3)滑坡稳定性数值模拟计算分析

(1)数值模型建立。根据谭家湾滑坡的野外勘查资料和工程地质条件，建立谭家湾滑坡几何模型，利用数值模拟软件 Geostudio 中的 seep/w 和 slope/w 模块对滑坡在不同降雨条件下边坡稳定性进行分析。有限元网格模式采用四边形+三角形，坡体全局共 2464 个节点，2345 个单元。根据谭家湾滑坡的勘查资料，滑体和滑带采用饱和-不饱和渗流模型，滑床则采用饱和渗流模型。具体计算模型如图 6-9 所示。

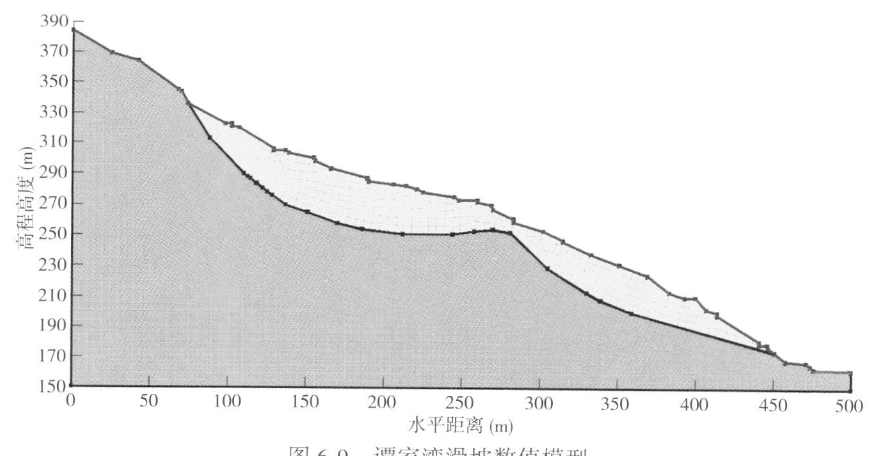

图 6-9 谭家湾滑坡数值模型

①边界条件设置：

谭家湾滑坡将滑坡计算模型选取水平距离为 0~500m，高程高度为 150~384m 的剖面，滑坡表面设置为入渗边界，两侧边界及模型底部设为不透水边界。

根据秭归县多年年均降雨量为 1146mm，则每天降雨量为 3.14mm，同时设置滑坡前缘的归州河河水位为 165mm，在 seep/w 模块中，将水力边界加载到滑坡上，得出滑坡的初始孔隙水压力分布情况，即可绘制出滑坡的初始地下水水位。

②参数设置：

滑坡岩土体物理力学参数的获取来源于《谭家湾滑坡勘查报告》，参考工程地质手册和类似工程的参数选取，获得滑坡的各岩土体的物理力学参数见表 6-7。

表 6-7　　　　　　　　　　　　滑坡岩土体物理力学参数

介质类型	重度(kN/m^3)	黏聚力(kPa)	内摩擦角(°)	饱和含水率(%)	饱和渗透系数(m·s)
滑体	18.0	54.5	21	0.35	2.08×10^{-6}
滑带	20.4	40.5	17.0	0.33	4.72×10^{-8}
基岩				0.20	3.08×10^{-9}

利用 Geostudio 进行降雨条件下滑坡的稳定性计算时，除了要知道表中岩土体物理力学参数以外，要明确岩土体水土特征曲线和渗透性含水曲线，查阅相关文献，利用seep/w渗流模块可进行含水量函数和渗透性函数的估算，可绘制出滑体和滑带的土水特征曲线和渗透性含水曲线。如图 6-10、图 6-11 所示。

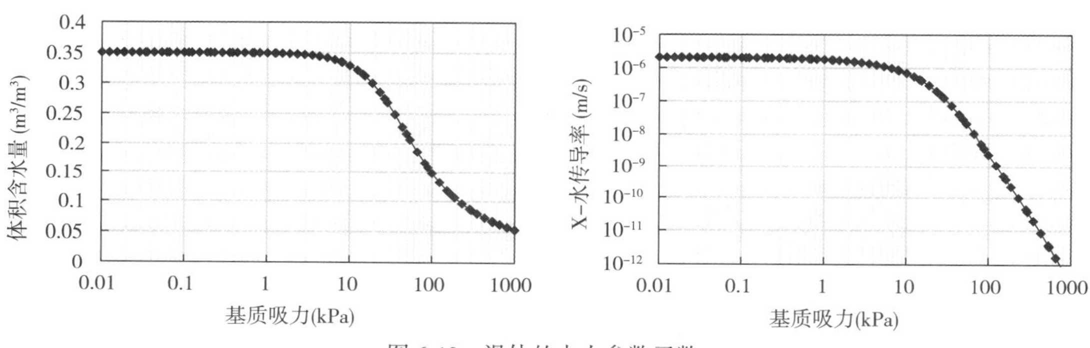

图 6-10　滑体的水力参数函数

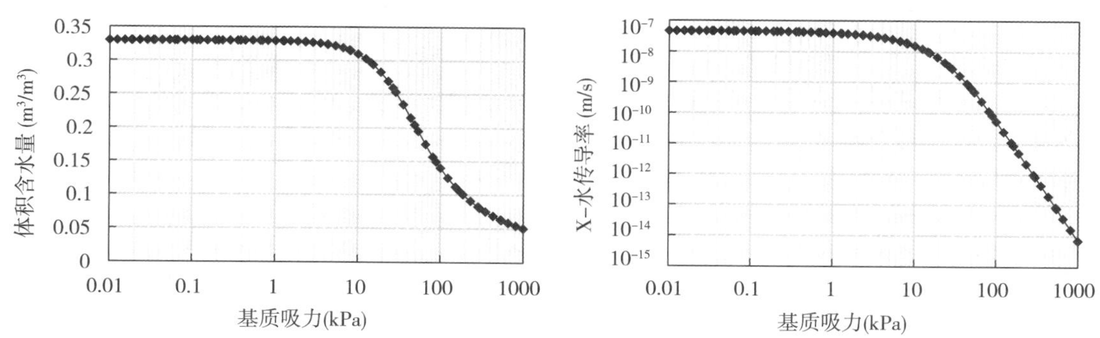

图 6-11　滑带的水力参数函数

③计算工况设置：

据上述分析，谭家湾滑坡是典型的降雨诱发型滑坡，滑坡主要受降雨的影响，受库水的影响较小。取最大降雨历时为 10d，设置降雨强度分别为 25mm/d、50mm/d、100mm/d

和 200mm/d。

(2)滑坡稳定性计算。通过对不同降雨强度下滑坡的稳定性进行分析，可以分析建立滑坡稳定性与不同降雨强度之间的相关关系，得到谭家湾滑坡在不同降雨强度条件下的安全系数变化曲线(图 6-12)。可以看出，滑坡稳定性的变化明显受到降雨强度和降雨历时的影响。

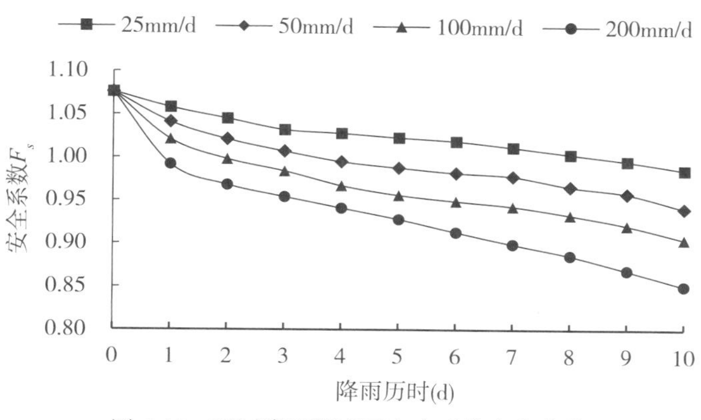

图 6-12 不同降雨强度下安全系数变化曲线

按照滑坡的安全系数 F_s 对滑坡的稳定状态进行划分，$F_s \geqslant 1.15$ 时，为稳定状态，$1.15>F_s \geqslant 1.05$ 时，为基本稳定状态，$1.05>F_s \geqslant 1.00$ 时，为欠稳定状态，$1.00>F_s$ 时，为不稳定状态。对滑坡在天然状态下的稳定情况进行分析，计算得出谭家湾滑坡的安全系数为 1.067，处于基本稳定状态。

通过安全系数变化曲线可以看出，随着降雨强度的增大，安全系数小于 1.0 需要的降雨时间减小，且对应的最小安全系数随着减小，说明不同降雨强度下滑坡发生变形破坏的历时不同。而在 25mm/d、50mm/d、100mm/d 和 200mm/d 的降雨强度下，滑坡安全系数小于 1.000 的降雨历时分别为 8d、3d、1d、0.4d，对应降雨过程中的累计降雨量分别为 200mm、150mm、100mm、80mm。

4)谭家湾滑坡降雨阈值模型的建立

通过以上对滑坡稳定系数变化情况的分析，进行滑坡有效降雨量的计算，计算出安全系数为 1.0 时的降雨历时和相应的降雨强度(表 6-8)，据此能够建立起谭家湾滑坡的降雨阈值曲线。

表 6-8 谭家湾滑坡降雨结果统计

降雨历时(d)	累计降雨量(mm)	前期有效降雨量(mm)	有效降雨强度(mm/d)
8	200	130.6	16.3
3	150	127.3	42.4
1.5	100	100	100
0.4	80	80	200

根据上表，将降雨历时和有效降雨强度绘制于双对数坐标中，滑坡的 *I-D* 降雨的表达式为 $I = 97.544D^{-0.831}$。

当谭家湾滑坡的降雨强度−降雨历时位于该曲线上，说明滑坡此时的安全系数为 1，处于即将发生变形破坏的极限平衡状态。即当降雨历时为 1d，降雨量达到 97.544mm，此时滑坡的安全系数为 1，滑坡即将发生变形破坏。根据得到的降雨阈值表达式，将不同降雨历时情况下滑坡发生的临界降雨量列于表 6-9 中，可以看到，降雨历时越长，滑坡发生的临界降雨量越大。

表 6-9　　三峡库区秭归县降雨型滑坡发生的临界降雨量

降雨历时(d)	临界降雨量(mm)
1	97.5
2	109.6
3	117.3
4	123.2
5	128.0
6	132.0
7	135.8
8	138.4
9	141.3
10	144.0

对比谭家湾滑坡的有效降雨强度-降雨历时曲线和秭归县降雨阈值曲线。可以看出，二者的变化趋势相近，说明当降雨历时发生变化时，降雨强度的变化趋势相近，是属于同一区域的降雨诱发型滑坡的降雨特征。此外，谭家湾滑降雨 *I-D* 阈值曲线位于秭归县降雨 *I-D* 阈值曲线上方(图 6-13)，说明在相同的降雨历时下，诱发谭家湾滑坡的降雨强度较秭归县地区的降雨强度大。这是因为在区域降雨阈值的曲线的确定过程中，是利用已经发生变形破坏的滑坡数据进行阈值曲线的拟合，同时在此过程中忽略了对于滑坡体地形地貌、

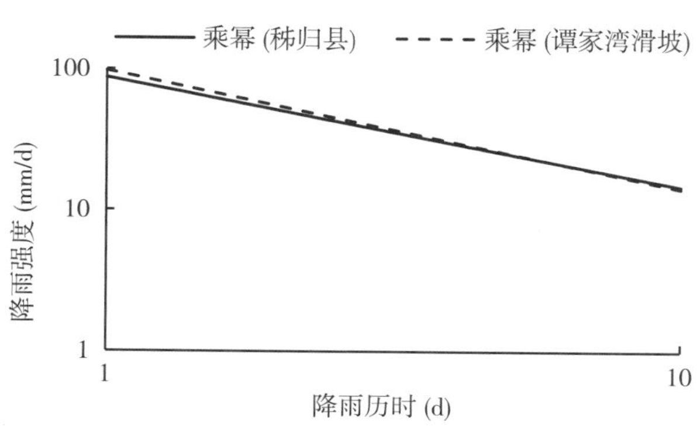

图 6-13　*I-D* 阈值曲线对比

地质构造、地层岩性等影响因素的考虑，故而产生了差异性。

5)滑坡综合分级预警判据

(1)滑坡变形监测判据。从谭家湾滑坡的累计位移-时间曲线可以看出，谭家湾滑坡的变形位移曲线经历了多次阶跃过程，表现出明显的阶跃型滑坡曲线特征。2014—2017 年滑坡受到外界因素作用，每年雨季位移量略有上升，其余时间则接近水平状态，且滑坡每年位移量差别不大，可以看出这一时间段内滑坡整体上处于等速蠕滑变形阶段。苑谊等[108]取监测单位时段为 1d，推导出计算滑坡等速变形阶段的速率 v 为：

$$v=\frac{S_{(i)}-S_{(i-1)}}{\tan\alpha_{(i)}}=\frac{\Delta S_{(i)}}{\tan\alpha_{(i)}}=\frac{v_i}{\tan\alpha_{(i)}}=v_{(i)}$$

式中，$S_{(i)}$ 为任一时刻的累计位移量；$v_{(i)}$ 为任一时刻的位移速率。

根据对滑坡累计位移-时间曲线的分析结果，选取累计曲线上发生第一次阶跃抬升时的点为该滑坡等速变形阶段的临界点，该临界点实测得到的变形速率为 11.3mm/d，代入到式(6.3)中可计算得出谭家湾滑坡的等速变形速率为 11.3mm/d。

而滑坡任一时刻的变形速率 $v_{(i)}$ 的计算公式有：

$$v_{(i)}=v\times\tan\alpha_i$$

将以上切线角预警阈值和谭家湾滑坡等速变形速率代入上式，即可计算得出谭家湾滑坡各变形阶段的位移速率。

显然，根据以上计算可得出，当 $v_{(i)}=11.3$mm/d 时，滑坡处于等速变形阶段；当 $v_{(i)}=64.1$mm/d 时，滑坡达到初加速变形阶段；当 $v_{(i)}=129.2$mm/d 时，滑坡达到中加速变形阶段；当 $v_{(i)}>129.2$mm/d 时，滑坡达到加加速变形阶段。

根据上述论述，对滑坡切线角的四级划分标准如下所示：

当 $v_{(i)}\approx 11.3$mm/d 时，斜坡处于等速变形阶段，进行蓝色预警；

当 11.3mm/d< $v_{(i)}$ < 64.1mm/d 时，斜坡变形进入初加速变形阶段，进行黄色预警；

当 64.1mm/d< $v_{(i)}$ < 129.2mm/d 时，斜坡变形进入中加速变形阶段，进行橙色预警；

当 $v_{(i)}\geqslant 129.2$mm/d 时，斜坡变形进入加加速变形阶段，进行红色预警。

综合以上分析，建立谭家湾滑坡变形分级预警指标见表 6-10。

表 6-10 **谭家湾滑坡监测变形预警指标**

预警级别	蓝色预警	黄色预警	橙色预警	红色预警
切线角	$\alpha_i\approx 45°$	$45°\leqslant\alpha_i<80°$	$80°\leqslant\alpha_i<85°$	$\alpha_i\geqslant 85°$
位移速率(mm/d)	$v_{(i)}\approx 11.3$	$11.3<v_{(i)}<64.1$	$64.1<v_{(i)}<129.2$	$v_{(i)}\geqslant 129.2$

(2)滑坡影响因子判据。谭家湾滑坡是主要受到降雨因素控制的典型降雨型滑坡，其累计位移-时间曲线表现出明显的阶跃特征，随着变形量的不断增大，滑坡最终将会发生失稳破坏。因此，考虑谭家湾滑坡呈现出的渐进式的破坏过程，是对其变形状态进行划分，从而进行预测预报研究的根本。根据之前的分析，谭家湾滑坡的有效降雨强度-降雨历时阈值曲线为 $I=97.544D^{-0.831}$，根据阈值关系式，可以得出滑坡在不同降雨历时下，

即滑坡发生概率为 100%时对应的临界降雨量。

选取单日降雨量和十日降雨量作为预警指标，并采用临界降雨阈值的 50%、75%、90%和 100%进行四级预警指标划分。据此可计算得出，四级预警对应的单日降雨量分别为 48. 8mm、73. 1mm、87. 8mm 和 97. 5mm，对应的十日降雨量分别为 72mm、108mm、129. 6mm 和 144mm。

根据上述分析，得到滑坡降雨量四级预警阈值，见表 6-11。

表 6-11　**谭家湾滑坡主要影响因子预警指标**

预警级别	蓝色预警	黄色预警	橙色预警	红色预警
单日降雨量(mm)	48. 8~73. 1	73. 1~87. 8	87. 8~97. 5	>97. 5
十日累计降雨量(mm)	72. 0~108. 0	108. 0~129. 6	129. 6~144. 0	>144. 0

(3)滑坡裂缝分期配套判据。滑坡裂缝系统的发展具有分期配套的特点，即不同的变形破坏模式的滑坡在不同的变形阶段裂缝出现的位置、大小和前后顺序是不同的。一般来说，当斜坡在不同变形演化阶段具有如下主要特征：

初始变形阶段：斜坡体地表开始产生裂缝，一般首先出现于斜坡后部。加之该阶段所产生的裂缝具有张开度小、长度短、分布散乱、方向性不明显等特点，所以在该阶段的变形率先表现为斜坡上构筑物的变形。随着斜坡变形的持续发展，地表裂缝开始出现。

等速变形阶段：地表裂缝数量逐渐增多，其长度和宽度增大。后缘裂缝逐渐扩张，使后缘弧形裂缝开始出现。随着斜坡的持续变形，侧缘裂缝开始出现并向前缘发展、连通。斜坡前缘则可见鼓胀、隆起现象，并出现隆胀裂缝。但这一阶段裂缝并没有形成圈闭的滑坡周界。

加速变形阶段：滑坡体上的各类裂缝逐渐发展至相互连通，最终将形成的圈闭的滑坡周界。

临滑阶段：若是斜坡临空面条件良好，在临滑阶段斜坡的变形速率会突然增大。如果斜坡下滑受到限制，则可能发生一些不常见的现象。坡体前缘的变形情况也主要由前缘临空条件决定。

综上所述，拟定谭家湾滑坡宏观变形分级预警指标见表 6-12。

表 6-12　**谭家湾滑坡裂缝分期配套预警指标**

预警级别	蓝色预警	黄色预警	橙色预警	红色预警
后缘裂缝	裂缝开始延伸，初具雏形	裂缝基本连通，并加大加深	裂缝已经连通，并出现下错台坎	裂缝迅速拉张或闭合
侧缘裂缝	裂缝产生并逐渐向前缘延伸	裂缝逐渐向坡体中前部延伸	裂缝基本贯通，延伸明显加快	裂缝完全贯通，擦痕明显

续表

预警级别	蓝色预警	黄色预警	橙色预警	红色预警
前缘裂缝	肉眼观察不到明显变形迹象	前缘出现隆起，并产生鼓胀裂缝	前缘隆起明显，出现纵向放射状张裂缝和横向鼓张裂缝。临空面可见剪切错动面	前缘快速隆起，小崩小塌不断。临空面开始剪出

6)滑坡综合分级预警模型

(1)综合指标体系构建。考虑到每个滑坡的地质背景和外界影响因素不尽相同，难以利用某一种确定的阈值判定滑坡是否发生变形破坏，因此，有必要综合滑坡监测数据信息、变形特征和外界影响因素等多方面建立起合适的滑坡综合预警模型。滑坡的综合分级预警判据的选取应当遵循既能反映出滑坡的变形特征，同时易于获取和收集的特点。

通过以上对谭家湾滑坡预警指标的分析结果，可以获得包括位移速率和切线角的监测变形指标，包括后缘裂缝、侧缘裂缝和前缘剪出口的裂缝分期配套指标和包含降雨的关键影响因子指标。由于设置了多种预警指标，需要对各项指标之间的关系进行梳理，将多种预警指标进行联系，以此提高滑坡预警效果的准确性。本书拟定了谭家湾滑坡的预警指标，并对各项指标进行四级刻画，见表 6-13。

表 6-13　**谭家湾滑坡监测预警指标体系**

一级指标	二级指标	四级刻画			
		初始或等速变形阶段	加速变形初始阶段	加速变形中期阶段	加速变形突增阶段
变形监测	切线角	$\alpha_i \leqslant 45°$	$45° \leqslant \alpha_i < 80°$	$80° \leqslant \alpha_i < 85°$	$\alpha_i \geqslant 85°$
	位移速率(mm/d)	$v_{(i)} < 11.3$	$11.3 < v_{(i)} < 64.1$	$64.1 < v_{(i)} < 129.2$	$v_{(i)} \geqslant 129.2$
关键影响因子	降雨	单日降雨量≤73.1mm，十日累计降雨量≤108.0mm	73.1mm<单日降雨量≤87.8mm，108.0mm<十日累计降量≤129.6mm	87.8mm<单日降雨量≤97.5mm，129.6mm<十日累计降雨量≤144.0mm	单日降雨量>97.5mm，十日累计降雨量>144.0mm
裂缝分期配套	后缘裂缝	裂缝开始延伸，初具雏形	裂缝基本连通，并加大	裂缝连通，出现下错台坎	裂缝迅速拉张或闭合
	侧缘裂缝	裂缝产生并逐渐向前缘延伸	裂缝逐渐向坡体中前部延伸	裂缝基本贯通，延伸加快	裂缝完全贯通，擦痕明显
	前缘裂缝	肉眼观察不到明显变形迹象	前缘隆起，产生鼓胀裂缝	隆起明显，出现纵向放射状张裂缝和横向鼓张裂缝。可见剪切错动面	前缘快速隆起，小崩小塌不断。临空面开始剪出

（2）指标权重确定。滑坡预警系统中的各个指标之间存在联系，是相互影响、相互作用的，有些因素自身对滑坡预警系统的影响极大，而有些因素是通过与其他因素相互作用对滑坡预警系统产生影响。1989年，Hudson[109]提出相互作用关系矩阵，讨论各项指标之间的相互作用对边坡稳定性的影响。相互作用关系矩阵是一种定性、半定量的研究方法，它通过对各项指标之间的相互作用程度进行评价，从而确定各指标对边坡稳定性系统的重要程度，进而确定评价指标体系结构和权重。

相互作用关系矩阵中的主对角线上放置的是主要影响因素，主对角线以外的位置则为某个指标对于其他指标的相互作用[110]。某个因素的所在行表示该因素对其他因素的影响，称该因素为原因；某个因素所在列则表示其他因素对于该因素的影响，称该因素为结果。由于某个因素对其他因素的作用程度和其他因素对该因素的作用程度有差别的，故而采用编码方法进行区分。本书将利用半定量专家取值法系统评价系统指标之间的相互关系，通过相互作用程度取值为0、1、2、3、4，其中：0——无相互影响；1——弱相互影响；2——中等相互影响；3——强烈相互影响；4——极强相互影响。

确定编码取值后，将按照下式进行权重的计算：

$$K_i = \frac{C_i + E_i}{\sum_{i=1}^{n}(C_i + E_i)}$$

式中，$C_i = I_{i1} + I_{i2} + I_{i3} + \cdots + I_{in}$；$E_i = I_{1j} + I_{2j} + I_{3j} + \cdots + I_{nj}$。

表6-14中，对角线元素$I_{ij}(i=j)$表示滑坡预警评价指标，具体表示为：I_{11}，切线角；I_{22}，位移速率；I_{33}，后缘裂缝；I_{44}，侧缘裂缝；I_{55}，前缘剪出口；I_{66}，降雨。

表6-14　**指标编码取值及权重计算**

I_{ij}	I_{i1}	I_{i2}	I_{i3}	I_{i4}	I_{i5}	I_{i6}	C_i	C_i+E_i	K_i
I_{1j}	I_{11}	4	2	2	2	0	10	26	0.18
I_{2j}	3	I_{22}	2	2	2	0	9	26	0.18
I_{3j}	2	2	I_{33}	2	2	0	8	21	0.15
I_{4j}	3	3	2	I_{44}	2	0	10	23	0.16
I_{5j}	4	4	3	3	I_{55}	0	14	26	0.18
I_{6j}	4	4	4	4	4	I_{66}	20	20	0.15
E_i	16	17	13	13	12	0	71	142	1.000

2. 构建滑坡综合分级预警模型

为了能够简明、精准地对滑坡预警系统进行评判，将预警系统设置为100分。利用半定量专家取值法对各指标值之间的相互作用程度进行赋值。计算出预警评价指标的权重，进而根据权重给出对应指标的分值区间。基于实际调查进行滑坡预警体系中的各项指标评分后，计算所有指标的总评分。谭家湾滑坡综合分级预警见表6-15。

表 6-15　谭家湾滑坡综合分级预警模型

一级指标	二级指标	权重	归一化四级刻化分值区间表								评分
			初始或等速变形阶段		加速变形初始阶段		加速变形中期阶段		加速变形突增(临滑)阶段		
变形监测(N1)	切线角 α_i(N11)	0.18	$\alpha_i \leqslant 45°$	0~5	$45° < \alpha_i \leqslant 80°$	5~9	$80° < \alpha_i \leqslant 85°$	9~14	$\alpha_i > 85°$	14~18	S_{N11}
	位移速率(N12)	0.18	$v_{(i)} \approx 11.3$	0~5	$11.3 < v_{(i)} < 64.1$	5~9	$64.1 < v_{(i)} < 129.2$	9~14	$v_{(i)} \geqslant 129.2$	14~18	S_{N12}
关键影响因子(N3)	降雨(N31)	0.15	日降雨量≤73.1mm，十日累计降雨量≤108.0mm	0~4	73.1mm<日降雨量≤87.8mm，108.0mm<十日累计降雨量≤129.6mm	4~8	87.8mm<日降雨量≤97.5mm，129.6mm<十日累计降雨量≤144.0mm	8~12	日降雨量>97.5mm，十日累计降雨量>144.0mm	12~15	S_{N31}
裂缝分期配套(N2)	后缘裂缝(N21)	0.15	断续延伸、初具雏形	0~4	基本连通、开始加大加深	4~8	已经连通、出现下错台坎	8~12	迅速拉张甚或闭合	12~15	S_{N21}
	侧缘裂缝(N22)	0.16	侧翼剪张裂缝开始产生并逐渐从后缘向前缘扩展、延伸。裂缝主要分布于坡体中后部	0~4	侧翼张扭性裂缝逐渐向坡体中前部扩展延伸	4~8	侧翼剪张裂缝基本贯通，延伸明显加快、加深	8~12	完全贯通、擦痕明显	12~16	S_{N22}
	前缘剪出口(N23)	0.18	肉眼察觉不到明显变形	0~5	前缘开始出现隆起，产生鼓胀裂缝	5~9	前缘隆起鼓胀明显，出现纵向放射状张裂缝和横向鼓张裂缝。临空面见剪切错动面	9~14	前缘快速隆起、小崩小塌不断。临空面开始剪出	14~18	S_{N23}

滑坡总评分按下式进行计算：

$$S = S_{N11} + S_{N12} + S_{N21} + S_{N22} + S_{N23} + S_{N31}$$

根据滑坡总评分，按照以下对应规律评判滑坡的发生概率。

$S \leqslant 50$，失稳概率≤50%；

$50 < S \leqslant 75$，失稳概率 50%~75%；

$75 < S \leqslant 90$，失稳概率 75%~90%；

$S > 90$，失稳概率>90%。

滑坡不同发生概率对应的预警级别和信号见表 6-16。

表 6-16　**综合分级预警阈值表**

评判值 S	≤50	50~75	75~90	>90
级别	注意级	警示级	警戒级	警报级
预警信号	蓝色预警	黄色预警	橙色预警	红色预警

3. 小岩头滑坡监测数据分析

2021 年 8 月 28 日凌晨 2 点，三峡库区秭归县归州镇向家店村五组小岩头滑坡中部发生整体滑移，造成 3 户农房倒塌，供电设备损坏，交通中断，影响 320 人出行。小岩头为岩质顺层滑坡，从加速变形到最终破坏仅仅数小时。这种突发性强的顺层岩质滑坡的监测预警，是当前研究的热点和难点。以小岩头滑坡裂缝和降雨监测数据，结合宏观地质调查，分析小岩头滑坡变形破坏特征及降雨对滑坡变形的影响，探讨突发性岩质顺层滑坡监测预警方法，结果表明：地层岩性组合与斜坡结构类型为小岩头滑坡提供了良好的物质基础与地形条件；降雨为小岩头滑坡最主要的诱发因素，累计位移-时间曲线呈现暴雨阶跃特征，当一次降雨过程雨量达到 70mm 时开始出现变形；基于裂缝计累计位移和变形速率，结合降雨数据和宏观变形迹象，建立了四级预警判据。该研究成果可为三峡库区突发顺层岩质滑坡监测预警提供借鉴。

1）小岩头滑坡概况

（1）滑坡概况：小岩头滑坡位于秭归县归州镇向家店村五组，位于省道 255 西侧，香溪河右岸，距秭归县城约 29km（图 6-14）。小岩头滑坡位于秭归向斜东翼、长江支流香溪河右岸斜坡中部，与长江直线距离约 600m，地势总体为北高南低，西高东低，海拔标高 275~391m，相对高差约 116m。滑坡右侧发育一条近南北向冲沟，为地表水的主要排泄通道。斜坡上缓下陡，上部坡度 10°~20°，下部 20°~45°。

该滑坡前缘高程 300m，后缘高程 360m，滑坡体长约 120m，宽 70~80m，厚 5~15m，体积约 $9\times10^4m^3$，主滑方向 210°（图 6-15）。滑移变形区范围纵长约 100m，横宽约 40m，体积约 $4\times10^4m^3$，滑坡牵引区位于滑移区两侧及后缘，体积约 $5\times10^4m^3$。滑坡岩性为侏罗系中、下统聂家山组（J_{1-2n}）泥质粉砂岩夹泥岩，产状为 271°∠35°。其中滑体上覆为紫红色夹灰黄色残坡积黏土夹碎石土，土石比 8.3~7.3，块径 2~15cm，成分为泥岩、粉砂岩，厚度不均，为1~3m。下伏为侏罗系中、下统聂家山组(J_{1-2n})紫红色泥质粉砂岩夹灰绿色泥岩等，强-中等风化。其中泥岩为软弱夹层，易风化，亲水性矿物较多，遇水极易软化，物理力学强度迅速降低。

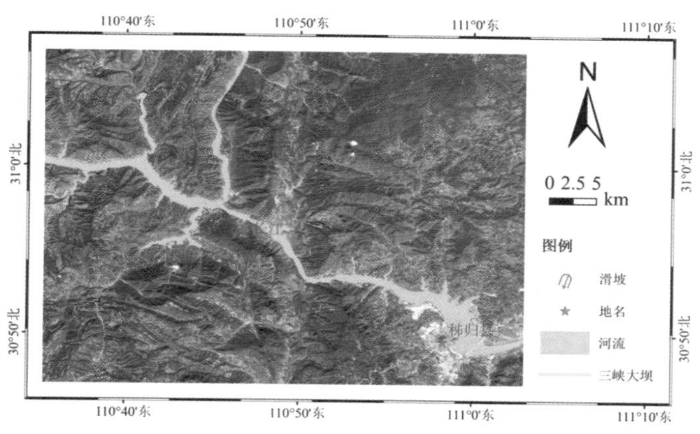

图6-14 小岩头滑坡地理位置

图6-15 小岩头滑坡航拍图

(2)监测布置：小岩头滑坡布设了4个裂缝计(图6-16、图6-17)，其中LF1、LF3和LF4裂缝计位于滑坡边界上，LF2裂缝计在滑坡体内。结合“地质灾害监测预警系统”，可实现超阈值报警，加速变形时段加密采集。2020年8月完成裂缝计安装，并进入调试运行阶段，开始数据采集。

(3)变形特征分析：在降雨作用下，2017年7月27日，小岩头滑坡开始出现变形，28日变形加剧，滑体上民房和公路出现多处裂缝。村民周某的房屋地面上出现裂缝，裂缝走向350°，宽6cm，外侧下错2cm。该村民屋前公路裂缝，走向350°，宽6cm，西侧下错1cm。如图6-18所示。

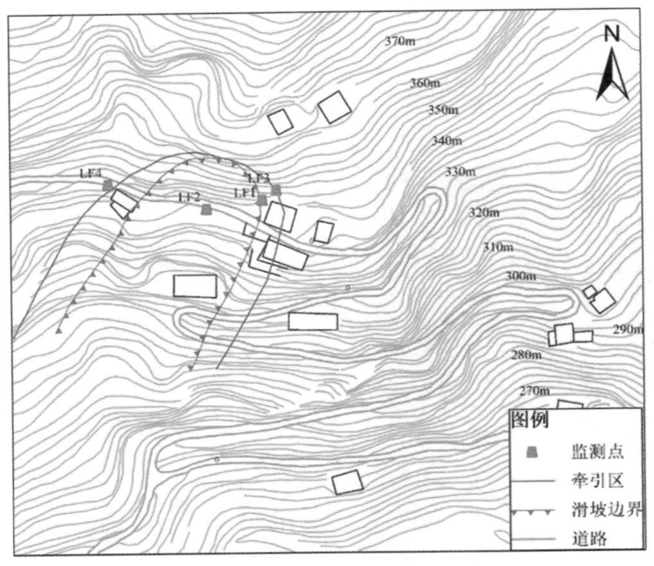

图 6-16　小岩头滑坡监测布置情况

图 6-17　LF2 裂缝计

(a)房屋地面裂缝

(b)公路裂缝

图 6-18　历史裂缝发育情况

2021 年 8 月 28 日凌晨 2 点，滑坡中部发生整体滑移，滑动距离 20m，滑体约$5\times10^4m^3$，造成 3 户农房倒塌，损毁柑橘园 10 亩，损坏电力设施长度 500m、电力变压器 1 个，滑坡及周边供电中断。滑坡范围内村道毁坏，交通中断，影响 320 人出行。因监测预警及时，未造成人员伤亡。

滑动区外围形成变形影响区，分布在滑坡后缘和两侧，可见多条拉张裂缝。如图 6-19～图 6-22 所示。

图 6-19 滑坡体上损毁的农房

图 6-20 滑坡后缘陡坎

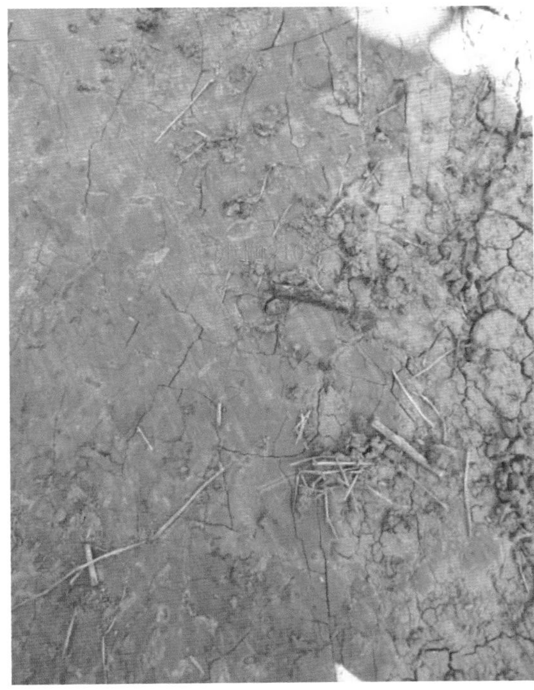
图 6-21 擦痕

图 6-22 滑坡影响区裂缝

2)变形与降雨分析

(1)降雨。三峡库区雨量丰沛，年平均降雨量达 1220mm，主要集中在 5—10 月份。由于小岩头滑坡没有安装雨量监测设备，选择滑坡东南方向约 2.5km 处的白家包滑坡的降雨数据。监测数据显示，2021 年入汛以后，经历了多轮强降雨，5—9 月份，降雨量分别为 79mm、185mm、184mm、283mm、36mm，累计降雨量达 767mm。上一年同期降雨分别为 116mm、167mm、260mm、286mm、392mm，合计 1221mm。如图 6-23 所示。

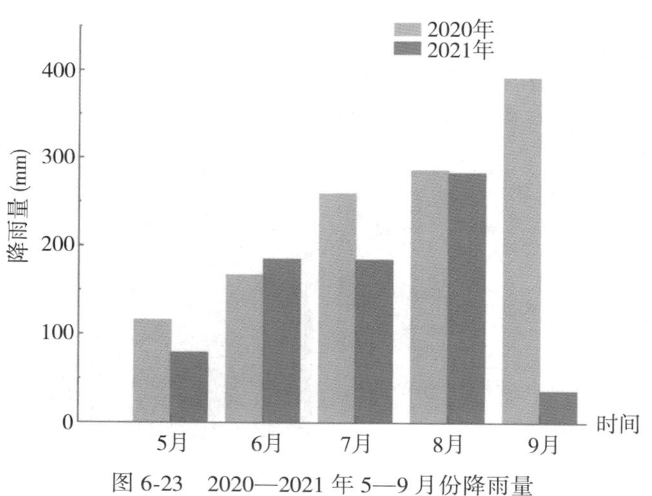

图 6-23　2020—2021 年 5—9 月份降雨量

(2)滑坡变形与降雨关系分析。小岩头滑坡的 LF1 从 2020 年 8 月 21 日开始获取连续监测数据，LF2、LF3、LF4 于 10 月 22 日开始正常数据采集。本研究以 2020 年 10 月 22 日为基准点，对裂缝监测数据进行处理，得到了滑坡累计位移-时间曲线。图 6-24 显示，小岩头滑坡主要受降雨影响，裂缝计累计位移-时间曲线总体上呈阶跃状。在非汛期，基本不变形，其累计位移-时间曲线近水平。

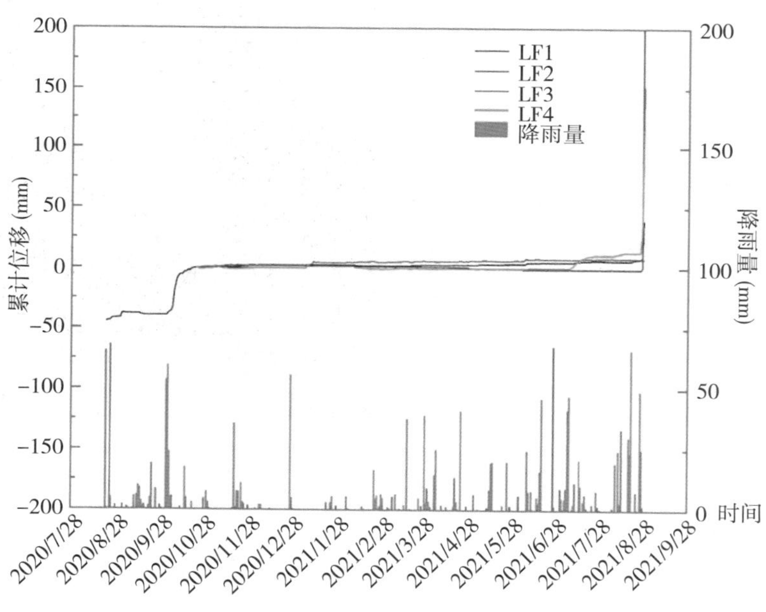

图 6-24　小岩头滑坡变形曲线特征

滑坡发生前经历了多轮强降雨，前 10 日累计降雨量达 201. 5mm。8 月 18 日凌晨 1 时至 19 日凌晨 5 时，降雨量 53. 5mm，未出现变形。20 日 20 时再次暴雨，1. 2h 降雨量

66mm，裂缝出现0.74mm位移。8月26日0时40分又出现暴雨，到27日14时，累计降雨量达74mm。27日20时41分LF1变形速率增加到5.7mm/d，23时变形速率达到了13mm/d，进入临滑阶段。28日凌晨1时49分，滑坡变形增加到749mm/d，至1时58分变形达到了1599.8mm/d。凌晨2点整，裂缝计被损毁。

通过对降雨和裂缝监测数据分析发现，变形量与一次降雨过程雨量有明显的相关关系。当前对于一次降雨过程的界定没有明确的规定，本研究采用连续3小时没有降雨以及6小时累计降雨量小于5mm作为判断一次降雨过程结束的标准。见表6-17。

表6-17 **小岩头滑坡降雨与变形关系**

日期	起止时间	一次降雨过程雨量(mm)	时长(h)	最大小时降雨量(mm)	平均降雨量(mm/h)	LF1变形量(mm)	前3日累计降雨量(mm)	前7日累计降雨量(mm)	前10日累计降雨量(mm)
2020/8/20—21	11:30—10:03(次日)	79.5	23.6	40.5	3.4	8.4	80.5	93	105
2020/8/24—25	18:52—0:42(次日)	73	5.8	49.5	12.6	2.2	68.5	160	161.5
2020/10/2—3	1:31—19:38(次日)	113	42.1	9	2.7	31.8	113	113.5	122
2021/4/6—7	16:31—15:10(次日)	39.5	22.7	3.5	1.7	0	39.5	53.5	95.5
2021/6/18—19	11:10—14:53(次日)	62	27.7	13.5	2.2	0.39	65	71	87
2021/6/27	16:03—18:49	67.5	2.8	43	24.1	0	67.5	67.5	129.5
2021/7/8	9:36—13:08	47	3.5	29	13.4	0	97.5	116.5	116.5
2021/8/13	5:03—18.45	33.5	13.7	5	2.4	0	61	81.5	81.5
2021/8/20	20:11—21:24	66	1.2	63.5	55	1.1	119.5	119.5	180.5
2021/8/26—27	0:40—14:47(次日)	74	38.1	6	1.9	32	74	82	201.5

从上表可以看出滑坡变形量与一次降雨过程的雨量和降雨时长明显相关。从2020年8月21日到滑坡发生将近一年的时间，该区域经历了10场强降雨，滑坡出现3次较明显变形(变形量大于8mm)，均与降雨相关。分析发现，产生这3次变形的降雨的共同特征，就是累计降雨量大(74~113mm)、持续时间长(38.1~42.1h)以及平均小时降雨量小(1.9~3.4mm/h)。例如，LF1累计位移-时间曲线在2020年10月7日前后产生了一次阶跃(图6-24)，位移增加了31.8mm。在本次变形前，10月2日出现了一次时长42.1h的降

雨过程，累计降雨量达到了 113mm，最大小时降雨量 9mm，平均降雨量为 2.7mm/h。在这 10 场强降雨中，有 6 次平均降雨量在 1.7mm/h 与 3.4mm/h 之间，其中 4 次滑坡出现了变形(变形量大于 1mm)。进一步分析发现，诱发滑坡变形的 4 次降雨过程，其累计降雨量均超过了 60mm，且降雨时长为 23.6~42.1h。

然而，短时强降雨并不会引起小岩头滑坡变形。例如，2021 年 6 月 27 日发生的暴雨，一次降雨过程雨量达到了 67.5mm，仅用了 2.8h，最大小时降雨量达到了 44mm，平均降雨量 24.1mm/h，远大于其他几次降雨过程。但此次降雨强度大、历时短，雨水大部分顺坡面流失，入渗滑坡体内总量有限，且前期未下雨。因此，此次降雨对滑坡体稳定性影响小，滑坡未出现变形。

根据前面降雨与滑坡变形关系分析认为，一次降雨过程超过 60mm，滑坡开始出现变形，大于 70mm 且降雨时长超过 20 小时，可能出现加速变形。数据显示，发生在 2021 年 4 月 6 日、7 月 8 日和 8 月 13 日的三场降雨，一次降雨过程的雨量分别为 39.5mm、47mm、33.5mm，均低于 60mm，滑坡未出现变形；而 8 月 20 日的降雨，降雨量为 66mm，滑坡出现 1.1mm 变形。表 6-20 中有 4 场一次降雨过程的雨量超过了 70mm，滑坡均出现了变形(变形量大于 1mm)，当其降雨时长超过 20h 时，引起滑坡变形量大于 8mm。

当前 10 天累计降雨量大于 100mm，且降雨时长超过 20h 时，滑坡出现加速变形。监测期间，有 7 次降雨过程，其前 10 日累计降雨量大于 100mm，其中滑坡变形量大于 8mm 的 3 次降雨过程，其一次降雨过程的时长均超过了 20h。此外，前 10 日累计降雨量 80mm 以上，滑坡可能会产生变形，如 2021 年 6 月 18 日的降雨事件，前 10 日累计降雨量为 87mm，滑坡产生了 0.39mm 的变形。

3)滑坡预警阶段及降雨预警分析

小岩头滑坡为降雨诱发的突发型岩质顺层滑坡，裂缝计累计位移-时间曲线整体上呈阶跃状。当降雨量达到一定程度，滑坡变形速率开始增大，甚至失稳破坏。整个变形过程历时短暂，通常只有数小时。针对这种突发性很强的滑坡，如何准确判断变形趋势，划分预警阶段，对科学防灾减灾工作具有重要指导意义。

滑坡从稳定阶段进入加速变形阶段，直观的表现为地表位移量、变形速率增大。对于降雨突发型岩质顺层滑坡，可以设立多级变形速率和降雨阈值，考虑速率增量，结合宏观变形迹象，建立综合预警模型。

图 6-25、图 6-26 分别反映了 LF1 全过程和临滑阶段的累计位移、变形速率、速率增量变化特征。2020 年 10 月 28 日—2021 年 8 月 7 日，滑坡整体处于稳定阶段，在这过程中绝大部分时间裂缝变形速率小于 1mm/d。分析认为，当滑坡变形速率低于 1mm/d 时，可以不予以关注。当其变形速率超过 1mm/d，且不超过 2mm/d 时，应开始注意其变化趋势。当滑坡变形速率超过 5mm/d 时，可以认为滑坡处于初始加速变形阶段；当大于 10mm/d 时，累计位移曲线斜率陡增，滑坡进入加加速变形阶段，朝着失稳破坏方向发展。通过对小岩头滑坡裂缝计变形特征分析，设立 4 级变形速率阈值，V_1、V_2、V_3、V_4分别设为 1mm/d，2mm/d，5mm/d，10mm/d，以划分滑坡变形阶段。

综合前面降雨分析，可以得建立小岩头滑坡预警级别及其变形和降雨阈值，详见表 6-18。

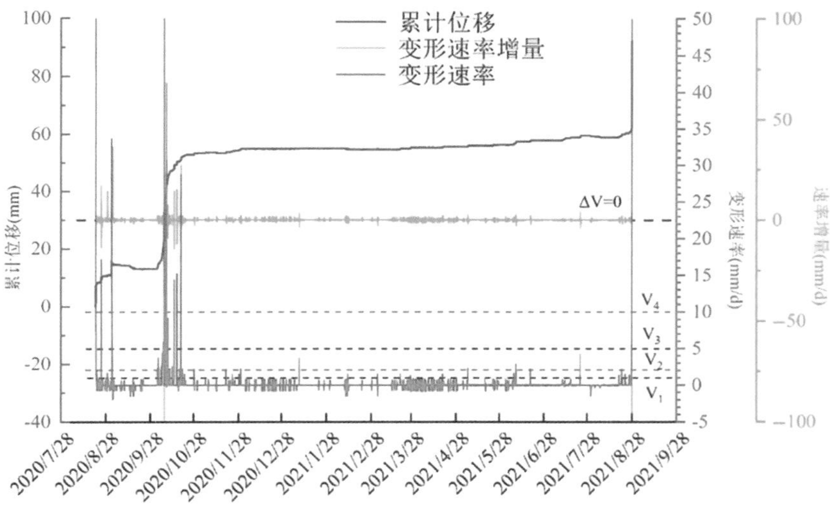

图 6-25 LF1 累计位移-时间、变形速率、速率增量

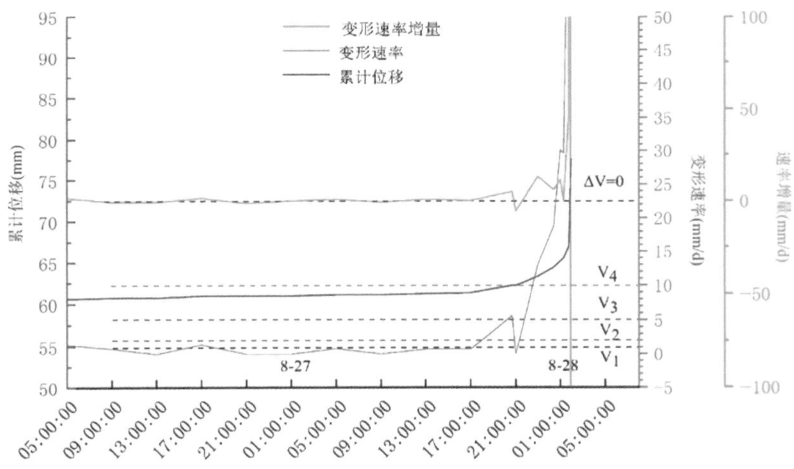

图 6-26 LF1 临滑阶段累计位移-时间、变形速率、速率增量

表 6-18 **综合预警判据**

变形阶段	变形启动阶段	初加速阶段	中加速阶段	临滑阶段
预警等级	注意级	警示级	警戒级	警报级
预警形式	蓝色	黄色	橙色	红色
变形速率	1mm/d<V<2mm/d	2mm/d<V<5mm/d	5mm/d<V<10mm/d	V>10mm/d
一次降雨过程雨量	60mm	>70mm(大于 20 小时)		
累计降雨量	80mm	>110mm		

4）结论与讨论

(1)小岩头滑坡发育在聂家山组(J_{1-2n})砂岩和泥岩互层的地层中，且所在斜坡为斜顺坡。斜坡结构类型和软弱夹层的软硬相间岩性组合为小岩头滑坡提供了良好基础条件，是滑坡发生的控制因素。

(2)监测分析表明，小岩头滑坡主要受降雨影响。地表裂缝累计位移-时间曲线总体上呈阶跃状。从2020年8月21日设备开始运行，到滑坡失稳破坏，几次变形均与暴雨有关。监测数据分析发现，一次降雨过程的雨量对变形的影响作用明显，如一次降雨过程雨量超过70mm，滑坡开始出现变形。且累计降雨量大、持续时间长、平均降雨量小的暴雨过程，是诱发滑坡变形及失稳破坏的主要雨型。滑坡变形与降雨关系分析得出，平均小时降雨量在5mm以内，降雨时长超过20h时，滑坡出现变形甚至破坏。前10d累计降雨量大于110mm，出现加速变形。监测分析还发现，2次降雨过程间隔7d以上，前次降雨对后期基本没有影响。

(3)小岩头滑坡突发性强，预警响应时间短，预警难度大，3h为黄金预警期。小岩头滑坡监测曲线与传统滑坡阶段划分不一致，当降雨未达到一定值时候，其变形速度为零，曲线平直，不存在等速变形阶段。因此通过改进切线角法预警滑坡存在较大困难。

与小岩头滑坡类似，同样发生在秭归盆地，位于长江支流锣鼓洞左岸的杉树槽滑坡，也是降雨诱发的岩质顺层滑坡，滑动前一周累计降雨量达260.2mm[112]。杉树槽滑坡在整体滑动前7h内，滑坡体及边界附近出现了大量明显的变形迹象。9月2日7—8时，群测群防监测员巡查时在滑坡体后缘南侧发现一条近5m长的张裂缝，听见下部陡壁上有碎石滚落声，11时滑坡前缘G348国道出现鼓包现象，13时19分，杉树槽发生整体大规模滑动，历时3min[113]。

对于大多数岩质顺层滑坡，虽然突发性很强，但是在失稳破坏前总会出现一些变形迹象。如果能够及时发现这些变形迹象，正确的判断滑坡所处变形阶段，进一步采取相应的防灾减灾措施，还是能够在灾害来临之前，将损失降到最低。

(4)降雨诱发岩质顺层滑坡，因其突发性性强，对监测预警提出了更高的要求。

一是应当结合滑坡变形特征，选择合理的监测内容，例如降雨是小岩头滑坡最主要的诱发因素，变形和降雨应纳入监测内容。且在监测方法选择上，相比GNSS，裂缝计更具优势。一方面，裂缝计监测精度相对更高，可达到±0.1mm，且数据波动性更小。另一方面，GNSS监测数据解算存在一定的延迟，通常需要10~30min，难以及时捕捉到滑坡初始和加速变形的时间节点。

二是在监测仪器布设上，应该根据滑坡实际变形特征合理布置，确保监测数据能准确反映滑坡滑动特点。例如，小岩头滑坡LF1、LF3很好地监控了滑坡边界，基本上能准确地反映滑坡变形破坏特征。而安装在滑体内部的裂缝计，如LF2在滑坡变形破坏过程中，只能反映表层土体变形特征，无法监控基岩变形。

三是在监测过程中应建立仪器数据采集触发机制，设置合理的长期监测与预警期的数据采集频次。对于小岩头这类滑坡，正常运行期间数据获取时间间隔应在3h以内，当变形速率超过1mm/d，裂缝计应开始加密采集。并且，随着变形速率加快，数据采集频次也增大，在临滑阶段采集频次应在分钟及其以下。

四是监测设备应根据滑坡不同变形阶段设立合理的预警阈值。对于降雨诱发的突发性岩质顺层滑坡，当初始预警阈值设立过大，如超过 10mm/d，会导致响应迟缓而延误预警时机。尤其是像小岩头滑坡，其变形和破坏发生晚上，对防灾减灾工作带来巨大挑战。

五是监测数据处理、预警信息发布及应急响应能力应及时，应对监测数据实施动态处理分析，且设置合理预警模型、划分变形破坏阶段，并设立对应的预警阈值。

3. 三峡库区滑坡预警降雨阈值分析

三峡库区从古至今都是发生崩滑灾害多发区，是我国地质灾害高易发区及滑坡重点防治区。库区内充沛的降雨、复杂的地形地貌和地质构造为滑坡提供了良好的发育条件。1982 年 7 月，川东地区连降暴雨，造成万县地区各县触发了 8.1 万余起地质灾害。1993 年万州区仅在 7、8 月份两个月的降雨量就达到了 690mm，在万县市各县(区)诱发地质灾害 1.1 万余起，直接经济损失达到 1.8 亿元[114]。滑坡灾害给库区内人民的生命财产安全造成了严重的威胁。

本书收集了三峡库区 101 例降雨型滑坡实例并分析发育特征基础上，以滑坡发生前 10d 内的降雨数据，研究三峡库区降雨型滑坡的有效降雨强度-降雨历时关系，进一步拟合不同地质特性的滑坡降雨 *I-D* 阈值曲线，并计算出滑坡不同发生概率下的临界雨量阈值。

1)三峡库区降雨特征

三峡库区属于亚热带季风气候，气候湿润，降雨充沛。根据三峡库区 24 个国家气象监测站点 1980—2019 年降雨监测数据统计，年均降雨量在 1100mm 上下波动，最大年均降雨量为 1998 年的 1430.4mm，最小年均降雨量为 2001 年的 859.9mm，年际间降雨量差别较大。年均降雨量略显下降趋势，整体线倾向率为-15.1mm/10a。40 年来库区年均降雨天数为 181.8d，占全年总天数的 49.8%，年降雨天数整体呈现减少趋势，线倾向率为-16.3d/10a。年降雨天数减小的趋势强于年均降雨量的趋势，显示了强降雨天气将较以往更为频繁，从另外一个角度说明今后三峡库区降雨型滑坡防灾减灾形势更为严峻。如图 6-27、图 6-28 所示。

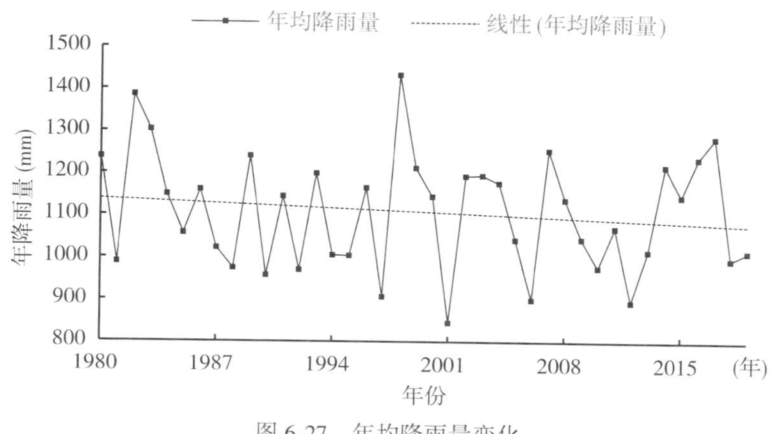

图 6-27　年均降雨量变化

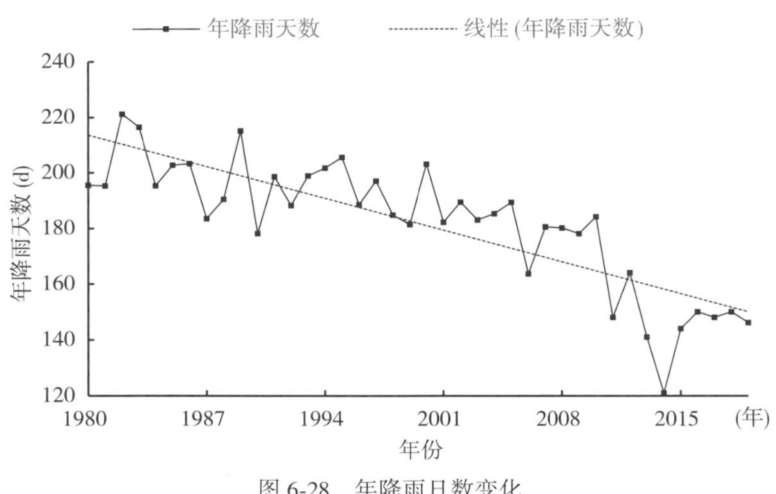

图 6-28　年降雨日数变化

2)降雨诱发滑坡分析

(1)滑坡分布特征。通过搜集并整理已发表的文献、地方官网公告，获取了 1980—2019 年间三峡库区内由降雨诱发的 101 例滑坡，滑坡的体积均在 $1\times10^4m^3$ 以上。如图6-29所示，滑坡规模上，小型至特大型均有，主要以中型和大型为主，小型滑坡及特大型滑坡占比相对较少。滑坡数量占比上，小型、中型、大型、特大型分别占 20. 8%、33. 7%、29. 7%和 15. 8%。空间分布上，滑坡在库区下游段发生较为集中，大型滑坡和特大型滑坡主要分布于万州至巴东县，小型滑坡和中型滑坡在库区内分布得相对均匀。

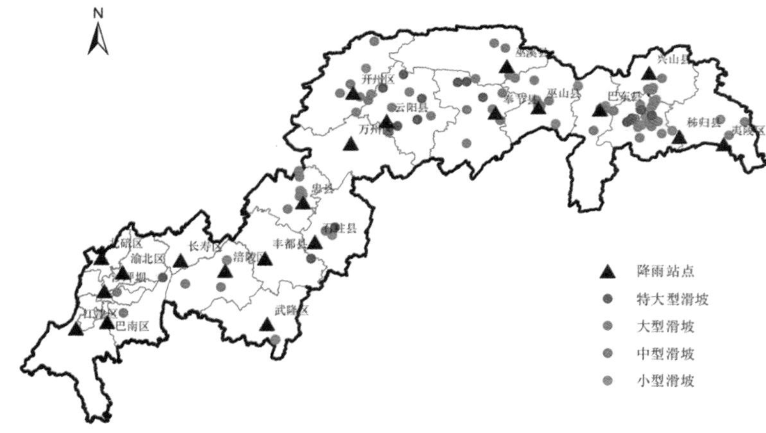

图 6-29　滑坡发育规模分布

(2)滑坡发育地质条件分析。滑坡发育地层岩性、高程、坡度和坡度进行统计如表6-19所示，可直观地看出滑坡发育地质特征，对于了解降雨型滑坡的发生规律具有积极的意义。

①滑坡发育地层岩性分析。三峡库区分布最广泛的地层为侏罗系地层和三叠系地层。据统计，53. 5%的降雨型滑坡发生于侏罗系地层中，33. 6%的滑坡发生于三叠系地层中，

其他地层中发生的滑坡数量占滑坡总数量的12.9%。侏罗系和三叠系巴东组地层是库区易滑地层，岩石力学强度低，受褶皱和断层作用节理裂隙发生，岩石破碎，易风化，且遇水出现软化现象，岩土体强度下降，在降雨的触发作用下，易发生变形破坏[115]。

表6-19 滑坡发育地质特征分析

分类对象	类别	滑坡数量(个)	占滑坡总数量的比例(%)
地层岩性	侏罗系	54	53.5
	三叠系	34	33.6
	其他	13	12.9
高程	<420m	52	51.5
	[420，860)	36	35.6
	≥860m	13	12.9
坡度	<25°	49	48.5
	[25°，35°)	35	34.7
	≥35°	17	16.8
坡向	阳坡	61	60.4
	阴坡	40	39.6

②滑坡发育的高程分析。高程对坡体应力值大小有重要影响，高程越高，应力值也越大，影响滑坡的势能[116]。滑坡发生高程范围分布在120.0~1373.5m之间，420.0m高程以下滑坡集中发育，共有52处，占滑坡总数量的51.5%。在420.0m高程以上发生的滑坡数量随高程的增大而减少，这可能是因为高程越高，斜坡岩土体受到的风化程度更低，斜坡已处于稳定状态，受到降雨的影响越低，因此诱发滑坡的可能性越小。

③滑坡发育的坡度分析。坡度影响着地表水径流和入渗、地下水的补给和排泄、滑坡体内的应力分布、斜坡上松散体的厚度以及是否能提供滑坡发育的有效临空面等方面，是滑坡发育的主要控制因素之一。滑坡坡度在13°~50°范围内，集中发生于25°以下坡度的斜坡上，占滑坡总数量的48.5%；而在25°~35°斜坡上及40°以上斜坡，随着坡度的增大，滑坡发生的频率反而降低。总体上降雨诱发滑坡的坡度相对较大。

④滑坡发育的坡向分析。朝阳或者背阴斜坡上的所受的辐射强度不同，对滑坡的地面蒸发量、岩石风化以及植被覆盖度等产生影响[117]，造成岩土体物理力学特征及孔隙水压力分布变化[118]。按照以南东、南、南西三个方向的斜坡为阳坡(坡向90°~270°)和北东、北、北西方向上的斜坡为阴坡发生的滑坡统计，阳坡的滑坡共有61例，占滑坡总数量的60.4%。一方面，阳坡的风化作用强于阴坡，且研究区域内岩石强度低，易风化，有利于滑坡发生；另一方面，由于阴坡的植被覆盖面积较阳坡要大，而植物对斜坡岩土体具有降雨截流、抑制地表径流、根系吸水和植物蒸腾等可以降低孔隙水压力的作用，在一定程度上遏制了滑坡发生的可能性。

3) 滑坡与降雨关系分析

根据滑坡发生的具体时间、位置信息，结合滑坡附近的气象站点降雨监测数据，获得了滑坡发生当日及以前一段时期内的日降雨量信息。

(1) 滑坡与月降雨关系分析。根据 1980—2019 年降雨数据统计，获得库区月平均降雨量分布图。在此基础上，将收集的滑坡发生的月份与月降雨量分布情况对比分析，得出滑坡发生数量与月份降雨量较为一致，滑坡主要集中发生于 6—9 月，此期间内发生的滑坡数量占 70. 3%。在 3 月、11 月和 12 月的滑坡比例较小，1 月、2 月则没有滑坡发生。3—7 月份，滑坡数量随月降雨量的增大而增多，在 7 月份达到最大值，占比为 25. 7%。7 月之后，滑坡数量整体呈下降趋势。如图 6-30 所示。

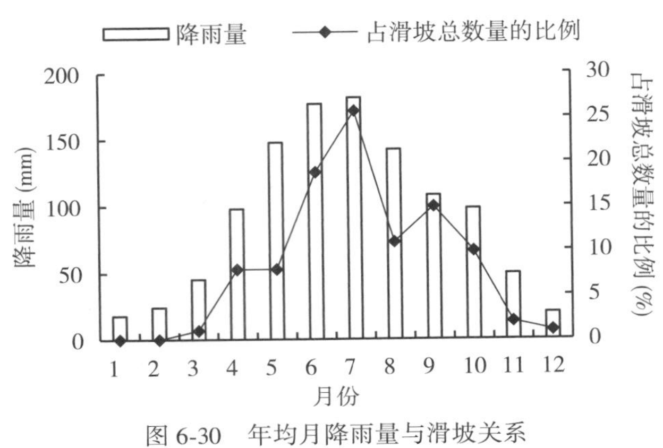

图 6-30　年均月降雨量与滑坡关系

(2) 滑坡的降雨强度-降雨历时关系阈值。据统计，32. 4%的滑坡在发生当日出现暴雨事件，而有 42. 6%的滑坡发生当日出现了小雨事件或无降雨。可见，滑坡的发生不仅受到当日降雨量的影响，同时还受到前期降雨量的影响。由于部分滑坡的发生时间不能精确到以小时为单位，本研究将利用滑坡发生前 10d 内的降雨强度-降雨历时($\dot{I}$-D) 阈值模型对三峡库区内降雨型滑坡进行预警。

根据 Crozier(1986) [119] 提出的有效降雨量公式对前期有效降雨量进行计算，即

$$R_e = R_0 + \alpha R_1 + \alpha^2 R_2 + \cdots + \alpha^n R_n$$

式中，R_e 为有效降雨量；R_0 为滑坡发生当日降雨量；n 为滑坡发生前的天数，R_n 为滑坡发生前 n 日的降雨量；α 为有效降雨系数，本研究中有效降雨系数取经验值 0. 84 [120]。

根据不同滑坡降雨阈值曲线对应的滑坡发生概率，建立了三峡库区降雨型滑坡预警预报等级 [121] 见表 6-20。

表 6-20　**滑坡预警预报分级**

滑坡发生概率	<10%	[10%,50%)	[50%,90%)	≥90%
滑坡危险性等级	低	中	高	极高
预警预报等级	蓝色预警	黄色预警	橙色预警	红色预警

①三峡库区降雨型滑坡的 *I-D* 阈值。将 101 例降雨型滑坡的降雨历时和降雨强度绘制于 *I-D* 双对数坐标系中，按照 10%、50%、90%的滑坡发生概率拟合降雨阈值曲线(图 6-31)，其表达式分别为 $I_{10\%}=10.726D^{-0.594}$、$I_{50\%}=33.014D^{-0.594}$、$I_{90\%}=85.936D^{-0.594}$。由表达式可以得出，随着降雨历时增长，诱发滑坡的降雨强度逐渐减小。当滑坡位于 10%降雨阈值曲线上时，滑坡危险性等级为中等级，已达到黄色预警级别。滑坡位于 50%降雨阈值曲线上时，滑坡危险性等级为高等级，已达到橙色预警级别。滑坡位于 90%降雨阈值曲线上时，滑坡危险性等级为极高，已达到红色预警级别。

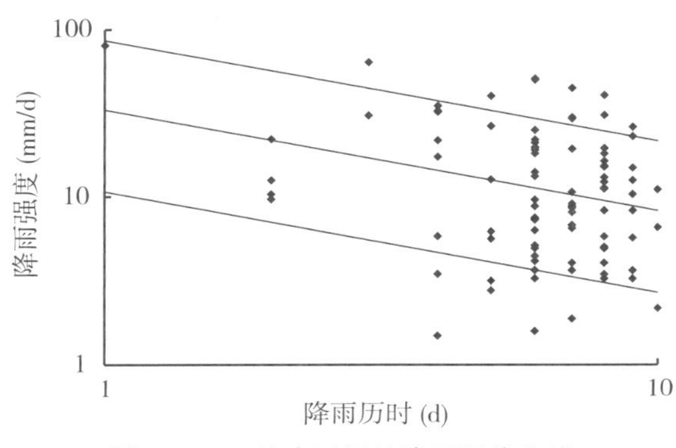

图 6-31 三峡库区滑坡降雨阈值曲线

根据得到的降雨阈值表达式，将不同降雨历时情况下滑坡发生的临界降雨量列于表 6-21。可以看到，降雨历时越长，滑坡发生的临界降雨量越大。当降雨历时分别为 1d、5d、9d，降雨量为 10.2mm、20.6mm、26.2mm 时，达到了滑坡发生 10%概率曲线，换言之，此时库区内 10%的滑坡产生；降雨量达到 33.0mm、63.5mm、80.6mm 时，达到滑坡发生 50%概率曲线，即滑坡发生的平均降雨量，库区内 50%的滑坡已经发生；而当降雨量达到 85.9mm、165.2mm、209.7mm，达到滑坡发生 90%概率曲线，统计滑坡中，90%的滑坡已经产生。

表 6-21 **三峡库区降雨型滑坡发生的临界降雨量**

降雨阈值曲线	不同降雨历时的临界降雨量(mm)		
	1d	5d	9d
10%发生概率	10.7	20.6	26.2
50%发生概率	33.0	63.5	80.6
90%发生概率	85.9	165.2	209.7

②不同地质特性的滑坡 *I-D* 阈值。分别将不同规模、地层岩性、坡度、坡向和高程的滑坡降雨强度与降雨历时绘制于双对数 *I-D* 坐标系中，得出滑坡 *I-D* 阈值曲线，如图 6-32 所示。

小型滑坡发生前的降雨历时为3~9d，降雨强度集中在5.0~22.2mm/d之间，平均降雨强度为11.7mm/d，其中降雨强度在11.7mm/d以上的滑坡的降雨历时主要为5d、6d和8d；中型滑坡发生前的降雨历时为2~9d，降雨强度集中在4.5~32.4mm/d之间，平均降雨强度为16.0mm/d，其中降雨强度大于16.0mm/d的滑坡在降雨历时为3~9d均有出现；大型滑坡发生前降雨历时在1~10d内均有分布，在6~9d集中分布。降雨强度集中在3.4~23.3mm/d之间，平均降雨强度为18.8mm/d，其中降雨强度大于18.8mm/d的滑坡的降雨历时出现在1d和5~9d；特大型滑坡发生前降雨历时集中分布于6~10d，降雨强度集中在5.8~31.2mm/d之间，平均降雨强度为18.5mm/d。

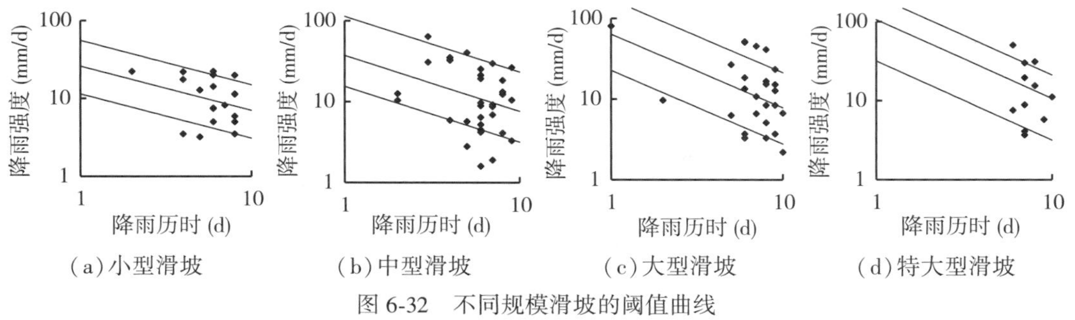

图6-32　不同规模滑坡的阈值曲线

侏罗系地层中滑坡发生前的降雨历时为2~10d，集中分布于6~10d，降雨强度集中为4.0~31.2mm/d之间，平均降雨强度为14.3mm/d，降雨强度超过14.3mm/d的滑坡降雨历时主要为6~9d；三叠系地层中滑坡发生前的降雨历时分布在2~10d内，降雨强度集中为1.9~21.9mm/d，平均降雨强度为13.3mm/d，其他地层中滑坡发生前的降雨历时为1~10d，降雨强度为1.5~80.5mm/d之间，分布得较为分散。平均降雨强度为18.0mm/d，降雨强度超过18.0mm/d的滑坡降雨历时为1d、3d、4d及6d。如图6-33所示。

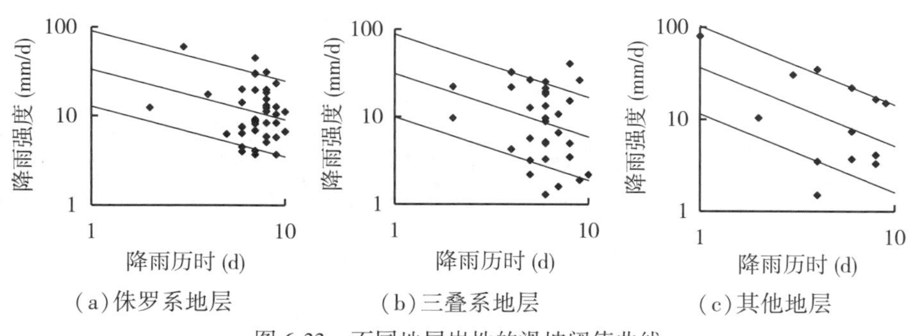

图6-33　不同地层岩性的滑坡阈值曲线

420m高程以下滑坡发生前的降雨历时为2~10d，集中分布于4~10d，降雨强度集中为4.2~35.2mm/d，平均降雨强度为15.1mm/d，降雨强度大于15.1mm/d的滑坡降雨历时主要为4~9d；420~860m高程内滑坡发生前的降雨历时为1~10d，集中分布于4~10d，降雨强度集中为 3. 3~40. 2mm/d，平均降雨强度为 17. 7mm/d，降雨强度大于 17. 7mm/d 的滑坡降雨历时主要为 3~7d；860m 高程以上滑坡发生前的降雨历时为 3~10d，降雨强度集中为 6. 6~31. 2mm/d，平均降雨强度为 17. 3mm/d，降雨强度大于 17. 3mm/d 的滑坡降雨历时主要为 3d、4d 和 8d。如图 6-34 所示。

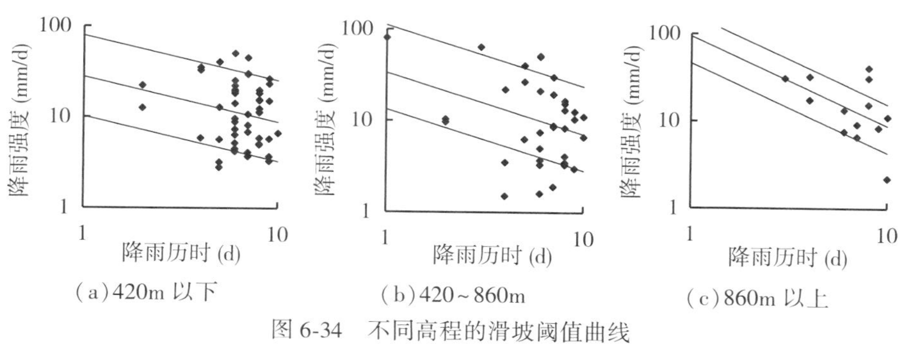

图 6-34　不同高程的滑坡阈值曲线

25°坡度以下滑坡发生前的降雨历时为 2~10d，集中分布于 4~10d，降雨强度集中为 5. 1~26. 7mm/d，平均降雨强度为 13. 5mm/d，降雨强度大于 13. 5mm/d 的滑坡降雨历时主要为 4~8d；25°~35°坡度内滑坡发生前的降雨历时为 2~10d，集中分布于 6~9d，降雨强度集中为 4. 2~32. 4mm/d，平均降雨强度为 19. 0mm/d，降雨强度大于 19. 0mm/d 的滑坡降雨历时主要为 6~9d；35°坡度以上滑坡发生前的降雨历时为 1~10d，降雨强度集中为 5. 2~45. 2mm/d，平均降雨强度为 38. 6mm/d，降雨强度大于 38. 6mm/d 的滑坡降雨历时为 1d 和 3d。如图 6-35 所示。

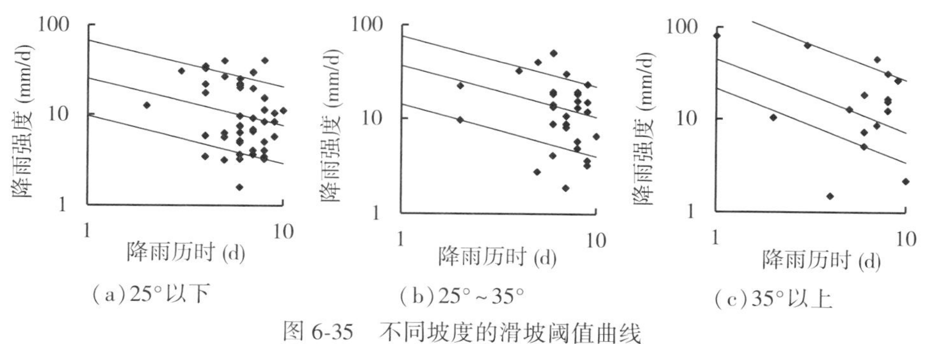

图 6-35　不同坡度的滑坡阈值曲线

阳坡坡向上滑坡发生前的降雨历时为 2~10d，集中分布于 5~9d，降雨强度集中为 3. 8~21. 9mm/d，平均降雨强度为 12. 8mm/d，降雨强度大于 12. 5mm/d 的滑坡降雨历时为 3~9d；阴坡坡向上滑坡发生前的降雨历时为 1~10d，集中分布于 6~9d，降雨强度集中为 5. 9~50. 6mm/d，平均降雨强度为 21. 1mm/d，降雨强度大于 21. 1mm/d 的滑坡降雨历时主要为 4~9d。如图 6-36 所示。

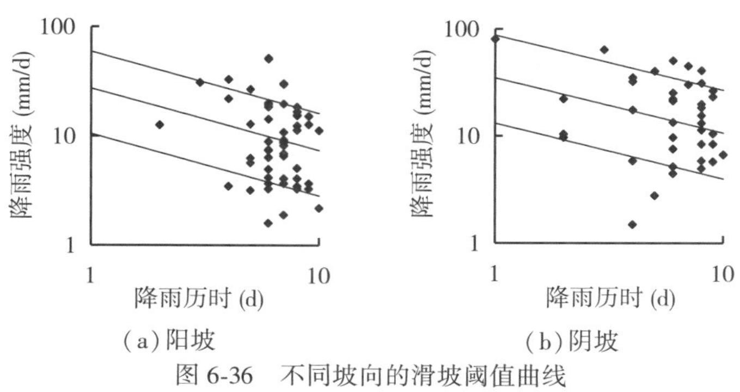

图 6-36　不同坡向的滑坡阈值曲线

由表 6-22 可以看出，滑坡规模、坡度和高程与诱发滑坡发生的降雨阈值为正相关关系。滑坡的规模和高程越大，则其降雨阈值也越大，并且增大的幅度呈递增变化。当坡度小于 25°时滑坡发生的降雨阈值最小，这与库区内滑坡灾害集中发生于 25°坡度以下斜坡的统计结果相符合。三叠系地层中发生的滑坡降雨阈值较小，其次为侏罗系地层，这可能与库区内各地层出露的面积不同有关。此外，阳坡方向的滑坡降雨阈值小于阴坡，阳坡是滑坡的易发坡向。

表 6-22　**滑坡降雨阈值曲线表达式**

分类对象	类别	阈值曲线表达式		
		10%发生概率	50%发生概率	90%发生概率
滑坡规模	小型	$I=11.403D^{-0.568}$	$I=25.929D^{-0.568}$	$I=55.338D^{-0.568}$
	中型	$I=15.465D^{-0.689}$	$I=37.166D^{-0.689}$	$I=113.51D^{-0.689}$
	大型	$I=22.604D^{-0.911}$	$I=63.631D^{-0.911}$	$I=172.45D^{-0.911}$
	特大型	$I=31.743D^{-0.999}$	$I=106.6D^{-0.999}$	$I=210.99D^{-0.999}$
地层岩性	侏罗系地层	$I=12.776D^{-0.564}$	$I=33.192D^{-0.564}$	$I=90.499D^{-0.564}$
	三叠系地层	$I=9.941D^{-0.717}$	$I=31.31D^{-0.717}$	$I=88.397D^{-0.717}$
	其他地层	$I=11.451D^{-0.855}$	$I=36.639D^{-0.855}$	$I=102.72D^{-0.855}$
高程	<420m	$I=10.16D^{-0.493}$	$I=25.544D^{-0.493}$	$I=78.821D^{-0.493}$
	[420，860)	$I=13.239D^{-0.668}$	$I=33.209D^{-0.668}$	$I=110.8D^{-0.668}$
	≥860m	$I=45.725D^{-1.024}$	$I=93.663D^{-1.024}$	$I=165.413D^{-1.024}$
坡度	<25°	$I=9.69D^{-0.518}$	$I=25.177D^{-0.518}$	$I=67.463D^{-0.518}$
	[25°，35°)	$I=14.084D^{-0.538}$	$I=36.309D^{-0.538}$	$I=75.987D^{-0.538}$
	≥35°	$I=21.187D^{-0.784}$	$I=44.466D^{-0.784}$	$I=160.307D^{-0.784}$
坡向	阳坡	$I=10.514D^{-0.568}$	$I=27.272D^{-0.568}$	$I=59.193D^{-0.568}$
	阴坡	$I=13.108D^{-0.516}$	$I=34.863D^{-0.516}$	$I=87.486D^{-0.516}$

(3)降雨型滑坡临界降雨量。按照滑坡降雨阈值曲线表达式，可以计算出滑坡在不同的滑坡规模、地层岩性、坡度、坡向和高程的影响下，当发生概率为10%、50%和90%时，其对应的1d、5d和9d的临界降雨量(表6-23)。

在不同的滑坡规模、地层岩性、坡度、坡向和高程的影响下，在滑坡集中发生的区域内，临界降雨阈值相对较小。将滑坡不同发生概率的临界降雨阈值列表，可将其作为库区降雨型滑坡的预警预报依据。

总体而言，同一类型的滑坡在相同发生概率下，降雨历时与诱发滑坡的临界降雨量呈正相关关系。而当降雨历时保持不变，滑坡多发区域的临界降雨量越小。

表6-23　**滑坡发生的临界降雨量**

类别	分类	不同降雨历时的临界降雨量(mm)								
		10%发生概率			50%发生概率			90%发生概率		
		1d	5d	9d	1d	5d	9d	1d	5d	9d
滑坡规模	小型	11.4	22.9	29.5	25.9	52.0	67.0	55.3	110.9	143.0
	中型	15.5	25.5	30.6	37.2	61.3	73.6	113.5	187.2	224.8
	大型	22.6	26.1	27.5	63.6	73.4	77.4	172.5	199.0	209.7
	特大型	31.7	31.8	31.8	106.6	106.8	106.8	211.0	211.3	211.5
地层岩性	侏罗系地层	12.8	25.8	33.3	33.2	67.0	86.5	90.5	182.6	235.9
	三叠系地层	9.9	15.7	18.5	31.3	49.4	58.3	88.4	139.4	164.6
	其他地层	11.5	14.5	15.7	36.6	46.3	50.4	102.7	129.7	141.3
高程	<420m	10.2	23.0	31.0	25.5	57.8	77.8	78.8	178.2	240.1
	[420，860m)	13.2	22.6	27.5	33.2	56.7	68.9	110.8	189.1	229.8
	≥860m	45.7	44.0	43.4	93.7	90.1	88.9	165.4	159.1	156.9
坡度	<25°	9.7	21.0	27.9	25.2	54.7	72.6	67.5	146.5	194.5
	[25°，35°)	14.1	29.6	38.9	36.3	76.4	100.2	76.0	159.8	209.7
	≥35°	21.2	30.0	34.1	44.5	63.0	71.5	160.3	226.9	257.7
坡向	阳坡	10.5	21.1	27.2	27.3	54.7	70.5	59.2	118.6	152.9
	阴坡	13.1	28.6	38.0	34.9	76.0	101.0	87.5	190.7	253.4

一般情况下，同一类型的滑坡随降雨历时的增大，诱发滑坡的临界降雨量随之增长。在相同降雨历时下，临界降雨量随滑坡规模的增大而增大。如特大型滑坡，1d降雨量为31.7mm、106.6mm、211.0mm，对应的滑坡发生概率为10%、50%、90%。从小型到特大型，相同发生概率下1d、5d和9d的临界降雨量差距逐渐减少。特大型滑坡在同一发生概率条件下的1d、5d和9d的临界降雨量趋于一致。这说明降雨达到临界值时，特大型滑坡仅需一天降雨即会产生。

地层岩性方面，三叠系地层中的滑坡临界降雨量最小，其次为侏罗系地层。在不同发生概率下，侏罗系地层和三叠系地层中诱发滑坡的临界降雨量在降雨历时较短时明显小于其他地层，随着降雨历时的增长，侏罗系地层和三叠系地层中诱发滑坡的临界降雨量大于其他地层中诱发滑坡的临界降雨量。

高程方面，860m 高程以下的滑坡，临界降雨量随降雨历时的增长而增大。860m 高程以上的滑坡仅需降雨 1d，当降雨量分别为 45.7mm、93.7mm、165.4mm，滑坡发生概率分别已达到 10%、50%、90%，不再随降雨历时的增大而变化。

坡度方面，在同一坡度条件下，随着滑坡发生概率的增大，临界降雨量在增大。坡度为 25°以下时，诱发滑坡的临界降雨量最小。在 10%和 50%发生概率下，25°~35°坡度的临界降雨量相对较大。而在 90%的发生概率的条件下，坡度大于 35°发生滑坡的临界降雨量明显大于 35°以下坡度。

坡向方面，不同概率下发生于阳坡方向的滑坡的临界降雨量均小于阴坡。阳坡与阴坡间的临界降雨量差值不同，当降雨历时为 5d，在 10%、50%、90%发生概率下，阴坡与阳坡发生的滑坡临界降雨量差值分别为 7.6mm、21.3mm、30.5mm。

4)结论与讨论

(1)收集了三峡库区 1980—2019 年间降雨诱发的 101 处滑坡，主要发生在侏罗系地层中，占滑坡总数量的 53.5%；滑坡多发生于坡度 25°以下、高程 420m 以下的斜坡上，且以阳坡居多。25°以上斜坡滑坡发生频率随坡度的增大而减小。滑坡主要发生在每年的 6—9 月，此期间内发生的滑坡数量占 70.3%，滑坡发生数量与月降雨量趋势较为一致。

(2)采用滑坡发生概率划分三峡库区降雨型滑坡预警等级，通过滑坡发生前 10d 的日降雨量数据，拟合出不同发生概率下库区降雨型滑坡的降雨强度-降雨历时(I-D)关系阈值曲线，分别为 $I_{10\%}=10.726D^{-0.594}$、$I_{50\%}=33.014D^{-0.594}$、$I_{90\%}=85.936D^{-0.594}$。

(3)对滑坡的规模、地层岩性、高程、坡度和坡向分类，结合降雨数据得出滑坡的 I-D阈值曲线，在滑坡易发的区域，降雨阈值相对越小。滑坡的规模和高程越大，则其降雨阈值也越大，并且增大的幅度呈递增变化；坡度小于 25°时滑坡发生的频率最大，对应的降雨阈值最小。三叠系地层中发生的滑坡降雨阈值较小，其次为侏罗系地层；诱发阳坡方向的滑坡的降雨阈值较阴坡要小，阳坡是滑坡的易发坡向。此外，由不同概率阈值曲线计算得到的临界降雨量，可作为库区的降雨型滑坡的预警预报的依据。

6.2　滑坡监测建设及优化分析

6.2.1　监测优化分析依据

1. 地质依据

刘广润等(2002)认为，研究滑坡及监测预警必须回答的三大基本问题：什么样的岩土体在滑动？什么原因使它产生滑动？它在怎样滑动？[122] 他们在深入分析滑坡的滑体组构、变形运动特征、动力成因和滑坡所处的发育阶段的基础上，提出了滑坡监测系统布置基本原则；以滑坡监测预报与防治为目的，遵从滑坡活动各要素的地位与作用，建立了综合性滑坡分类体系(图6-37)，并将滑坡分类体系应用于三峡库区常见多发型滑坡地质模型的建立。

滑体特征包括滑体组构特征(物质组成与结构特征)、形态特征(平面形态的几何形状，剖面形态的高、陡、曲、直状况)及滑体规模(大小、厚薄)的分类，这主要是反映滑坡自稳条件的分类研究。

变形动力成因包括天然动力和人为动力的分类，这是对破坏斜坡稳定性、引起滑坡的环境条件的分类。

变形活动特征包括斜坡变形，运动特征(破坏方式、运动形式、力学机制)及发育时程(滑坡发生的时代、活动历史及所处发育阶段)的分类，这是对滑坡活动状态及演化进程的分类研究。这三方面的特征，全面反映了斜坡变形破坏的内、外在条件、活动状态及演化过程。

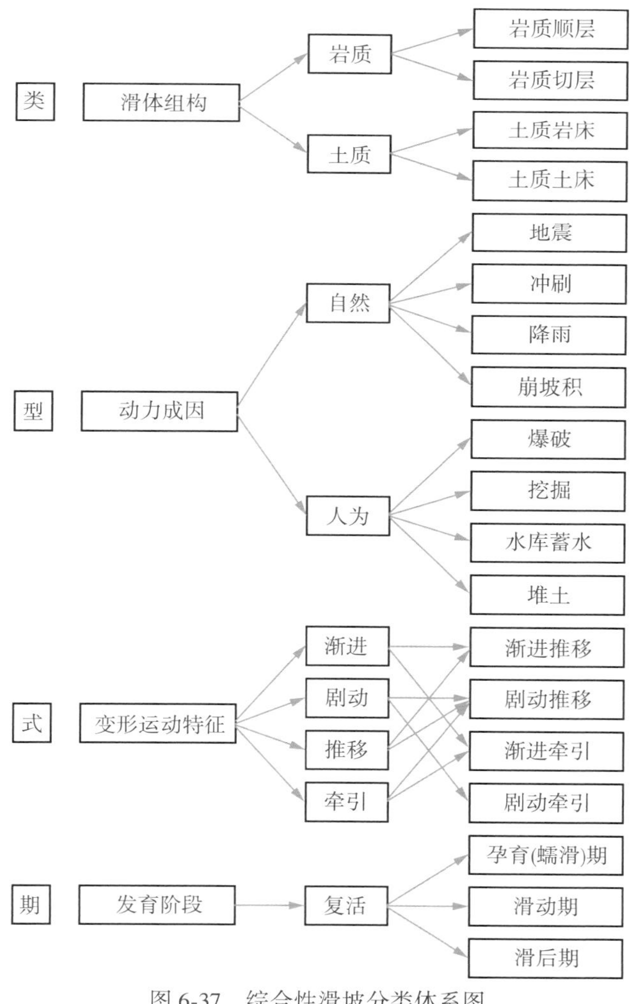

图6-37 综合性滑坡分类体系图

2. 三个“关键”原则

在滑坡监测方案设计、网点布设和监测优化分析中，应当在滑坡特征、动力成因及变形活动特征分类的基础上，以监控关键部位、捕捉关键因素、提供关键参数这个三个“关键”为原则作为评价监测方案及监测点布设合理性的主要指标。

1)关键部位

所谓关键部位，即滑坡监测网及其布设能否监控滑坡隐患点的关键部位。测点不要求平均布设，但对如下部位应增加测点和监测内容：

(1)变形速率较大或不稳定滑块与起始变形滑块(滑坡源等)；

(2)初始变形滑块(滑坡主滑段、推移滑动段、牵引滑动段等)；

(3)对滑坡稳定性起关键作用的滑块(滑坡阻滑段等)；

(4)易产生变形的部位(剪出口、裂缝、临空面等)；

(5)控制变形部位(滑带、软弱带、裂缝等)。

2)关键因素

监控关键因素，即滑坡监测方案是否对影响滑坡变形及稳定性的关键因素进行有效监控，监测仪器设备能否有效捕捉控制或影响稳定性的关键因素及其变化信息。对于滑坡，应该监测的关键因素有：

(1)外动力因素，包括降雨、库水位波动、人工活动等；

(2)稳定性及其趋势判别关键指标，如地表和深部变形、推力、地下水变化等；

(3)工程效果监测中的应力和应变及其变化。

3)关键参数

关键指标参数，即监测数据能否能够为监测目的提供关键指标参数。以滑坡监测预警为例，通过监测数据分析能够为预警预报模型提供关键指标及判据。

(1)影响因素判据，降雨、库水等；

(2)变形判据：变形量、速率、加速度、切线角等；

(3)推力及地下水判据；

(4)宏观判据，裂缝及其配套等。

6.2.2 监测优化分析内容

1. 动力成因分析

张振华等(2006)从三峡库区滑坡的动力成因入手，考虑滑体的厚度、滑体的物质组成及滑坡监测精度，提出水库滑坡监测系统布置的基本原则如下[123]：

(1)对于降雨型滑坡，滑坡监测除了布设必要的地表位移和深部位移监测外，还应重点布设降雨量、地下水位、泉水流量(包括泉水浊度)监测。地下水位监测分为深层地下水位监测和浅层地下水位监测。浅层地下水位监测的数量应明显多于深层(至基岩)地下水位监测的数量。对于布设有地表排水系统和地下排水系统的滑坡区，排水效果监测也是一项不可缺少的监测内容。对于降雨型滑坡监测分析重点在于建立降雨(雨量、雨型)-地下水(水位、滞后性)-滑坡变形三者之间关系，从而分析确定滑坡降雨预警阈值。

(2)对于水库蓄水型滑坡，除了布置必要的位移和深部监测外，应在最高库水位线附近布设地下水位监测孔，地下水位监测孔的孔底高程应低于相应水库库底或河床的高程，有条件最好在滑坡监测主剖面设置一条地下水监测剖面(2~3 个地下水监测孔)，以便了解库水位的升降对滑坡地下水位的影响，掌握不同高程的滑坡地下水对库水变化的响应，也有利于分析库水、降雨和滑坡地下水之间的关系。另外，对于水库型滑坡，由于滑坡体的前缘受库水位的长期浸泡及库水位升降变化对滑坡前缘的侵蚀，从而使滑坡体的阻滑力下降，此时滑坡前缘变形量较大，也有利于掌握库水侵蚀-塌岸-滑坡变形破坏之间关系，因此，水库蓄水型滑坡一般表现为牵引式滑坡。其监测的重点一般为滑坡的中前缘。

(3)对于工程活动型滑坡，监测的重点是地表位移和深部位移，若挖掘时涉及放炮，则应进行必要的震动速度和震动加速度监测。同时还应辅助无人机、高分辨率遥感等技术，监测滑表面人类工程活动变化、地表地形变化、地表开挖加载、植被变化情况等。重点分析工程活动期间滑坡变形特征，滑坡变形与工程活动强度之间的关系，预测滑坡稳定性状态及发展趋势。

(4)对于浅层滑坡，由于滑坡体的厚度一般小于 6m，滑坡位移监测一般侧重于地表位移监测；对于厚层滑坡及巨厚层滑坡，由于滑坡厚度较大，因此除进行必要的地表位移监测外，还应进行足够的深部位移监测，深部位移监测的成果是推算滑坡滑动面和确定滑坡整治方案的重要依据。

(5)对于岩质滑坡，滑坡监测的重点是裂缝和应力监测。位移监测应侧重于地表位移监测，至于深部位移监测仅布置在裂缝较为集中的部位。

具体见表 6-24。

表 6-24　三峡库区滑坡变形机理及监测内容

作用机理	诱发因素	监测内容	
		必要	辅助补充
重力作用	重力	变形	降雨、钻孔倾斜
动水压力型	库水下降	变形、库水	地下水、深部位移，降雨
浮托减重型	库水抬升	变形、库水	地下水、深部位移
淘蚀软化	滑带饱水、侵蚀	变形、库水	遥感监测(三维激光扫描)、人工巡查
库水浸泡	库水	变形、库水	遥感监测
降雨	降雨入渗	变形、降雨	地下水、深部位移以及人工巡查
工程活动	开挖、堆填加载	变形、降雨	遥感监测(开挖、堆填监测)、人工巡查

通过一段时间的监测数据分析或者通过滑坡综合判断分析，可以确定滑坡受单因素还是多因素影响。若为多因素影响，分析其主要影响因素和次要影响因素，进而优化监测方法、监测时段和监测频率。

降雨型滑坡：应重点监测汛期，尤其是降雨期间及以后一段时间内的滑坡变形、地下水位等加密监测。适当加密汛期的监测频率，降低非汛期监测频率，以减少监测数据量。

库水型滑坡：应加强库水位及其波动速率监测。动水压力型滑坡应加强水位下降，尤其是加密水位快速消落期监测，重点关注库水位及下降速率。浮托减重型滑坡应加强水位抬升期监测，监测库水位及抬升速率。对于水库蓄水初期，在不明确库水对滑坡变形影响的情况下，一般来说，蓄水初期也是滑坡高发期，应对加强滑坡监测。

工程活动诱发型滑坡：应加强工程活动期间及以后一段时间内的滑坡监测，包括开挖堆填、修路建房、土地利用变化和植被变化等监测以及降雨监测。

2. 变形特征分析

可综合分析滑坡专业监测与宏观巡查结果，掌握滑坡变形特征，确定滑坡变形关键部位，为滑坡监测方法选择或优化滑坡体上已有监测点的布设提供依据。

1）运动形式

（1）推移式。据《三峡库区滑坡灾害预警预报手册》，推移式滑坡是指导致滑坡滑动的“力源”主要来自滑坡体的中后部，坡体中后部岩土体首先滑动，推挤中前部岩土体产生变形。因此，推移式滑坡的地表裂缝体系往往显示出如图 6-38 所示发展变化规律。

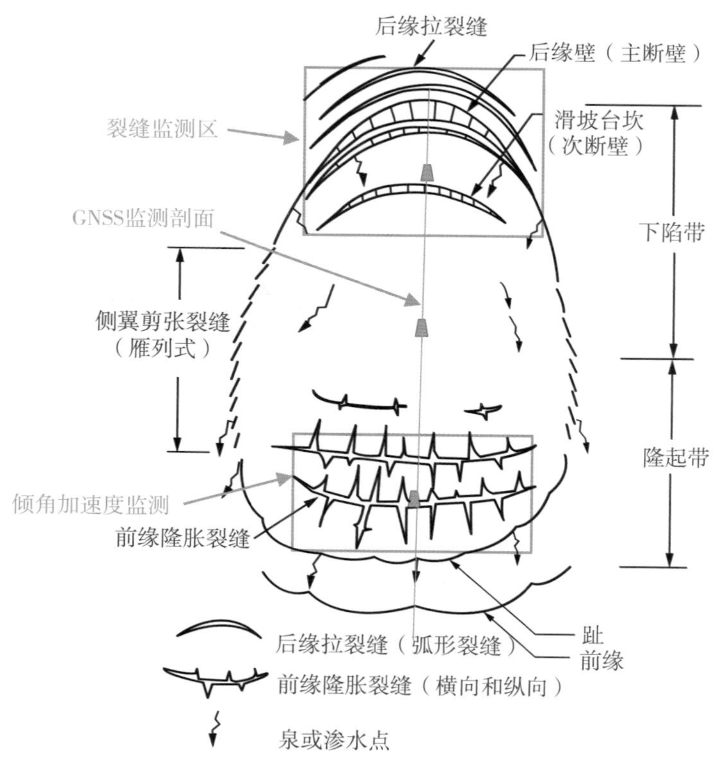

图 6-38　推移式滑坡变形的配套裂缝体系及监测布设

后缘拉裂缝的形成：推移式滑坡变形一般是先发生在滑体后缘出现断续的拉张裂缝。随着变形的不断发展，形成坡体后缘弧形拉裂缝。当坡体变形达到一定程度后，可能会沿裂缝逐级下错，并相继在后缘出现多级弧形拉裂缝和下错台坎。因此，适用于开展裂缝监测，裂缝监测应控制住关键主裂缝。在裂缝区以下的滑坡体后缘区域按照 GNSS 变形监测，与裂缝监测组合对滑坡中后部变形起到监控作用。

侧翼剪张裂缝的产生：当斜坡变形由后缘的局部变形逐渐向坡体整体滑移的发展过程中，随着坡体后缘裂缝宽度和深部不断增大，变形范围也逐渐由后向前扩展、推进，坡体后部逐渐向前滑移，并由此在滑坡后部的两侧边界开始出现剪切错动带，并产生侧翼剪张裂缝。随着变形的继续增加，侧翼剪张裂缝呈雁行排列方式不断往坡体前部扩展。当侧翼出现明显的剪张裂隙时，可以适当开展裂缝监测。

前缘隆胀裂缝的形成：如果滑坡体前缘临空条件不够好，或滑坡体滑动面在前部具有较长的平缓段甚至反翘段，滑坡体在由后向前的滑移过程中，会受到前部岩土体的阻挡。随着后部滑移变形量不断增大，其产生的推力也不断增大，在前缘阻挡部位的坡体将出现隆胀现场，产生鼓丘，并由此形成放射状的纵向隆胀裂缝和横向的隆胀裂缝。此区域不同位置的变形特征不一样，变形矢量方向不一致，因此布设 GNSS 监测，并辅以倾角加速度监测较为合适。

因此，推移式滑坡变形的变形过程是由后缘往前缘发展，根据推移式滑坡变形特征及演化过程，采用地表位移(GNSS、裂缝)、倾角加速度计组合较为有效。根据滑坡面积规模在滑坡体上设立 GNSS 监测剖面，控制滑坡整体及局部变形；在滑坡后缘拉裂区开展裂缝监测，在前缘隆起区域设立倾角加速度监测。同时加强裂缝巡查，关注裂缝变化及新增情况。同时推移式滑坡一般整体滑移，形成统一的滑动面，因此必要时可以在主剖面上开展深部位移监测，确定滑动面位置及其剖面上滑动面变形特征。

(2)牵引式。牵引式滑坡是指坡体前缘临空条件较好(如坡体前缘为一陡坎)，或前缘受流水冲蚀(淘蚀)或库水位变动、人工切脚等因素的影响，在重力作用下前缘岩土体先发生局部垮塌或滑移变形，前缘的滑动形成新的临空条件，导致紧邻前缘的岩土体又发生局部垮塌滑移变形，依此类推，在宏观上表现出从前向后扩展的“牵引后退式”滑动模式。

据《三峡库区滑坡灾害预警预报手册》，牵引式滑坡的地表裂缝体系往往显示一定的发展变化规律。

前缘及临空面附近拉张裂缝产生：坡体前缘首先向临空面方向发生拉裂-错落变形，形成横向拉张裂缝，随之加大加深，且变形主要集中于整个斜坡前缘或前缘两侧的临空部位。

前缘局部塌滑、裂缝向后扩展：前缘裂缝继续加大、加深，并有可能产生前缘局部下错或者垮塌，形成新的临空条件。紧邻前缘变形部位的坡体失去支撑，裂缝向后扩展，逐渐形成多级下错台坎，并最终在坡体中形成从前至后的多级弧形拉裂缝(图 6-39)。

侧翼剪裂缝的产生：在斜坡的拉张变形从前向后扩展过程中，由于存在向前的滑移变形，在滑移区的两侧边界将产生与推移式类似的侧翼剪张裂缝，不过，雁列式的剪胀裂缝也是跟随着滑移变形从前向后扩展的。

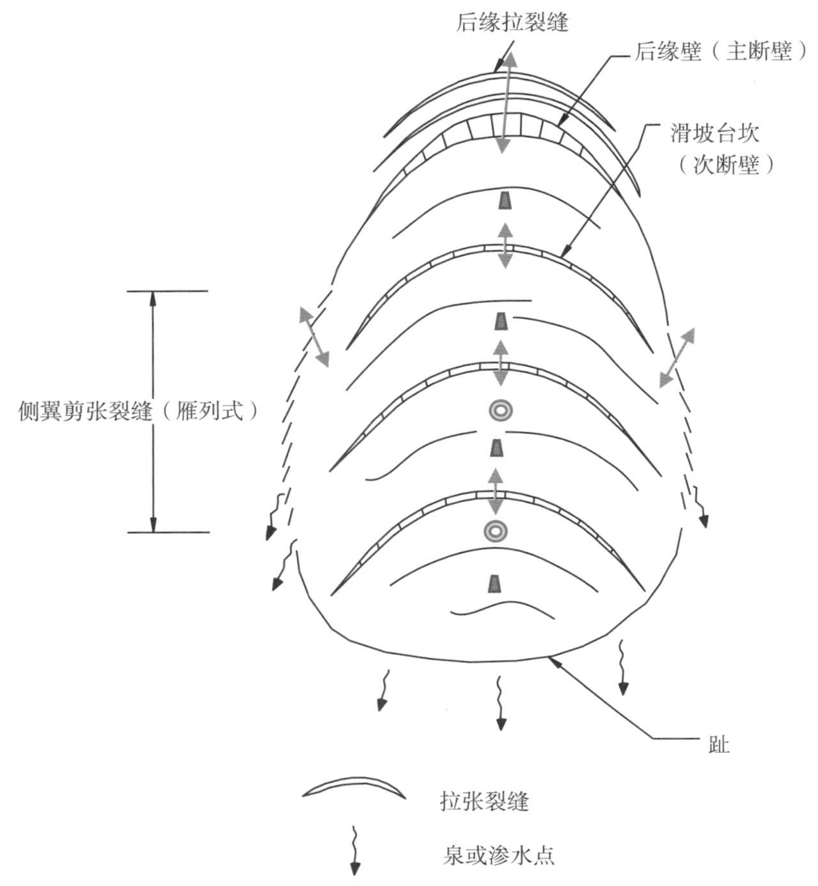

图 6-39　牵引式滑坡变形的配套裂缝体系及监测点布设位置示意图

当坡体从前向后的滑移变形扩展到后缘一定位置时，受斜坡体地质结构和物质组成等因素的限制，变形将停止向后的继续扩展，进一步的变形主要表现为各级裂缝张开度和下错量逐渐增大，并形成新的裂缝，并最终是后缘弧形拉张裂缝、两侧的剪胀裂缝相互贯通，形成圈闭滑坡边界，预示着大规模的整体滑动即将来临。

因此，对于牵引式滑坡，通常采用地表位移监测或者裂缝监测，或者是两者的组合，当没有出现明显裂缝时，以 GNSS 变形监测为主，采用剖面布设方式，优先布设在前缘变形块体，以及设在滑坡变形的较大块体上。当出现明显裂缝时，可以布设裂缝监测，监测尽量部署在主裂缝上以及侧边界出现裂缝的地方。若滑坡不一定是一次整体滑动，而是从前向后的逐级多次滑动模式，则裂缝计优先布设在前缘深大裂缝上监控关键块体。鉴于主裂缝可能为一个裂缝带，因此裂缝监测拉线尽量长。侧边裂缝重点关注是否形成贯通，必要时可以布设侧边界裂缝监测。当出现裂缝且变形较为明显时，可以采取 GNSS 与裂缝组合监测。为了了解滑坡深部变形特征，必要时可布设深部变形监测，以确定主滑带位置及其是否为多级滑带。

一旦裂缝形成，地表水容易沿着裂缝往下灌，会加剧滑坡变形。随着裂缝增多和增大，滑坡对降雨的敏感性也会不断增强。在前后同等降雨量情况下，滑坡变形量会显著高于前期。因此，可以在滑坡体附近部署降雨监测仪器。在开展裂缝监测同时，也要及时对裂缝进行填埋处理。例如秭归谭家湾滑坡，监测显示(图 6-40)，2010 年至 2014 年 8 月底暴雨之前，滑坡变形量小，累计位移曲线平直。2014 年 8 月底暴雨期间开始出现一次变形。直至 2017 年秋汛华西秋雨期间，出现明显变形后。随后 2018 年 6 月出现大变形，变形量达 1m。2019 年因降雨偏少，滑坡未出现明显变形。2020 年汛期滑坡明显加大，总变形量达 3m。

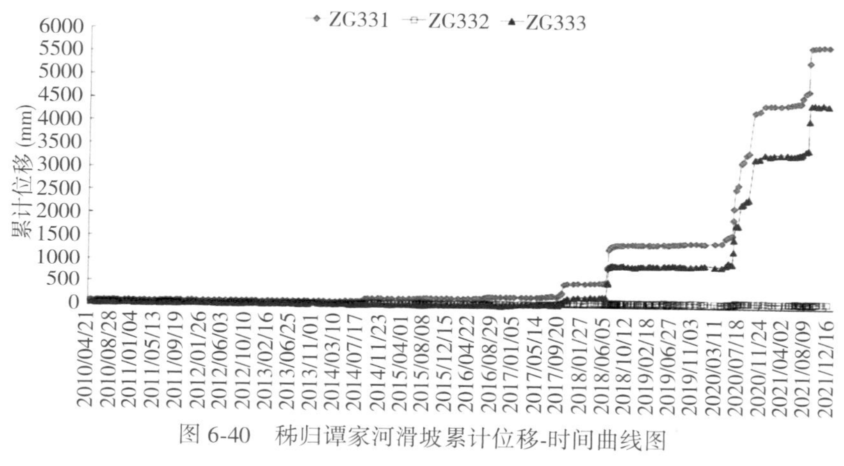

图 6-40　秭归谭家河滑坡累计位移-时间曲线图

2)形变量或变形阶段

(1)变形特征。局部变形的滑坡，可以对滑坡变形进行分区，可分为变形区、影响区和不变形区。监测重点应放在变形较大部位，同时兼顾整体。对变形区应考虑多种监测方法、适当加密监测点布设，当出现明显裂缝时可增加对裂缝监测。

整体变形滑坡，监测点应均匀分布，开展 GNSS 监测，布设一条剖面即可。采用多种监测手段时应优先考虑布设在主监测剖面上。对于大型的整体变形滑坡，可以不用设置 2 条或多条剖面，如大型基岩滑坡。可地表变形采取 GNSS 监测，当滑坡产生明显变形且边界出现裂缝时，可适当增设裂缝监测。整体变形滑坡，一般不存在块体旋转，因此不适宜进行倾角加速度监测。

当滑坡为整体变形，且局部出现较大变形时，应对整体变形进行剖面监测，同时适当开展对较大变形区的监测。重点关注强变形区域的变形趋势，分析局部变形对整体变形稳定性的影响。

(2)变形阶段。应根据滑坡的变形量或其所处的变形阶段，选择合适的监测方法，考虑适用的监测量程和监测频率。

当滑坡变形量较大时，应选择量程较大的监测方法或监测仪器，如地表 GNSS、地裂缝等监测仪器。尽量减少或避免使用量程小的监测方法，如深部位移监测。

当滑坡处于加速变形或临滑阶段，为避免滑体上监测设备因变形破坏而失效，可以考虑通过非接触式监测，尤其是处于临滑或者灾害应急抢险阶段，可采取无人机、视频、三维激光扫描仪、地面 SAR 等监测方法。

当滑坡变形量不大，处于初始变形或匀速变形阶段，选择合适数据采集频率，定期开展监测分析。当变形速率较大时，应加大数据采集频率，加强数据处理分析，及时预警。

3) 变形趋势

当滑坡变形趋缓或者长期监测分析得出滑坡趋于稳定时，应适当减少监测方法和监测点数量，甚至降低监测级别。对于多年监测不变形的应取消专业监测，改为群测群防监测。

当滑坡变形加剧或稳定性变差时，应加强监测工作。对于采取群测群防监测的滑坡，必要时应开展应急专业监测。对于专业监测滑坡，应根据变形特征调整和优化监测点位置，或者增加监测方法，比如在强变形阶段去增加应急监测手段。

3. 监测分析建议

监测优化分析目的是提出监测优化的措施建议。

(1) 监测网点布设优化建议。包含监测点或传感器布设位置的调整、监测点数量增加或减少等，确保能够监控关键部位。

对于重点滑坡的监测网点(如一级监测点)建设及优化，可以借助模拟分析的方式对监测网点进行优化。王洪德等(2013)利用数值模拟技术与模糊模式识别算法提出了滑坡监测点优化布置的基本方法[124]。以链子崖危岩体为例，根据监测变量(位移)对外界干扰因素作用下的灵敏度大小与监测信息量获取大小之间的关系，对该危岩体的监测变量(位移)进行了灵敏度分区研究，进而对该典型剖面的监测点进行了优化设计。结果表明，链子崖危岩体地表位移监测点宜布置在位移量明显和状态变化灵敏度较高的部位，深部位移监测钻孔宜穿越所有水平位移变化的灵敏区域。

(2) 监测内容、方法优化建议。通过监测综合分析，提出监测内容和方法的增减，确保能够捕捉影响触发的关键因素以及为预警预报提供关键参数。见表 6-25。

(3) 监测时段、频率优化建议。可根据变形阶段、预警级别及主控因素变化的综合判别来优化监测频率，通过影响因素变化特征确定重点监测时段。

1) 变形阶段

在不变形、微小变形或者匀速变形(蠕动变形)阶段，按天级(一天监测一次)或者小时级(数小时监测一次)监测即可；当开始加速变形处于初加速变形阶段，或者影响因素出现较大变化(如开始降雨，出现中小雨)时，应以小时为单位的监测频次获取监测数据。当处于中加速变形阶段，或者影响因素作用强度较大(如出现大雨或达到一定降雨量，或者库水位持续较大速率下降)时，监测频次应不低于 1 小时。当滑坡处于加加速变形阶段，或者影响因素达到或者超过临界值，监测频次应该为分钟级甚至更低。对于岩质滑坡，数据采集频次不得低于 3h 间隔采集数据。见表 6-26。

表 6-25

变形机理及监测建议

分类	影响因素	作用机理	监测对策与建议
振荡型	不明显	无或缓慢变形	以群测群防为主
直线型	重力	直线上升型	以群测群防为主，必要时辅以变形监测，防止加载
阶跃型	库水	动水压力型	加强库水消落期监测，重点监测变形+地下水+库水位
		浮托减重型	加强库水抬升期监测，重点监测变形+库水位
		淘蚀软化型	加强蓄水初期监测(专业监测+群测群防)与面上监测(巡查排查)结合
		浸泡压密型	加强蓄水初期监测(专业监测+群测群防)
	降雨	暴雨阶跃型	专业监测(变形+降雨)+群测群防与面上监测(巡查排查)结合，加强暴雨期监测
		雨季久雨阶跃型	专业监测(变形+降雨)+群测群防，加强汛期监测
	人工活动	人工活动型	点监测(变形)与面上监测(遥感、巡查排查)结合，限制滑坡区和顺向坡区域开挖、加载
复合型	库水+暴雨	库水消落+暴雨	加强库水消落期监测，重点监测变形+雨量+地下水+库水位
		库水抬升+降雨	加强汛期监测，重点监测变形+雨量+库水位
	人工+暴雨	人工活动+暴雨	加强汛期监测，点监测(变形+雨量)与面上监测(遥感、巡查排查)结合

表 6-26

监测频次优化建议

变形阶段	初始变形	匀速变形	加速变形阶段		
			初加速变形	中加速变形	加加速变形
预警级别	—	注意级 (蓝色)	警示级 (黄色)	警戒级 (橙色)	警报级 (红色)
监测频次	天级(或小时级)		小时级	小时级或分钟级	分钟级及以下

2)主控因素

据叶润青等(2021)三峡水库运行期地质灾害变形特征及机制分析得出，对于不同影响因素作用机制下阶跃型滑坡累计位移-时间曲线特征，可以从变形曲线“台阶”的形态特征、高度影响因素、出现时间及其重复性加以区分和判识[125]。见表 6-27。

表 6-27　　三峡水库运行期不同主控因素作用机制下的滑坡重点监测时段

影响因素	作用机制	控制因素	重点监测时段
库水	动水压力型	库水位及水位日降幅	快速消落期，每年 5 月底至 6 月初
	浮托减重型	库水位及高水位持续时间	水位抬升及高水位运行期，每年 10 月至次年 3 月
降雨	暴雨阶跃型	降雨强度及一次降雨过程累计降雨量	暴雨发生期及雨后数天内，暴雨达到一定降雨量时出现，如 2014 年“8 · 31”暴雨
	久雨阶跃型	降雨持续时间及累计降雨量	长时间降雨中后期，一般是极端久雨天气(如 2017 年秋汛久雨)
	雨季阶跃型	雨季累计降雨量	每年汛期(4—9 月)出现，每次发生较大降雨时会出现次级变形
复合型	人工活动型	人工活动强度	人工活动期间及完成后一段时间
	动水压力+降雨	水位日降幅及降雨强度和降雨量	库水位快速消落期(5 月底至 6 月初)，如 2012 年 5 月 31 日至 6 月 1 日暴雨期间
	人工活动+降雨	人工活动强度及降雨强度和累计降雨量	人工活动后降雨，尤其是暴雨期间

4. 监测优化机制分析

尽管通过监测分析得出应当进行监测调整优化的，可能由于种种原因不一定能得到及时实施，导致难以发挥监测最大效用，影响预警预报或者造成监测资源浪费等。因此，有必要建立监测优化机制，保障监测预警规划、建设到运行的全流程中能够及时调整和优化。对于地质灾害监测预警管理部门，有必要建立以下机制保障监测预警优化工作，监测分析工作要为监测优化机制建立提供科学依据。

(1)监测预警点销号与增补机制：经监测分析结合实地巡查调查，对于隐患已经消除的监测预警点应及时销号。建立销号机制，定期对监测预警点进行清理。对于新增变形较大、稳定性较差的灾害隐患点，宜根据需要及时监测工作。

(2)监测级别调整机制：包含两种情况：从群测群防升为专业监测(或应急专业监测)；从专业监测降为群测群防。

(3)监测网络优化机制：包含监测点补充建设、监测点的点位调整、监测点的数量优化调整，监测内容或监测方法的优化调整等。

关于地质灾害监测优化问题，对三峡库区地质灾害多年专业监测数据汇总分析，结合地质灾害地表宏观变形迹象，将地质灾害变形划分为不变形或微变形、缓慢变形、较明显变形及明显变形 4 个等级。针对多不同的变形等级，给出了地质灾害监测优化总体建议。

详见表6-28。自监测以来，经历了三峡水库135m、156m和175m蓄水和2008年至现在每年的30m水位周期性、大幅升降，以及2014年“8・31”暴雨和2017年秋汛久雨等极端条件下，若地质灾害多年监测曲线显示年变形量均小于20mm，则表明外动力对地质灾害的作用影响微弱，地质灾害处于稳定-基本稳定阶段，建议由专业监测降为群测群防监测；对于缓慢变形的地质灾害，其变形速度不大，外动力影响作用不明显，处于蠕动变形阶段，地质灾害处于基本稳定阶段，不建议采取综合立体监测，甚至可以适当减少专业监测点(在非主监测剖面上，减少监测点数量)，加强极端条件下的巡查工作。

表6-28　**三峡库区滑坡专业监测优化调整建议**

序号	变形程度	年变形量(mm)	稳定状态	监测优化建议
1	不变形或微变形	≤20	稳定-基本稳定	以群测群防替代专业监测：尽量减少监测点数量和监测频次；甚至可降为群测群防，适当加强极端条件下的地质巡查
2	缓慢变形	(20，50]	基本稳定	适当弱化专业监测，加强群测群防：可以降低监测频次，根据需要可适当减少监测点数量(对于综合立体监测点)；在可以分析出变形主导因素的条件下，重点对主导因素不利条件下的监测。加强极端条件下的地质巡查和群测群防监测
3	较明显变形	(50，100]	基本稳定-欠稳定	优化监测网络，强化群测群防：分析变形监测点是否布设合理，优化专业监测网点布设和监测方案，能否满足监测预警需求，重点监测诱发主导因素及变化，同时强化影响因素极端条件下的群测群防巡查。有条件时，应建立滑坡预警模型和预报判据
4	明显变形	>100	欠稳定-不稳定	监测关键要素和重点部位，加强监测分析与群测群防：优化专业监测网点布设和监测方案，分析变形监测点是否布设合理，重点捕捉主导因素变化和监测关键变形部位，必要时，可适当增加监测点甚至监测方法；还要强化监测数据分析与变形趋势预测工作，密切关注诱发因素的变化情况，加强宏观地质巡查。有必要投入一定的工作，建立滑坡预警模型和预报判据

6.2.3　监测优化分析实例

以三峡库区专业监测点秭归白家包滑坡监测优化为例。该滑坡是三期和后规阶段持续开展专业监测，为典型的水库(动水压力)型滑坡。2020年，以水库型滑坡监测示范点建设为目的，对白家包滑坡开展监测优化工作。

1. 建点目的及选点原则

三峡后续工作地质灾害专业监测预警工程实施，基本实现了自动化专业监测，与前面的二期、三期以人工监测为主比较，在仪器工作原理、仪器安装、数据采集传输、数据处理分析、预警预报等方面均存在较大的差异。因此，为了更科学开展监测预警指导工作，有必要开展典型隐患点专业监测网建设，主要目的如下：

(1)通过典型滑坡专业监测网建设，对专业监测自动化仪器选型、仪器安装、数据采集等方面开展试验性分析总结工作，探索有效的专业监测建设模式，有利于指导专业监测网点建设；

(2)典型滑坡专业监测数据具有很强代表性，在监测数据分析、监测曲线生产、曲线表达以及滑坡预警预报等方面开展试验性分析工作，有助于探寻水库型滑坡监测预警预报；

(3)建立典型滑坡专业监测网，为开展库水型滑坡变形分析与成因机理研究提供良好的试验示范场所；

(4)建立典型滑坡专业监测网，为三峡库区地质灾害监测预警科普与宣传提供野外考察参观和教学点。

根据以上建点目的需求，确定如下选点原则：

(1)受库水或降雨影响作用明显，有利于影响因素及作用机理分析；

(2)滑坡监测曲线特征明显，能够作为一种类型滑坡监测与预警研究；

(3)交通便利，有利于开展滑坡监测调查巡查以及地质灾害监测预警科普宣传；

(4)监测点具有较长监测时间和完整的历史监测数据，有利于长时间监测数据分析及预警预报模型分析；

(5)滑坡变形量较大，在空-天-地多种监测方法手段能够测量。

鉴于以上建点目的及选点原则，选择秭归县白家包滑坡作为本次专业监测建设对象。

2. 滑坡前期专业监测及变形分析

1)前期专业监测建设

白家包滑坡是三峡库区秭归县三期地质灾害防治专业监测点之一，于2006年9月开始实施专业监测，共布设2个GPS基准点(ZG220、ZG221)，4个GPS变形监测点(ZG323、ZG324、ZG325和ZG326)；2个倾斜监测孔(QK1和QK2)，2个滑坡推力监测孔(TK1和TK2)、2个地下水监测孔(SK1和SK2)。2016年4月，在滑坡中部新增ZG400、ZG401 2个GPS监测点和LF1、LF2、LF3和LF4 4个裂缝监测点。2017年结合湖北省地质灾害监测(监控)预警工程建设示范工程项目，在原人工GPS监测墩边(ZG324、ZG325、ZG400)新建3个自动GPS监测点(ZD1、ZD2、ZD3)，在原GPS基点ZG221边新建自动GPS监测基点(ZDJ1)，采用GPS单独解算。在主监测剖面监测点ZG324和ZG325边，新建2个深部位移和地下水综合监测孔(QSK1和QSK2)。形成1条纵向人工、自动监测主剖面。各监测点位布置如图6-41所示。

白家包滑坡经历多年持续变形，累计位移较大，造成2006年建设的地下监测设施受损严重而失测(2个倾斜监测孔、2个滑坡推力监测孔、2个地下水监测孔均受到破坏)。目前，在各种监测手段中，6个人工GPS地表位移监测、3个自动GPS地表位移监测、4个自动裂缝监测、2个深部综合监测，能够正常进行工作。

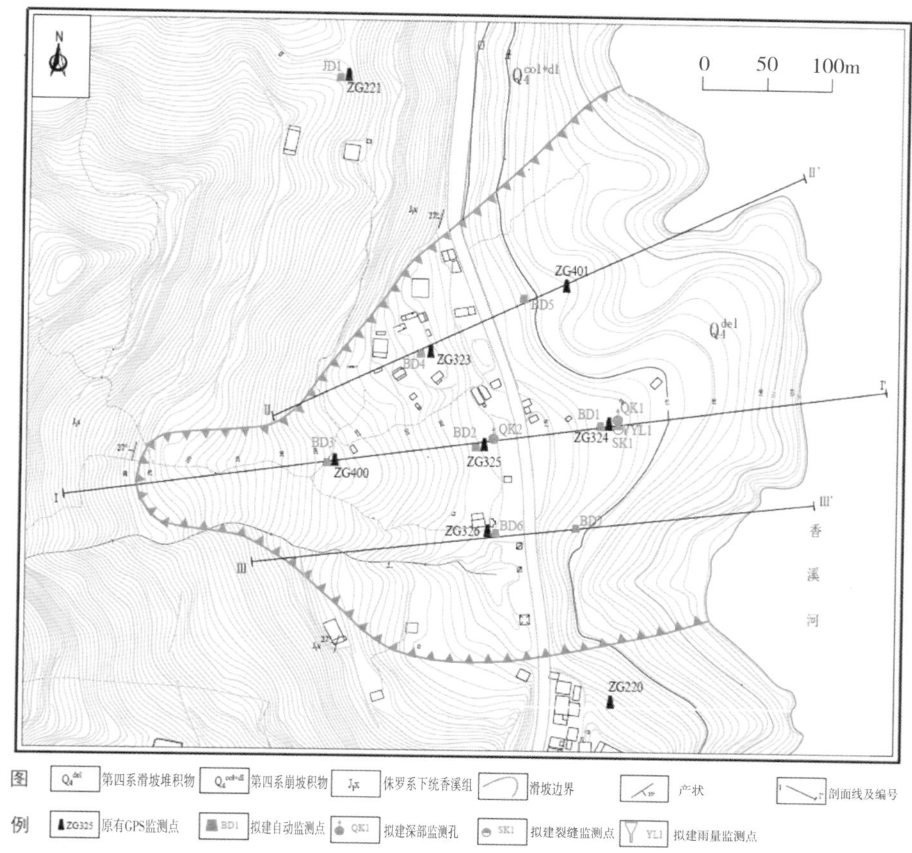

图 6-41　白家包滑坡监测布置平面图

2）前期监测分析

（1）人工 GPS 地表位移监测。从图 6-42 可以看出，三峡库区库水位每年均经历不同水位的涨落，与各监测点的位移变形变化过程有很好的对应关系，具体为：库水位上涨及高水位运行阶段滑坡无明显位移；而当库水位下降过程，滑坡变形明显，显示水库水位下降对滑坡变形影响很大，即库水位的每次下降均会导致滑坡累计位移曲线上扬（2007—2018 年经历了 12 个库水位下降过程（通常为每年的 4—6 月），而相应的累计位移变形曲线对应出现了 12 级台坎），说明库水位下降过程对滑坡的稳定性会产生重要影响。三峡水库水位下降速率及持续下降时间对滑坡稳定影响较大，具有时间滞后效应。

（2）自动 GPS 地表位移监测。从图 6-43 可以看出，白家包滑坡 GPS 自动监测与人工监测的规律一致，都具有阶跃型特征。测点 ZD1、ZD2、ZD3 的位移于 2018 年 6 月 8 日开始增大，位移-时间曲线突然抬升，而此时正是三峡水库水位下降至 145m 的时刻，表明白家包滑坡变形响应三峡水库水位的下降具有明显的滞后性，至 6 月下旬测点 ZD1、ZD2 的变形基本趋于稳定，阶跃型曲线回归平缓；测点 ZD3 位于滑坡中后部，变形还受降雨的影响，在降雨的叠加作用下，其变形继续增大，至 7 月下旬趋于稳定。在 2019 年 6 月份三峡水库水位下降后，地表位移同样剧增，到 8 月初逐渐趋于稳定。

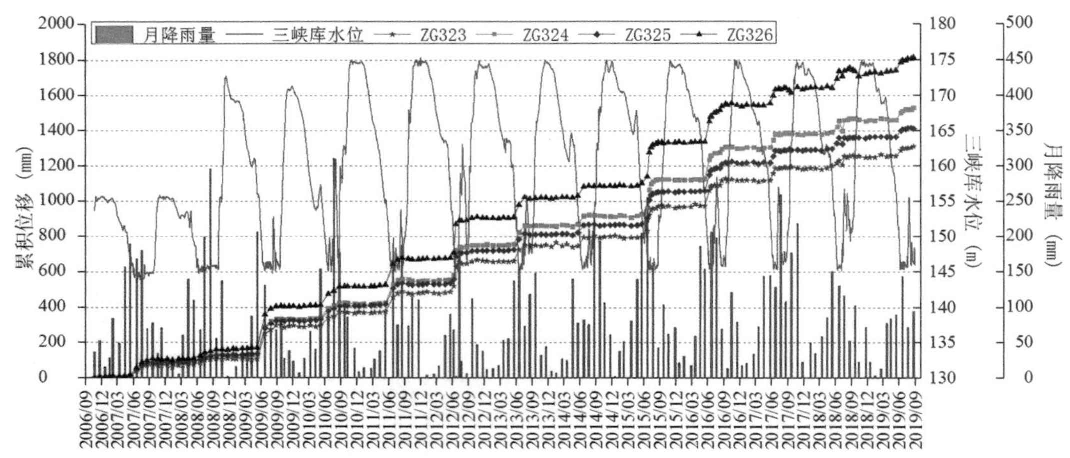

图 6-42　白家包滑坡人工 GPS 监测点累计位移-时间曲线图

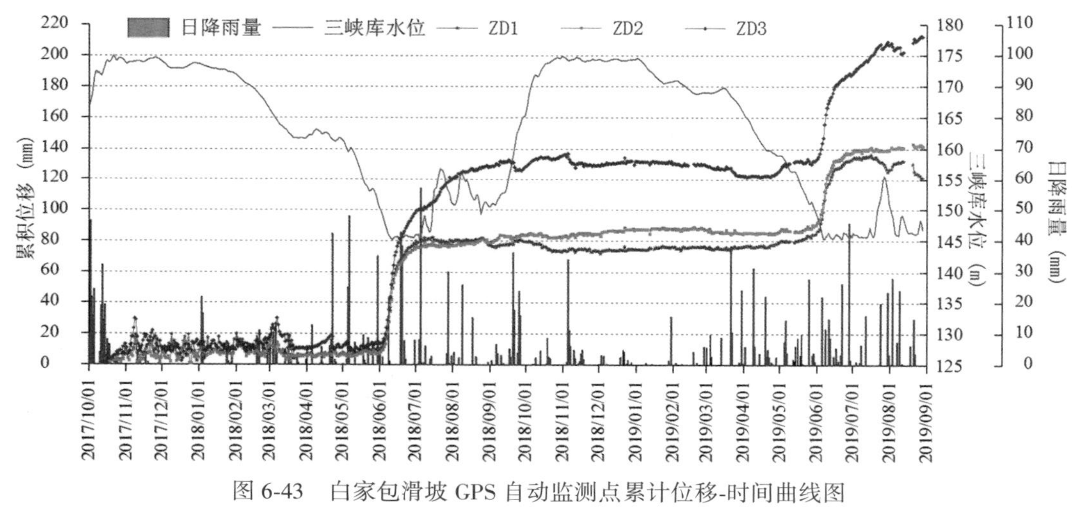

图 6-43　白家包滑坡 GPS 自动监测点累计位移-时间曲线图

(3)宏观变形特征。自 2007 年 5 月起，白家包滑坡在每年 5—7 月，地表均产生明显位移，滑坡后缘弧形裂缝拉张明显，形成贯通的弧形拉裂缝，从前缘穿越的秭归-兴山公路路基亦多次损坏，每年 9—10 月变形明显趋缓。如图 6-44 所示。

3)白家包滑坡专业监测待解决的问题

白家包滑坡属于典型的阶跃型滑坡，即在三峡库水位下降速率比较大的时候，滑坡就表现出了“弱透水-滞后型”的滑坡变形特性，在监测曲线上就显示出典型的阶跃型特征。根据典型的滑坡 4 级综合预警准则，滑坡进入加速变形阶段是滑坡发生的前提，也是滑坡预警的重要依据。滑坡一旦进入加速变形阶段，则预示着在未来不久将会发生滑动。但是，阶跃型滑坡根据监测曲线较难判断滑坡当前处于哪一阶段，因为在每年的 5—7 月份，滑坡的变形速率都要突变剧增，似乎滑坡变形已进入到了加速变形阶段。但现实情况是每

滑体前部坍塌(地表裂缝)

滑坡中前部秭-兴公路裂缝(沉陷)

滑坡中后部北侧边界裂缝

滑坡南侧边界公路下方裂缝

图 6-44　白家包滑坡宏观变形特征

年的 8 月份之后，白家包滑坡的变形速率又逐渐减小，变形又趋于稳定。滑坡的变形到底在何时变形剧增后不再趋于稳定，而是直接整体滑动，是白家包滑坡监测预警的难点。这就需要建立白家包滑坡实时监测预警系统，实现现场监测数据的自动采集、远程无线传输、实时自动分析预警和预警信息的自动发送等功能。以此对白家包滑坡进行实时自动监控，一旦滑坡出现临灾征兆，系统通过短信等方式将预警信息及时自动发送给相关人员。

白家包滑坡已有 6 个人工 GPS 地表位移监测、3 个自动 GPS 地表位移监测、4 个自动裂缝监测、2 个深部综合监测能够正常进行工作。白家包滑坡监测预警存在以下有待解决的问题：

(1)自动 GPS 地表位移监测仅有 3 个，没有形成有效的全自动地表位移监测网络。

(2)深部位移监测曲线无变化，不能和地表位移监测相匹配，即地表有较大变形，但地下的变形却没监测到。三期安装了固定式自动化深部测斜仪器，但是未获得滑坡深部位移数据。初步分析可能原因是滑带位置定位不准确，深部测斜传感器安装不到位。因此，滑坡中前部滑带位置在哪有待确定。同时也表明只是通过钻探识别滑带有一定的难度，有待通过专业监测建点来探索深部位移监测建设中一些问题的解决方法。

(3)滑坡受库水作用明显，但地下水位监测曲线无变化，监测的地下水位基本没有波动，不符合理论上滑坡体内地下水位随库水位升降的变化规律。因此，库水如何影响，滑坡体内地下水与库水的连通性，以及降雨、库水和滑坡地下水之间的作用关系，有待通过有效的监测数据来确定。

(4)滑坡自三期开始实施专业监测，可以看到白家包滑坡仍然有些问题未认识清楚，其根本原因是滑坡地质结构未认识清楚，尚未建立准确的滑坡地质模型。从另外一个角度，也说明滑坡地质结构比较复杂。

(5)监测分析显示，白家包滑坡属于动水压力型滑坡，每年在库水位快速下降时，地表位移-时间曲线出现明显台阶。此类型滑坡的预警预报问题，包括预警预报模型如何建立和预报判据如何确定，有待通过滑坡机理和监测数据分析进一步深入研究。

3. 专业监测网设计

2018 年 6 月，在项目实施方案编制时，对白家包滑坡专业监测网进行了初步设计：拟在白家包滑坡上的原人工 GPS 监测墩边(ZG324、ZG325、ZG400)新建 3 个 GNSS 位移自动监测点(BD1、BD2、BD3)，在原 GPS 基点 ZG221 边新建自动 GNSS 监测基点(JD1)；在主监测剖面两侧各设 1 条 GNSS 位移自动监测剖面，每条剖面设 2 个 GNSS 位移自动监测点，分别位于公路上下两侧。此外，在滑坡体上建设 1 个自动雨量监测仪，完成 1 个雨量计的基座开挖和浇筑工作。在滑坡体主监测剖面上建设深部位移监测和地下水监测钻孔，总进尺 200m。监测工作量见表 6-29。

表 6-29 白家包滑坡监测设计工程量

序号	工程项目及名称	单位	工程量	备注
1	自动 GNSS 监测(北斗单独解算)	个	8	基点 1 个，变形点 7 个，与前期 GPS 数据对比分析
2	深部位移监测孔、地下水位监测孔	m	200	3 个孔
3	雨量计	个	1	

4. 建点效果

1)主要认识

(1)对白家包滑坡边界形态及地质结构特征认识。通过本次专业监测建点，对白家包滑坡边界形态及地质结构有了进一步认识，存在更深层次的滑带变形。

①滑坡厚度：经过本次建点钻孔分析认为，中前部 2 个钻孔位置的滑体厚度由原来认为的 47~47. 5m 和 49. 5~50m，增加至 63. 9~66. 9m 和 78. 4~79. 9m，前部钻孔位置揭示认为存在 3 层滑带。而且通过对三期钻孔切斜监测仪器的抽拔试验，得出 60m 以上不存在滑动变形，滑坡存在更深部的滑动变形的结论。

②滑坡体积。随着钻孔对滑带的揭示，滑坡存在更深层的滑带，因此滑坡体积也比前期认为更大。滑坡体纵长约 700m，前缘横宽约 500m，中上部宽约 300m，滑坡总面积约 $23.4\times10^4m^2$，滑坡体最厚约 80m，平均厚度约 45m，滑坡总体积约 $1053\times10^4m^3$(之前为

$660\times10^4m^3$），属于特大型滑坡。

③地下水。根据本次钻孔揭示，结合前期地下水监测，认为在地下水方面滑坡存在明显特征，即中前部降雨对地下水位影响很小。钻孔揭示中前部存在厚度较大（38m 以浅）的泥质含量非常高的土层，岩性为粉质黏土。渗透性极差，地表降雨入渗很小，降雨对滑坡地下水水位影响非常小，水位监测数据也显示几乎没有变化。

滑坡下部以碎裂岩为主，渗透性相对较大，因此与库水的连通性较好，这也揭示了滑坡在库水位降至较低水位（152m 以下），时间大概在 5 月 20 日左右，滑坡开始出现较为明显变形。

（2）对专业监测网点建设的认识。基于专业监测网建设施工过程中，对滑坡有了进一步认识，对于地质结构较为复杂的滑坡，在建立综合立体监测网时，查明滑坡地质结构很重要。

通过本次白家包滑坡专业监测网建设，认识到在专业监测建设中，要以地质为基础，以预警预报为目的，充分认识监测只是手段，监测要为预警预报做好支撑。

2）监测效果

通过监测获取到了想要的深部位移和地下水位波动数据，很好地回答和解决了前面提出的 2 个主要问题，达到了监测建点效果。监测得到，前缘地下水位波动范围在 145～152m，很好地回答了当库水位降至 152 以下时滑坡开始变形加快。2 号钻孔深部位移监测数据显示，滑体在 76m 左右出现变形。如图 6-45 所示。

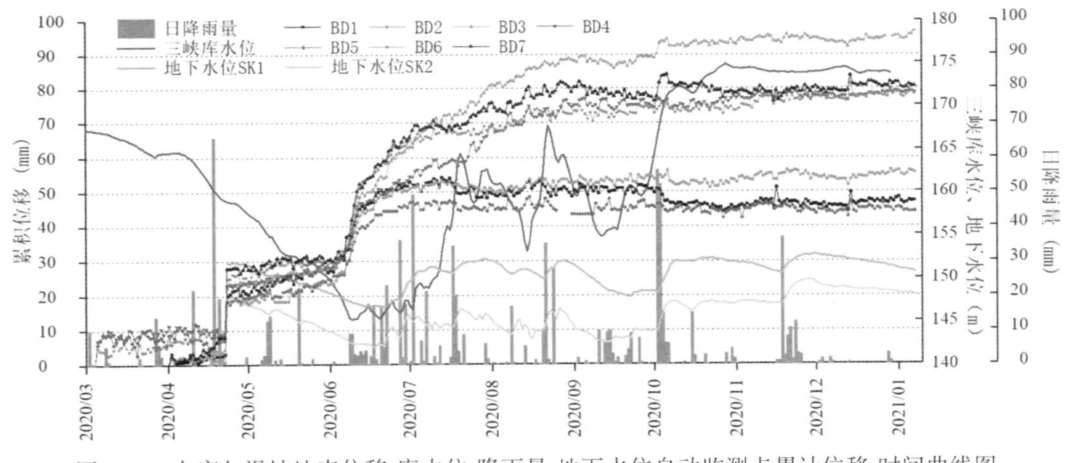

图 6-45　白家包滑坡地表位移-库水位-降雨量-地下水位自动监测点累计位移-时间曲线图

5. 建点经验总结

监测预警是地质灾害防治的主要工作和防灾减灾重要措施，也一项复杂而具有挑战性的系统工程。在专业监测建设中，始终要以地质为基础，以预警预报为目的，充分认识监测只是手段，监测要为预警预报做好支撑。因此，在专业监测建设过程中，要同时做好三件事情，注重建立地质模型、监测模型和预报模型，概化为三峡库区地质灾害监测预警模式，即地质-监测-预报模型(Geological-Monitoring-Prediction Model，简称监测预警 G-M-P 模式)。此次白家包滑坡专业监测建设过程中，项目组也在遵循监测预警 G-M-P 模式的建点思路。

1)地质模型是基础

滑坡体地质模型包含要素有滑坡几何参数、物质组成与地质结构、岩土体物理力学参数。几何要素是用于刻画滑坡几何特征的参数，包括边界形态、地形特征、滑床形态特征、滑体厚度、滑坡规模等。滑坡物质组成是滑体岩土性质、滑床地层岩性和滑带物质组成。滑坡地质结构主要是指滑坡岩土体组合特征，例如岩质滑坡的岩层厚度及岩性组合、岩层产状以及滑面与岩层产状的关系等，土质滑坡有滑体土层划分及土石比例。滑坡岩土体物理力学参数主要有比重、含水率、干湿密度、塑限/液限指数、c/φ 值、压缩系数和模量等。

对于白家包滑坡来讲，滑坡平面形态已经比较清楚，可以通过地形地貌圈定，关键是准确判断滑带位置，这需要通过钻孔来揭示。首先是通过钻孔岩芯来判识。前期专业监测建设时，也实施钻孔倾斜监测，但是并未获取到较为理想的监测数据。可能原因有两个，三期采取人工监测方式，钻孔受到滑坡变形而剪断破坏。后来采取了固定式倾斜自动化监测，但也未获取到很好的数据。因此，在建设过程中，建议辅以一定的钻孔倾斜监测，通过人工监测获取准确滑带位置后再开展仪器安装。

根据前期监测数据分析，可以得出监测结论：白家包滑坡受库水作用较为明显，在库水位上涨及平稳水位运行阶段滑坡无明显位移；而当库水位下降过程，滑坡变形明显，显示水库水位下降对滑坡变形影响很大，即库水位的每次下降均会导致滑坡累计位移曲线上扬(2007—2019 年经历了 12 个库水位下降过程(通常为每年的 4—6 月)，而相应的累计位移变形曲线对应出现了 12 级台坎)，库水位下降过程对滑坡的稳定性会产生重要影响。滑坡呈现整体变形特征，破坏方式为整体破坏。滑坡主要动力因素为库水，属于动水压力型滑坡，在库水快速消落期出现明显变形，变形时间发生在 4—6 月，为牵引式滑坡。

2)监测模型是关键

滑坡监测模型应以监测预报为目的，以地质模型为基础，根据不同类型滑坡的变形破坏特征，确定不同类型滑坡最合适的监测方法、监测内容、监测仪器、监测剖面及监测点的布置。滑坡监测模型建立包含以下要素：滑坡监测预警等级、监测网型与参数、仪器设备及技术指标、数据采集与传输、监测数据处理与分析。滑坡监测模型以滑坡调(勘)查成果及在此基础上所建立的地质模型为基础，以获取滑坡预警预报关键因子为目标。

白家包滑坡监测模型建设经历了项目立项时监测方案设计和建立两个阶段。

第一阶段：监测模型设计阶段。

2018 年项目实施方案中，选择白家包滑坡作为专业监测对象，初步对白家包滑坡的专业监测方案进行了设计。此过程中，项目组收集和分析了白家包滑坡的已有的调查、勘查、监测和科研成果，初步建立了滑坡地质模型。监测模型不仅考虑了滑坡预警预报的目的，还考虑了其试验示范作用，也分析了白家包滑坡当前监测存在的问题，在监测模型设计中提出了一些解决方案。以下是监测设计中的两个例子。

例一：针对深部位移监测，对于深部位移监测设计和安装存在未知数，包括：滑带位置深度是多少？是否存在多层滑带？如果存在，哪个滑带是主变形滑带？等等。因此在深部位移监测设计中，提出采用多维监测方法和固定式自动监测方法相结合的方式。

例二：针对当前GNSS地表位移监测中，主要采取GPS和北斗联合解算方式。随着我国北斗卫星的不断发射，已经实现了组网，在精度上也大大提高，因此在监测方案设计中提出北斗单独解算方式，在设备采购中要求有北斗单独解算功能，以实现后续GPS和北斗位移监测的对比。

第二阶段：监测模型建立阶段。

在专业监测建设施工阶段，要根据施工过程中对监测对象有进一步认识时，应对建点方案进行适当调整。对认识不清或出现把握不准的问题，通过咨询研讨的方式来确定，甚至可以邀请专家现场咨询。以下是在建点施工过程中调整的3个例子。

例一：监测方案设计阶段是4个钻孔，包括2个深部位移监测孔和2个地下水监测孔，孔深设计进尺均为50m。2号深部测斜孔首先施工，完成钻孔进尺64m后仍未见基岩，且滑带判断较为困难，项目组邀请专家，现场就白家包滑坡专业监测网建设中测斜孔进尺、滑带位置确定以及监测仪器布设等有关问题开展现场讨论，得出调整钻孔进尺建议。鉴于以往监测成果能很好地揭示滑带位置及变形，为确保滑带揭示，2号孔进尺要增大，直到揭示基岩出露，且将4个孔变为3个孔，并取消2号水位孔施工和监测。

例二：在1号深部测斜孔施工过程中，钻孔岩芯揭示，40m以上岩芯泥质含量高，渗透性差，也印证了前期地下水监测无变化，说明降雨入渗性较差。而在40m以下存在滑体土碎块石含量较高，渗透性相对较好，说明存在于库水连通性较好。这很好地说明了白家包滑坡受降雨影响小，而受库水作用影响加大。依据野外判断，将1号深部测斜孔改为综合孔，集测斜和地下水监测，主要监测库水波动对地下水的影响，而另外一个水文孔只监测降雨对滑坡地下水影响。

例三：在监测设备布设时，鉴于2号深部位移监测孔已经揭示完好基岩，因此将多维测斜安装在2号测斜孔中。原本设计60m的多维监测，布设在17~77m深度。

3）预报模型是重点

由于滑坡的形成条件、孕育过程、诱发因素的复杂性、多样性及其变化的随机性，滑坡动态信息极难捕捉，加之滑坡动态监测技术的不成熟和滑坡预报理论的不完善，滑坡时间预报是一个世界性的难题。建立滑坡预报模型和预报判据，是滑坡时间预报的核心。滑坡预报模型的建立是在开展滑坡形成条件、影响因子及其变形响应分析、变形发展趋势预测等工作基础上，建立滑坡综合分级预警模型，明确预报判据内容，针对性地提出滑坡变形、降雨量和库水升降速率等的分类预警预报判据以及综合判据，划分预警等级及对应的指标参数等级，量化各种判据指标（包括不同工况条件下稳定性、变形、库水、雨量及综合判据），确定滑坡最不利工况，明确滑坡稳定性现状、变形破坏模式、失稳范围及发展趋势甚至可能失稳破坏时间。

滑坡预警模型建立包括滑坡监测预警指标筛选，指标体系建立及分级，确定各指标权重，选择适合的分析计算方法，对指标体系进行综合评分，给出各预警等级的分值区间或阈值。因此，建立准确的滑坡预警预报模型，需要进行滑坡地质力学分析、监测数据分析、稳定性计算、数值模拟分析以及综合分析等工作。所以，在监测模型建立过程中，一方面，要尽量考虑为预警预报模型建立提供有效和尽量多的参数和判据，尤其是捕捉住影响滑坡变形破坏的关键因子及其变化；另一方面，不难看出，仅仅依靠监测数据不一定能完全满足滑坡预警预报模型的建立。

6.3 滑坡防控决策分析

6.3.1 分析目的及防治措施

1. 防控决策分析目的

对于服务于地质灾害防控决策来说，其监测分析的目的是提出科学有效的防控措施建议，如采取工程治理、搬迁避让或者监测预警，并给出初步的防控措施方案。防控决策分析主要面临以下两种不同的情形：

一是当出现较大的地质灾害险情或灾情之后，影响到隐患点上和附近民众的生产生活时，提出应急处置措施建议。例如当发生地质灾害险情时，一般会应急撤离了灾害体上的民众，以及滑动过程及其产生涌浪影响和威胁到附近和上下游居民。为了了解其变形发展动态和趋势，支撑应急处置工作，一般会开展应急监测，通过短时间(一般在数天内)应急监测提出灾险情的应急处置建议，涉及应急防治措施、预警级别调整等。通过应急监测分析要回答一系列问题，包括涉及灾害体稳定性现状和发展趋势；灾害体及其影响区能不能恢复正常生产生活，何时恢复；是否需要应急处置工程措施，采取什么样的工程措施，如何保障应急处置施工安全，等等。

二是对于开展常态化监测运行的隐患点，在经过一段时间的监测后，通过监测分析，有必要调整其防控措施建议。为保障三峡水库蓄水运行，从 2003 年开始，先后对 200 余处的重大滑坡隐患点实施了专业监测。通过长时间序列的监测和分析得出，有些滑坡变形趋于稳定，变形量很小，可以对监测进行优化调整甚至降低监测等级；还有一些滑坡变形依然持续发展，甚至加剧，威胁人民生命财产、基础设施和长江航运等安全，需要进一步强化防治措施，甚至分析其实施工程治理的必要性。

因此，防控决策分析时，不仅要分析隐患点的变形趋势、影响因素、破坏方式、威胁对象等，还要分析防控措施的可行性、经济性及有效性，科学提出下一步防控方案建议。

(1)建议采取工程治理时，应充分利用监测数据，分析地质灾害变形特征、规律，提出初步的工程措施、工程布置、施工等相关建议。

(2)建议采取监测预警时，应根据趋势分析结合地面调查，明确专业监测、应急监测或者群测群防。

①当地质灾害变形较大，没有变缓趋势时，可采取专业监测或应急专业监测措施。此时监测分析应初步提出监测内容、网点布设方案、应急预案等相关建议；

②当地质灾害变形明显趋缓，变形量小，趋于稳定时，可采取群测群防，但应提出群测群防监测方案，提出巡查排查频次、内容、路线，明确简易监测内容及监测位置等方面的建议。

(3)建议采取搬迁避让时，应提出搬迁范围、安置区域以及搬迁后隐患点的监测预警工作建议。

2. 三峡库区地质灾害防治措施划分标准

三峡后续工作地质灾害防治规划中，明确了地质灾害防治措施划分标准，将地质灾害防治措施分为工程治理、搬迁避让、监测预警和无需防治四类。

1)工程治理

纳入地质灾害工程治理的灾害地质体，是经过调(勘)查或监测后，稳定性预测评价认定其为不稳定或稳定性恶化的隐患点，对重点保护对象构成威胁和危害的崩塌、滑坡、危岩，无法搬迁避让、不能搬迁避让的，经过工程治理的必要性和经济技术可行性方案对比论证后认为必须进行工程治理的。工程治理的灾害地质体的稳定性评价标准，按地质灾害危害程度分级确定防治工程等级，按工程等级确定治理工程的最小安全系数。

2)搬迁避让

对于稳定性预测评价为不稳定的地质灾害体，或者经过监测后认定其稳定性恶化并符合上述搬迁避让条件的，并对居民构成威胁和危害的，经技术可行性和经济合理性论证后，搬迁方案优于工程治理方案的，纳入搬迁避让范畴。若该灾害地质体失稳对长江航运、交通运输构成威胁和危害，可同时建议进入工程治理。

3)监测预警

经过调(勘)查或监测后，稳定性预测评价为潜在不稳定的崩塌、滑坡、危岩，初步认为有可能属于隐患，今后有可能对保护对象构成威胁，经分析论证后，可以暂不进行工程治理，通过监测预警进行防范。

4)无需防治

稳定性评价为稳定或基本稳定的，多年监测数据分析显示不存在变形的崩塌、滑坡和危岩体，无人居住且无重要设施，并构不成危害的，可以不需要采取防治措施。

6.3.2 防控决策分析内容

1. 变形及趋势分析

重点分析地质灾害变形现状，判断其发展趋势，在此基础上提出防治措施建议，为科学防控提供决策支持。

1)监测分析得出监测隐患点的变形趋缓

(1)对于已发布了预警的滑坡，可以经过监测分析与会商，降低预警级别。当趋于稳定可以解除预警，变形量小甚至不变形时，可以降低监测级别，将专业监测(应急专业监测)改为群测群防。

(2)对于变形趋缓，在今后相当一段时间会持续变形，威胁居民安全或影响破坏重要设施，可开展工程治理可行性及经济性分析。当适合于工程治理时，可以根据专业监测分析提出工程治理措施初步建议，具体工程措施可根据勘查结果并辅以监测分析后确定。当工程治理难度大或者费用高时，可以采取搬迁避让。

2) 监测分析得出滑坡变形趋于严重

(1) 对于已发布了预警，经过会商提高预警级别，并加强监测及分析，启动应急预案，做好应对措施；

(2) 如果威胁居民安全或重要设施，可以采取工程治理措施，甚至应急治理措施。

2. 影响因素分析

通过变形与影响因素的分析，确定变形主导因素，划分滑坡类型，属于降雨型、库水型、人类工程活动型等，从而为滑坡防控决策选择提供依据。

如果滑坡变形敏感因素分析受单因素控制或主导，可对选择相应的工程，如：

(1) 降雨型应考虑地表截排水工程为主导的防治措施，以降低雨水入渗和冲刷的影响；

(2) 库水型可考虑护岸措施，降低库水冲刷、侵蚀和水位变动对滑坡的影响；

(3) 因人类工程活动导致变形，如开挖导致滑坡变形，可以采取回填方式先控制变形，再根据变形情况确定进一步工程措施；

(4) 如果受多因素主导，可通过专业监测数据，进一步分析各影响因素对滑坡的影响作用强度，采取合理的综合工程措施。

3. 变形特征及破坏模式

(1) 根据滑坡变形大小趋势，以及是否局部变形还是整体变形，确定滑坡是否采取局部治理和整体治理。

①如果滑坡整体稳定，局部变形造成危害，可实施局部治理；

②如果滑坡整体变形较大(所有 GNSS 监测点或钻孔倾斜剖面各点都一致性出现较大变形)，危害对象重要，可以考虑采取整体治理措施。

(2) 可用深孔位移人工监测手段寻找滑面位置的方法，来确定滑坡是否存在滑带、存在几级滑带及各滑带的位置、变形情况，弥补滑坡勘查中，使用钻探(取芯工艺)、井探和物探的缺点。

(3) 可以通过判断滑坡属于推移式还是牵引式，为滑坡治理方案和工程布置提供依据。

①牵引式滑坡，变形主要发在滑体中前部，主导工程措施(如抗滑桩布置)应设置在滑坡中前缘；

②推移式滑坡，可以选择削方压脚的方式控制滑坡变形，如需采用抗滑桩，则应靠后缘布设。

6.3.3 防控决策分析实例

1. 秭归县泥儿湾滑坡险情应急处置

1) 滑坡概况

秭归县泥儿湾滑坡(图 6-46)位于水田坝乡龙口村 6 组，长江支流袁水河左岸，距长江河口 8.6km，近邻下游的龙口滑坡，滑坡北侧边界即为岩层节理裂隙形成的切割面，南侧为岩土界面，滑坡体前缘宽 140m，后缘宽 50m，平均厚 20m，体积约 $80\times10^4m^3$，属三峡库区二期群测群防监测点，为 2008 年发生变形的老滑坡。据现场地貌调查分析，历史上曾发生过滑动，是由于滑坡前缘袁水河侵蚀浸泡引起岩质边坡发生滑塌，后期风化堆积形成。本次主变形区是该滑坡的中北部区域，后缘宽 25~30m，前缘宽 100m，滑坡前缘高程 150m，后缘高程 300m，纵长 300m，体积约 $50\times10^4m^3$，该区为主滑区，南侧为滑坡牵引区。

图 6-46 泥儿湾滑坡全貌

主滑区具三级平台，其中后缘平台明显，中下部平台较窄。滑坡后缘形成滑坡壁面，滑坡壁面为滑床层面，滑坡在地层构造上属单斜顺层斜坡，主滑区南侧边界为滑坡南部自然山脊，主滑方向 282°。

泥儿湾滑坡体大地构造上处于秭归向斜北西翼，为单斜地层，地层岩性为侏罗纪砂岩、粉砂岩夹薄层状泥岩，岩层产状倾向为 300°，倾角为 30°~50°。岩层中断层不发育，而节理裂隙较发育，主要发育走向 20°和走向 285°两组陡倾角裂隙。前期滑动正是由于两组节理切割和袁水河切脚所致。

滑坡物质主要为堆积层，由块石、碎石土组成，块石占 25%，块石成分主要为砂岩，块径一般为 0.2~0.5m，碎石土土石比后缘为 4∶6，前缘为 7∶3，一般为 5∶5，碎石粒径一般为 2~10cm，滑带为堆积层与基岩接触带的碎石土层，滑床为底部基岩，即顺倾的侏罗纪砂泥岩层。

2）滑坡变形特征

据群测群防监测，2008 年 11 月 5 日，该滑坡主滑区开始出现变形，主要变形迹象为滑坡北侧归水公路下沉 0.19m，自北至南近 100m 长公路出现鼓胀隆起，公路明显顺坡向推移变形，位移 0.08m；2008 年 11 月 8 日上午，变形进一步加剧，出现整体变形迹象：滑坡前缘出现局部崩塌，北侧形成长约 300m，宽 0.2~0.5m，下沉 0.3~1.0m 的纵向边界贯穿性裂缝，后缘土体下沉 1.5m，公路水平位移最大达 0.17m，公路路面向内倾，公路上方坡体较陡地段有块石崩落。至 2008 年 11 月 9 日滑坡南侧边界形成，并与后缘和北侧贯通形成主滑区周边裂缝的圈闭，后缘滑坡体下沉台坎高达 6m，滑坡后壁面斜长约 8m；归水公路路面变形进一步加剧，路面水平位移达 1.0m，北侧缘公路下沉达 0.8m，南侧缘路面裂缝水平位移 0.2m，坡体上电杆歪斜，滑坡前缘不断有土石塌落入库。

滑坡变形总体表现为滑坡前缘位移和变形强度较中后部小、弱，后缘变形最为强烈，显示该滑坡具有推移式滑动特征。滑坡后缘和西侧也表现出滑坡土体含水量较大，土体呈泥状；滑坡前缘坡脚最低高程约 150m，现水库蓄水高程 172.5m，淹没滑坡体前缘约 22.5m。

泥儿湾滑坡为老滑坡，历史上曾发生崩滑。变形分析认为：滑坡地段地层为砂泥岩互层，泥岩为易滑地层，且为顺向坡，前缘受袁水河的切割、侵蚀，在降雨等外力作用下易产生整体失稳滑移。近段时间持续降雨，使滑坡体土体逐渐饱水，一方面增加了滑坡体的动水压力；另一方面饱水滑体荷载增加，下滑力增大；近期三峡水库蓄水淹没滑坡体前缘约 22.5m，使得前缘土体软化，在上部滑体的压力作用下产生下沉变形。因此，在持续降雨和三峡水库蓄水淹没的综合作用下，该滑坡体发生了急剧变形。

3）滑坡变形发展趋势和灾害分析

（1）变形发展趋势。泥儿湾滑坡体主滑区变形处于加速变形阶段，稳定性差。因滑坡具推移式变形特征，一旦滑坡体坡脚阻滑段被剪断，滑坡将发生大规模的变形破坏。由于大变形后的应力调整，9 日夜监测表明变形已趋缓。但今后高水位的长期浸泡，该滑坡仍有加剧变形的可能。

（2）滑坡危害性分析。按照美国土木工程协会推荐的整体速度计算公式对滑坡入江速度进行计算，按运动方程分条块计算的公式分别计算了滑坡入江速度、入江体积，分别按潘家铮公式和守恒法计算了初始涌浪。计算参数和结果见表 6-30、表 6-31。根据运动方程分条块计算的结果，在最不利工况条件下共有 5 条块滑入水库，入库总体积为 $12.41\times10^4m^3$。

表 6-30　**涌浪计算参数表（对应坝前 172.5 工况）**

平均水深(m)	河道横截面宽(m)	河道过水断面面积(m^2)	周湿(m)
22.5	800	17600	900

表 6-31　**滑坡入江速度、入江体积与初始涌浪计算表**

工况	滑坡速度(m/s)		初始涌浪(m)		入江体积(10^4m^3)
	美国土木工程协会推荐公式	运动方程求解	潘家铮公式	守恒法	
172.5m	5.17	4.38	10.35	17.6	12.41

通过对滑坡点所在库岸段上、下游各10km的库岸地形条件的量测及滑坡入江点的河床地形分析，选定了计算涌浪首浪和爬坡浪的基本参数，根据《技术要求》推荐公式和阶段衰减法计算公式分别进行了涌浪在河道中的传播及衰减计算(图6-47、表6-32)。

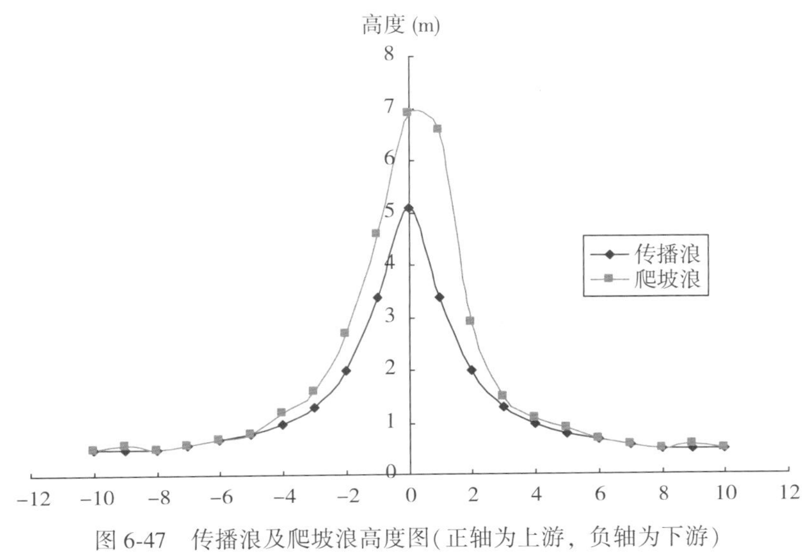

图6-47　传播浪及爬坡浪高度图(正轴为上游，负轴为下游)

表6-32　**滑坡涌浪高度计算表**　(单位：m)

工况	计算方法	传播距离(km)	0	1	2	3	4	5	6	7	8	9	10
172.5	潘家铮法	传播浪	5.1	3.4	2	1.3	1	0.8	0.7	0.6	0.5	0.5	0.5
		爬坡浪(上游)	6.9	6.6	2.9	1.5	1.1	0.9	0.7	0.6	0.5	0.6	0.5
		爬坡高程(上游)	179.4	179.1	175.4	174	173.6	173.4	173.2	173.1	173	173.1	173
		爬坡浪(下游)		4.6	2.7	1.6	1.2	0.8	0.7	0.6	0.5	0.6	0.5
		爬坡高程(下游)		177.1	175.2	174.1	173.7	173.3	173.2	173.1	173	173.1	173

泥儿湾滑坡体上无居民，但对岸约800m即为三峡库区移民新集镇-秭归县水田坝乡集镇，三峡水库现已蓄水至172.5m，一旦滑坡发生整体滑动，可能在水田坝乡新集镇岸边产生爬坡浪高6.9m，波及179.4m高程，水上涌浪高5.1m；在滑坡上下游1km处，爬坡浪浪高6.6m，波及179~177m高程，水面涌浪高3.4m；在滑坡上下游2km处，爬坡浪高2.9m，达到175m高程，水面上浪高2m；在滑坡下游8km河口处，爬坡浪高0.5m，水面上浪高0.5m(对船舶已不构成危害)。同时，滑坡已毁坏通往水田坝乡交通要道归水公路，给龙口村2200名村民的出行及交通运输造成困难。

4) 滑坡应急监测

(1) 应急监测方案。该滑坡为三峡库区地质灾害二期规划群测群防点，由于滑坡变形强烈且威胁严重，专业监测单位三峡大学地质灾害防治研究院于 2008 年 11 月 11 日在滑坡体上布设了 4 个地表绝对位移临时监测桩(图 6-48)，在滑坡区外布设了 1 个观测定向基准点，在滑坡对岸布设 1 个监测基准点(图 6-49)。各监测点分布如图 6-50 所示。采用 TC1800 型全站仪监测地表水平位移和垂直位移。

图 6-48　泥儿湾滑坡上的监测桩

图 6-49　滑坡对岸的监测基准点

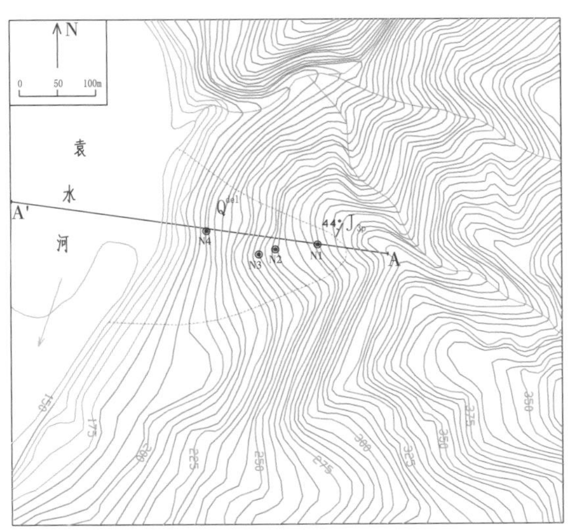

图 6-50　泥儿湾滑坡监测点平面布置图

(2) 监测数据分析。2008 年 11 月 12 日 13：00 取得泥儿湾滑坡的首期绝对位移观测值，并开展应急监测至 11 月 29 日，每天观测 2~3 次。此后，分别于 12 月 16 日、20 日观测 2 次，监测结果见表 6-33，其位移-时间关系曲线如图 6-51~图 6-54 所示。

表 6-33　　　　秭归县泥儿湾滑坡地表绝对位移监测成果表

监测时间	点号	累计位移量及位移方向			位移速率	
		水平位移（mm）	方向（°）	垂直位移（mm）	水平位移速率（mm/d）	垂直位移速率（mm/d）
11 月 12—28 日监测数据见第 9 期简报						
11 月 29 日 10:30	N1	530.1	267	-410.1	31.4	-24.3
	N2	445.8	253	-249.5	26.4	-14.8
	N3	372.5	241	-210.7	22.0	-12.5
	N4	262.0	275	-149.0	15.5	-8.8
12 月 16 日 13:30	N1	711.5	266	-542.5	10.6	-7.7
	N2	597.9	253	-320.2	8.9	-4.1
	N3	496.5	241	-268.3	7.2	-3.4
	N4	353.3	275	-177.0	5.3	-1.6
12 月 20 日 14:00	N1	741.4	267	-561.2	7.4	-4.7
	N2	620.9	254	-333.1	5.7	-3.2
	N3	512.2	243	-276.8	3.9	-2.1
	N4	369.2	275	-184.8	3.9	-1.9
备注	首期观测时间为 2008 年 11 月 12 日 13 时。					

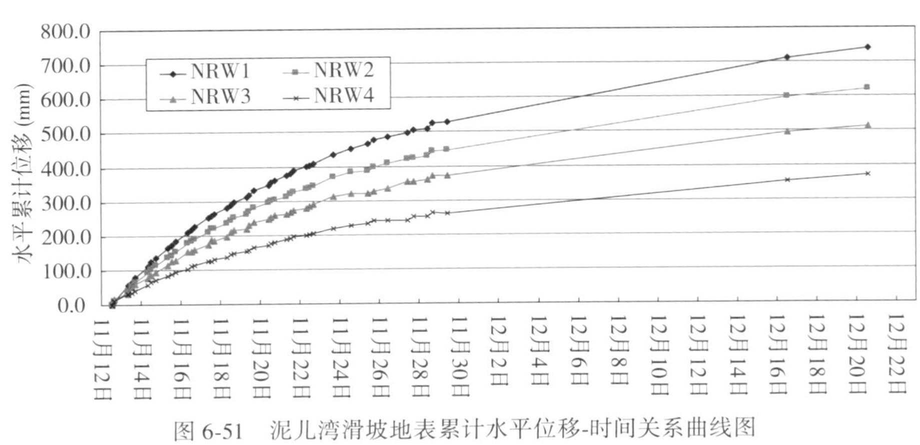

图 6-51　泥儿湾滑坡地表累计水平位移-时间关系曲线图

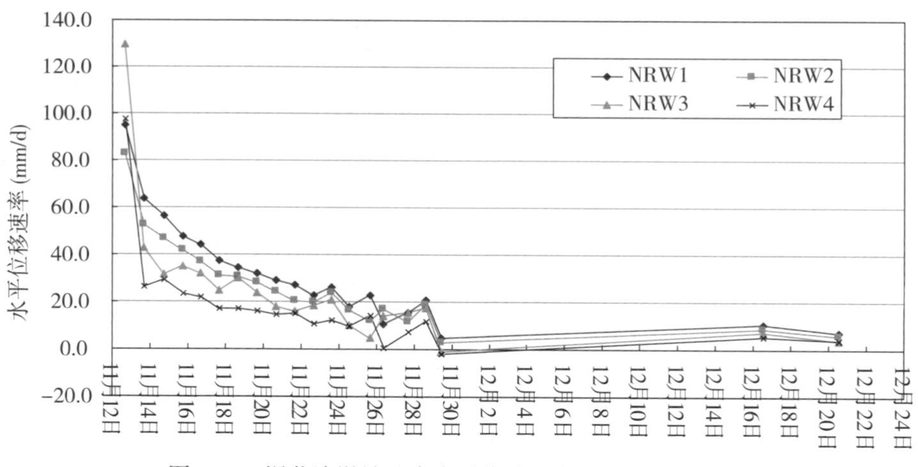

图 6-52 泥儿湾滑坡地表水平位移速率-时间关系曲线图

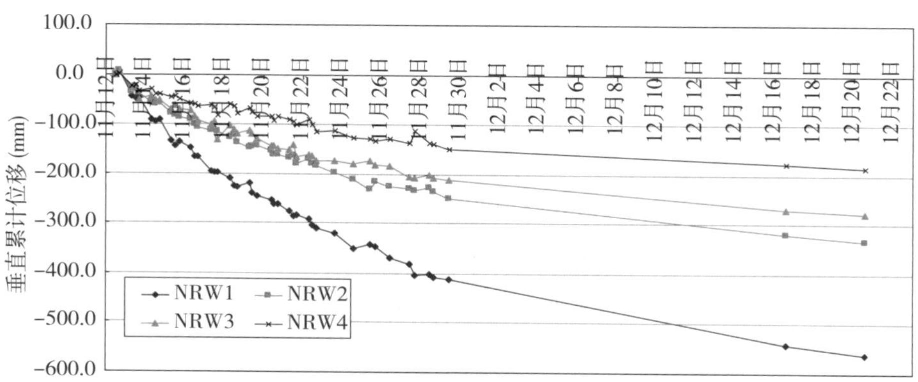

图 6-53 泥儿湾滑坡地表累计垂直位移-时间关系曲线图

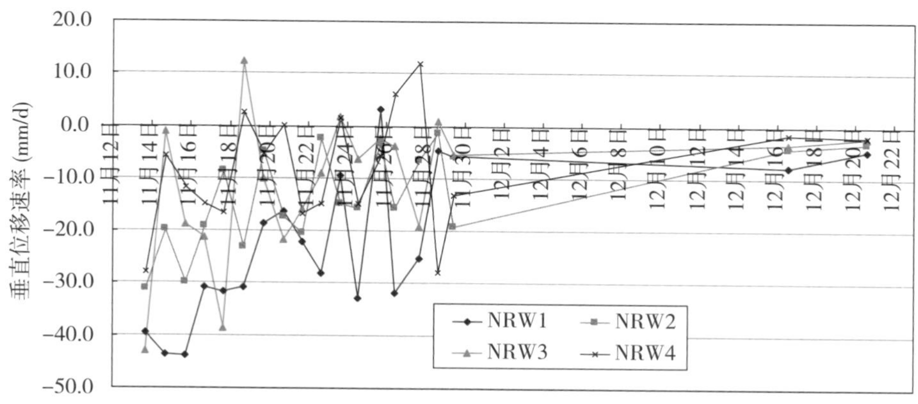

图 6-54 泥儿湾滑坡地表垂直位移速率-时间关系曲线图

监测数据显示：11 月 29 日以后，各测点累计位移量还在不断增大，但位移速率明显减小。至 12 月 20 日，N1、N2、N3、N4 各点的累计水平位移量分别为 741.4mm、620.9mm、512.2mm、369.2mm，12 月 16—20 日期间水平位移速率分别为 7.4mm/d、5.7mm/d、3.9mm/d、3.9mm/d，其水平位移方向在 241～275°之间；同期，N1、N2、N3、N4 各点的累计垂直位移量分别为-561.2mm、-333.1mm、-276.8mm、-184.8mm，12 月 16—20 日期间垂直位移速率分别为-4.7mm/d、-3.2mm/d、-2.1mm/d、-1.9mm/d。

从图表中还显示，水平与垂直两种位移累计量，均表现为自滑坡上部至下部的位移量呈逐步减少的趋势，即滑坡上部监测点位移量最大，中部的位移次之，下部的位移量最小，这符合推移式滑坡变形特征。从图 6-52 与图 6-53 还可看出，滑坡的水平和垂直累计位移都在不断增大，但其位移速率基本呈不断减少的趋势，其中水平位移速率减缓趋势更明显，垂直位移速率曲线波动幅度稍大(与水平位移监测精度高于垂直位移监测精度有关)，但也呈减缓趋势。

5)防控措施

对于突发性地质灾害险情，其应急处置措施是根据地质灾害监测变形情况及趋势动态调整。

(1)现场应急调查结论。2008 年 11 月 10 日，根据现场应急调查，形成了调查结论和防控建议。

滑坡具牵引式滑坡特征，是在持续降雨和三峡水库蓄水淹没的综合作用下发生的急剧变形。主滑区稳定性差，能量正在聚集，一旦滑坡体坡脚阻滑段被冲断，将发生大规模的变形破坏。泥儿湾滑坡体上无居民，但对对岸约 800m 处的三峡库区移民新集镇-秭归县水田坝乡集镇 179m 以下居民和上下游 8km 范围河道船只，以及 2km 内 179m 以下村民生命和财产安全构成威胁；同时，滑坡已毁坏通往水田坝乡交通要道归水公路，给龙口村 2200 名村民的出行及交通运输造成了困难。

具体建议及措施：秭归县加强了群测群防监测工作，在滑坡周边已布置一定数量的相对位移监测点并加强了监测和宏观巡视调查工作；三峡库区地质灾害防治工作指挥部已安排进行应急监测，采用全站仪进行滑坡变形专业监测，加强专业地质人员的宏观地质巡查工作，及时做好预警预报；建议做好防灾减灾应急预案。给可能受影响的村民发放“明白卡”，做好防避滑坡灾害及涌浪灾害的各项准备。

(2)应急监测分析结论建议。根据 2008 年 11 月 10 日的应急调查结论建议，11 日建立了滑坡应急监测剖面，12 日开始应急监测并获得了滑坡绝对位移数据。

2008 年 11 月 16 日，滑坡应急监测形成了第一期简报。监测分析认为：泥儿湾滑坡处于快速变形阶段，滑坡主滑区位于中北部。滑坡具推移式滑移特征，是在持续降雨和三峡水库蓄水浸没的综合作用下发生的急剧变形。目前滑坡主滑区稳定性差，能量还在聚集，一旦滑坡体坡脚阻滑段被剪断，滑坡将发生大规模的变形破坏。主要防控措施为：进一步加强群测群防工作，继续对滑坡周边布置的相对位移监测点加强监测，并加强宏观巡视调查工作；做好滑坡的专业监测工作，加强专业宏观地质巡查工作，并对滑坡变形趋势进行预测预报分析；细化防灾减灾应急预案并进行必要的演练；给受影响的村民发放“明白卡”，做好抢险救灾的准备。

11 月 24 日，滑坡应急监测形成了第二期简报。监测分析认为：湾滑坡仍处于基本匀速的变形阶段。目前滑坡主滑区稳定性差，能量仍在聚集，一旦滑坡体坡脚阻滑段被剪断，滑坡有可能发生大规模的变形破坏。主要防控措施为：继续做好群测群防工作，继续对滑坡周边布置的相对位移监测点加强监测，并加强宏观巡视调查工作；做好滑坡的专业监测工作，加强专业宏观地质巡查工作，并加强对滑坡变形趋势进行预测预报分析。

12 月 1 日，滑坡应急监测形成了第三期简报。监测分析认为：泥儿湾滑坡体主滑区处于大变形后的应力调整阶段，稳定性仍然较差；如果外部条件不发生大的变化，滑坡的变形速率逐渐减小，随着时间的延长，滑坡体可能暂时处于相对稳定状态。主要防控措施为：切实做好群测群防工作不放松，继续对滑坡周边布置的相对位移监测点加强监测，并加强宏观巡视调查工作；及时根据群测群防情况分析滑坡的变形发展趋势，必要时重新启动滑坡的专业监测工作和专业宏观地质巡查工作，以便对滑坡变形趋势进行预测预报分析；克服松懈、麻痹思想，做好防灾减灾应急预案，并进行必要的演练；做好抢险救灾的准备，做好涌浪范围内的灾害宣传和防范工作。

12 月 22 日，滑坡应急监测形成了第四期简报。监测分析认为：泥儿湾滑坡体主滑区目前仍有持续位移变形，但变形速率已明显减小，是在持续降雨和三峡水库蓄水浸没的综合作用下发生的急剧变形，变形速率减小，但险情尚未彻底解除。主要防控措施为：在进行专业监测工作的同时，建议切实做好群测群防工作不放松，应坚持进行滑坡周边相对位移监测点的观测和宏观巡视调查工作。

6.4　施工安全及效果监测分析

滑坡防治工程监测包括施工期安全监测、防治工程效果监测分析。

6.4.1　施工安全监测分析

施工安全监测对工程治理隐患点进行常规监测，以了解工程治理隐患点在施工期的整体稳定性和工程扰动因素对隐患点的影响，并及时指导工程施工，调整工程部署、安排施工进度等，包括地面变形监测、地表裂缝监测、深部位移监测、地下水位监测、孔隙水压力监测等内容。

监测分析包括对监测资料整理分析，去伪存真，绘制位移-时间曲线，编制水平、垂直位移矢量分布图和计算位移速率。对异常情况找出引起异常的原因，用以指导施工。当监测值达到报警值和警戒值(由设计单位确定)时，应及时反馈设计、监理、业主和地质灾害主管部门，以便完善设计和合理调整施工方案，保证施工安全顺利进行。

当发现观测值水平和垂直位移量和时间-位移关系曲线判断有拐点，位移速率明显变快时，应加密观测，同时密切注意观察滑前征兆，并结合工程地质、水文地质、地震和气象等方面资料，全面分析，及时做出滑坡预警。当在施工中出现边坡变形过大、变形速率过快、周边环境出现沉降开裂等险情时，应暂停施工。

除专业监测外，施工前还可对滑坡变形所形成的地表裂缝、建筑物开裂情况进行资料收集和现场调查，对已发现的地表建筑裂缝应予统计分类，选择代表性的裂缝设置观测标志，开展简易监测，监测裂缝的发展趋势及配套。

应开展地表巡查，尤其是加强雨天的巡查，定期、定线路、定点进行地质巡视，调查、观察并记录斜坡宏观变形形迹以及相关因素变化情况。监测内容包括：地表裂缝发生和发展，地表隆起和塌陷，建(构)筑物变形，以及和变形有关的地下水和地表水异常，植物歪斜，动物活动异常等。

6.4.2 防治工程效果分析评价

防治工程效果监测的目的是检验地质灾害经防治施工后是否停止变形而稳定下来，或者变形显著趋缓，已经实施的防治加固措施是否达到设计效果，发挥预期作用。

工程治理效果监测分析的评价依据主要有相关技术规范、工程治理目标、工程设计要求。主要体现在两个方面：一是被保护对象是否处在安全容许范围之内；二是工程结构本身变形是否在安全(或设计)容许范围之内。如滑坡及抗滑结构位移量在被保护对象(房屋建筑或基础设施)的容许范围之内，则变形对抗滑结构本身安全无影响。

地质灾害治理工程的防治效果监测分析，一方面了解工程治理对象的变形破坏特征，另一方面针对实施的工程进行监测。例如，监测预应力锚索应力值的变化、抗滑桩的变形和土压力、排水系统的过流能力等，以直接了解工程实施效果。工程治理效果监测方法包括变形监测(地表位移、深部位移、桩顶位移监测)、地下水监测、应力监测(混凝土应力、钢筋轴力和土压力监测)等。工程效果监测分析，可通过治理对象及工程措施的长期监测或巡查，评价工程措施的效果及时效性，针对防治工程提出运行维护建议。

工程治理措施分为彻底治理措施和非彻底治理措施。彻底治理目标是治理后地质灾害体稳定，灾害体停止变形，工程措施主要有抗滑桩、锚固工程等；非彻底治理以大幅降低变形速率或大幅降低灾害风险为目标，工程措施包括护坡(浆砌石)、截排水工程、削方压脚等。针对不同的隐患点，工程治理的目标不一样，采取的工程措施也不一样。

1. 整体治理工程效果分析

对于整体治理地质灾害，工程施工完成后处于稳定状态或趋于稳定，基本处于不变形状态。深部位移沿孔深方向变形均匀，从孔底至孔口各点位移量逐渐增加，但无突变点，且变形量在被保护对象安全容许范围内。

抗滑桩本身受力比较稳定，表明抗滑桩对滑坡起到了一定的加固作用。

在抗滑桩开始施工时，随着桩身的开挖，其受力缓慢增长，造成增长的主要原因是滑坡体的推力；在桩身浇筑混凝土后都会有突变发生，主要是抗滑桩对滑坡体造成了反推力；浇筑完过段时间基本上都处于稳定平缓状态，表明抗滑桩对滑坡体起到了一定的加固作用[126]。

在桩后侧主受力钢筋均处于受拉应力状态。滑带以上的范围内钢筋应力随深度增大，滑带以下嵌固段范围内钢筋应力随深度减小；随时间变化，桩身受力增大，整体向拉应力方向移动，最后全部变为拉应力[127]。

2. 非整体治理措施效果分析

对于非整体治理的灾害点，实施工程措施之后，灾害体变形可能还在持续，但变形趋势明显减小，变形速率显著下降，变形得到有效控制，稳定性有显著提升。

6.4.3 工程安全与效果监测分析实例

1. 链子崖危岩体治理工程施工安全监测

以20世纪90年度实施的著名的链子崖危岩体治理工程为例。链子崖危岩体位于长江三峡西陵峡南岸，湖北省秭归县屈原镇(原新滩镇)对岸，距当时正在兴建的三峡大坝27km，为一NS向展布的长条形岩体，东部和北端均为高近百米的临空陡崖，西部和南端与山体部分相连，大部分被裂缝所切割。危岩体由二叠系栖霞组厚层石灰岩夹数层薄层炭质页岩和泥灰岩组成，覆盖在厚1.4~4.0m的马鞍山煤系地层上，形成硬层夹软层、底部为软岩层基座的特殊岩体高陡边坡。危岩体南北长约700m，东西宽30~180m，被16组50余条宽大裂缝切割，形成3块危岩体，体积约$300\times10^4m^3$。其中，T8至T12缝段约$250\times10^4m^3$的危岩体耸立江边，对长江航道和三峡大坝构成潜在严重威胁。

为了确保长江航运和三峡大坝的施工安全，经过30多年的勘查、监测、研究与论证后，1994年起对链子崖危岩体实施全面治理，防治的重点为T8至T12缝段危岩。两大主体工程分别是T8至T12缝段煤洞承重阻滑键工程和“五万方”“七千方”锚索工程于1995年5月开工，分别于1997年8月和1999年8月竣工。

王洪德等实施了治理工程施工监测工作(图6-55)，采取了钻孔倾斜监测、预应力锚索监测、地表裂缝监测、岩体表面绝对位移监测、煤层采空区处理监测等手段，通过对链子崖危岩体防治工程进行前以及施工过程中的地表绝对位移、裂缝相对位移、钻孔深部位移、岩体应力和锚索张拉力等监测资料的分析对比，分析防治工程施工对链子崖危岩体变形的影响，论述施工进度、施工强度与危岩体变形的对应关系，掌握链子崖危岩体治理工程施工期间地质灾害的稳定性状况及趋势，保障施工安全，为施工方案调整和优化提供依据，指导施工。分析施工过程的异常原因，当达到预警值时，应及时反馈相关部门，为施工设计完善和施工方案调整提供依据，确保施工安全。

1997年10月，PM键体开始施工。PM施工区对应的上部岩体主要为T8和T9缝段中东部及T9至T11缝段东部岩体。1998年PM施工区6个键体先后开挖后，T8至T11缝段发生了重大变化。主要表现为T8缝南侧岩体和T9缝北侧岩体向中部倾斜靠拢，中东部(PM工区)岩体下沉量(29.2~43.3mm)和1997年相比明显增大，T9至T11缝段岩体变形表现明显大于1997年。岩体应力监测显示，键体顶板岩体应力局部集中，甚至在11月中旬产生突变。由于底部煤洞中的键体是对上部危岩起到承重阻滑等作用，根据施工监测结果，对键体的设计和施工方案进行了优化，对键体进行加宽，也优化了键体与顶板衔接方案。1999年2月上述键体开始回填后，岩体应力增加速率明显减缓，表明工程施工对岩体有一定的扰动。随着工程竣工，变形速率逐步减小，趋于稳定。链子崖危岩体治理工程的施工监测与分析，不仅为施工安全提供了保障，也为设计和施工方案的进一步优化调整提供了科学依据。

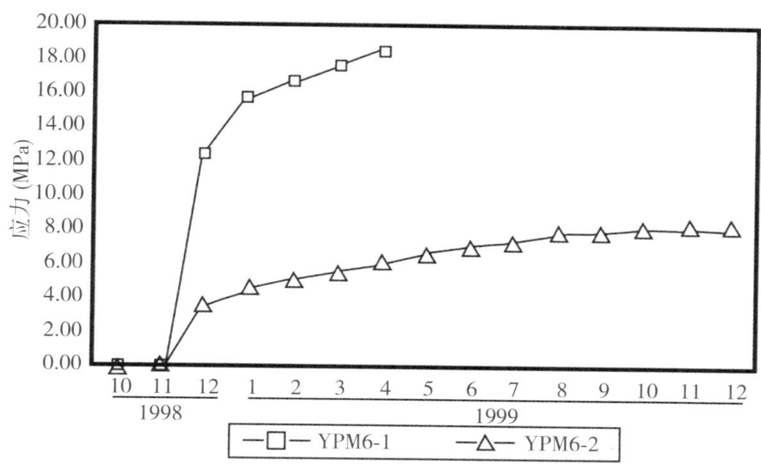

图 6-55 PM-6 阻滑键回填前后岩体应力历时曲线[128](王洪德等，2003)

2. 树坪滑坡应急治理工程效果监测分析

以秭归县秭归树坪滑坡为例。该滑坡是典型的动水压力型滑坡，每年 5 月至 6 月库水位快速消落期出现明显变形，监测以来最大累计变形量达到 5.5m。据易庆林等(2018 年)[129]树坪滑坡为一特大型古崩滑堆积体，自 2003 年 6 月三峡水库蓄水至 135m，开始实施专业监测，宏观变形主要以滑坡体前缘地面局部塌岸为主；2004 年，宏观变形趋势逐渐加剧，地面裂缝和房屋开裂开始显现；2009 年 6 月滑坡变形强烈，西侧边界裂缝呈羽列状，已基本贯通，裂缝开裂及下错强烈；2012 年 5 月滑坡东侧及后缘边界已经贯通，裂缝继续张开、下沉，呈羽状断续排列，一直延续到长江。结合监测数据及宏观变形分析，滑坡整体处于加速变形阶段，呈不稳定趋势。

经过 10 余年监测，提出滑坡纳入应急治理工程，监测数据分析也为应急治理方案选择和工程布设提供了依据。滑坡的治理工程应综合考虑滑坡区的地质条件、稳定性和施工季节等条件，因地制宜，合理设计。由于树坪滑坡体积较大，后缘倾角较陡，滑坡厚度太大，不具备抗滑桩锚固方案的可行性，同时受到经济成本的限制，为了有效减缓变形速率，降低滑坡发生后入水速率带来的涌浪风险，选用减重工程进行应急治理。围绕应急治理工程目的，制定了治理方案为削方+压脚+地表排水沟+监测。滑坡治理工程于 2014 年 8 月开始应急治理，2015 年 6 月全面竣工完成。

根据监测数据分析，应急治理前，滑坡于每年出现一次较大变形。如 2012 年 6—9 月，滑坡专业监测点曲线出现上扬，9 月后渐趋于稳定，累计位移测值为 102.5～176.7mm，产生着较为强烈的“阶跃型”演化特征。2013 年 5 月 15 日—7 月 9 日变形剧烈，平均日变形速率达到 3.64～3.98mm/d。滑坡在应急治理后，变形速率显著降低，库水位消落期的变形台阶消失，累计位移时间曲线趋于平缓(图 6-56)。原先变形较大的前中部的监测点，累计变形量为治理前的 2.7%～35%，达到了削方压脚以降低变形速率的防治目的。

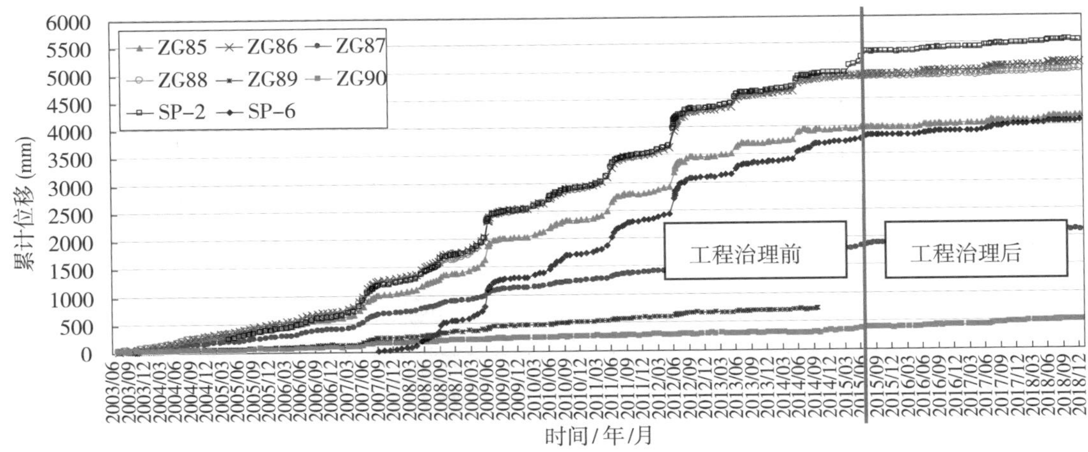

图 6-56　树坪滑坡监测点累计位移-时间曲线

树坪滑坡的应急治理工程，将风险管控理念应用于滑坡治理工程，尤其是在水库大型特大型深层滑坡治理中，既有效降低滑坡风险，又具有很好的经济性，因此具有很好的推广意义。这种风险管控的防治理念，同样在三峡库区的云阳凉水井滑坡得到了很好的应用。

第7章　监测结论建议及成果报告

7.1　监测结论建议

7.1.1　监测结论

监测结论就是围绕着监测目的，以监测数据为基础，监测分析为手段，得出综合结论，回答相关问题，为地质灾害防控提供科学依据。不同的监测目的，在监测网型布置、监测方法方面不一样，其监测分析结论也明显不同。

1. 滑坡监测预警

对于滑坡监测预警，监测分析应围绕着滑坡现状稳定不稳定、未来会不会滑动、什么时候会滑动、什么条件下滑动等核心问题，得出滑坡变形特点及影响因素、变形阶段及预警等级、稳定性状态及发展趋势等监测结论。

(1)变形现状。明确监测隐患点变形特征，包括隐患点整体变形、局部变形，变形大小、速率，变形分布特点等。根据三峡库区监测隐患点变形情况分析，可以将监测隐患点分为明显变形(年变形量大于100mm，月变形量大于10mm，其中年变形量大于200mm为显著变形)、较明显变形(年变形量大于50mm，月变形量大于5mm)、缓慢变形(年变形量大于20mm)、不变形或无趋势性变形(年变形量小于20mm)。

(2)影响因素。按照降雨、库水(抬升、下降)、人类工程活动等外动力影响因素对地质灾害分类，受多因素影响的监测点应明确主导因素、次要因素，分析影响因素对隐患点变形和稳定性作用机制及变形响应特征。

(3)变形阶段。按照初始变形阶段、匀速变形(蠕动变形)阶段、加速变形阶段(加速变形、加加速变形)、临滑阶段，分析确定监测隐患点所处变形阶段。

(4)稳定性现状。按照稳定、基本稳定、欠稳定和不稳定等级，分析回答监测隐患点稳定性。

(5)发展趋势。在前面分析结论的基础上，考虑接下来一段时期内关键影响因素，如天气预报、库水调度等预测情况，分析预测监测隐患点稳定性发展趋势，甚至当出现什么样的不利或极端工况下，滑坡会出现不稳定甚至变形破坏。

2. 施工安全与工程效果监测

施工安全与工程效果监测，主要围绕施工对地质灾害体扰动，监测分析回答施工阶段地质灾害体变形是否在可控范围，施工过程是否会出现较大变形、失稳破坏或重大安全事故，施工完成后是否达到防控效果。因此，施工安全与工程效果监测分析，除了涵盖监测预警分析结论外，还应形成以下结论：

(1)在变形、应力等状态分析基础上，与设计值相比较，分析各监测指标变化量或速率等是否超出设计允许范围。

(2)分析各监测指标及其变化与施工进度关系或敏感性，明确监测指标值的变化是否受工程施工及其进度影响，了解其影响程度。

(3)分析施工过程中滑坡体或者施工扰动部位的岩土体的稳定性，结合施工进度及外部条件变化，分析滑坡体的稳定性发展趋势，是否存在安全风险，存在什么样的安全风险。

(4)分析施工后灾害体是否稳定或者趋于稳定，各工程措施监测值是否在容许范围内；分析工程起到的作用和效果，及其是否达到设计目标。

7.1.2　措施建议

1. 监测预警建议

(1)预警级别建议。当监测分析得到隐患点达到黄色及以上预警级别时，提出进入相应预警等级建议，形成专项报告，明确预警级别及关键时间段、重点部位、影响范围等。

(2)应对措施及防治建议。根据预警等级，提出相应的应急处置措施，包括道路交通、水面航运等管制措施，人员撤离方案(包括撤离人员范围、临时安置地点)等。对于变形较大，具有较大威胁隐患点的，提出防治建议重点。必须采取工程手段时，提出工程防控目标、重点及关键部位及工程措施建议。

(3)监测运行优化建议。包括监测点仪器布设优化、监测点遭损毁或失效时的重建或恢复方案、监测级别调整建议等。

(4)下一步监测工作建议，明确接下来一段时间内应重点关注和加强巡查的专业监测点。

2. 施工安全与工程效果监测建议

(1)施工安全防范建议。为达到安全施工和保障施工顺利实施，可以根据施工安全监测分析结果，提出适当调整安全防范措施相关建议。

(2)施工优化调整建议。施工过程中，为工程顺利施工，必要时可以根据监测分析结果，在保证施工安全和不对灾害体产生更大扰动的情况下，提出适当调整或优化施工方法或工序，甚至优化调整治理方案的建议。

(3)工程效果监测建议。提出工程运维工作建议。

3. 滑坡防控建议

(1)根据滑坡应急调查或者应急监测分析，研判变形发展阶段，依据现场实际情况，提出相应的应急处置措施建议，如发布预警信息，进行应急会商，开展通行管控、应急撤离，设置警戒线，甚至开展应急工程处置等。

(2)根据一段时间的专业监测运行工作及综合分析，提出滑坡防治处置建议，如工程治理、搬迁避让或监测优化调整等。

7.2 监测成果报告

监测成果报告能够系统全面地展示监测区域孕灾环境条件、地质灾害监测建设情况、地质灾害监测数据分析、监测结论与建议等内容。监测成果报告既是监测分析成果的全面和综合体现，也是监测分析成果的提升与应用。监测成果报告是监测分析工作最后的关键环节，是体现监测工作成果和价值，支撑科学防灾减灾工作的依据。因此，编制好监测成果报告十分关键，值得监测工作人员充分重视。监测报告分为常规性监测运行报告和专报两种类型。

7.2.1 成果报告类型

1. 常规性监测运行报告

常规性监测运行报告包括旬报、月报、季报、半年报、年报及对应的简报等。可根据需求，形成单体监测报告，也可以按照监测单位所承担的专业监测点或区域，形成多隐患点监测报告。一般情况下，监测单位须按时提交月报、季报、半年报和年报，旬报可根据监测建设单位要求确定是否编写。

(1)监测月报是对某个月的专业监测运行及监测点月变形情况和累计变形特征，结合水库调度、中期天气预报等，开展地质灾害短期预报(防灾预测)或临灾预报(预警预测)，分析监测点未来几天至一个月内的变形发展趋势。对变形具有陡然增加特征或较明显前兆现象的，开展灾害具体发生时间预测及临灾预警预报；对于变形明显增加的灾害体开展短期防灾预测，预测短期发展趋势。

(2)监测季报是对一个季度专业监测运行，以及监测点季度变形情况和监测累计变形特征，结合水库调度、长期天气预报等，开展地质灾害中短期预报(防灾预测)，分析预测监测点在一个月内或数月内的变形发展趋势。一般编写第一季度和第三季度监测报告，第二季度和第四季度报告分别并入半年报和年报。对于变形明显增加的灾害体开展中、短期防灾预测，对短期发展趋势做出研判；对于开始出现变形增加的灾害点进行险情和危害预测。

(3)监测半年报是对半年以来专业监测运行及监测点变形情况及累计变形特征，结合水库调度、长期天气预报等，开展地质灾害中期预报，分析监测点在未来数月内的变形发展趋势预测。一般编写上半年监测报告，下半年监测报告可并入年报，不单独编写。

(4)监测年报(或年度工作总结报告)是对年度专业监测和运行工作的全面总结，分析监测点年变形及累计变形特征，结合气象部门中、长期天气预报、水库调度运行等，开展地质灾害中、长期预报，初步预测专业监测点下一年度的变形趋势，以单体滑坡预测为重点，兼顾区域上滑坡预测，并在此基础上提出下一年度专业监测工作建议及重点，是年度地质灾害趋势会商的主要依据。

(5)简报是对应的月报、季报、半年报和年报的简要概述，是专业监测承担单位针对其所承担的所有专业监测点监测运行、变形和趋势、监测结论及建议的简要陈述，一般不针对单个专业监测点。报告篇幅应控制在数页以内，只包括监测分析的结论性成果，不涉及监测分析过程、依据等内容，主要面向监测预警管理人员宏观掌握专业监测点变形动态，为监测预警决策提供依据。

2. 专报

专报是监测运行过程中，出现重大地质灾害险情(灾情)、遇到突发状况、形成重要结论和建议，以及必须报告的重大事项时，如监测点出现较大变形或者突发性地质灾害险情或者灾情，由监测单位向监测管理部门提交的专题报告。报告形式有应急调查报告、应急监测报告、预警级别提出(或调整)建议报告或其他专报。异常情况有以下几个方面：

(1)地质灾害出现明显变形、险情或灾情，应开展应急调查和分析预测，形成应急调查报告；

(2)出现极端天气(暴雨或久雨)或发生较强地震，开展应急调查，查明地质灾害发生情况及其危害和损失，评估地震或者极端天气对地质灾害影响，形成应急调查报告；

(3)变形加剧，需要提出或升级预警级别的，已实施预警的监测变形趋缓的可降低预警级别或解除预警，形成地质灾害进入某级预警阶段的建议报告，地质灾害调整预警阶段的建议报告；

(4)监测运行过程中，监测方案有待重大调整和优化，监测仪器设备出现故障或损毁亟待修复，支撑政府防灾减灾管理需要的专报等；

(5)地质灾害成功预警避险案例或经验总结、培训演练等，监测运行中的重要事件或活动，可形成专报。

7.2.2 报告编写要求

地质灾害监测报告编制，应该满足以下方面基本要求：

(1)监测分析报告应围绕监测目的，对照监测目标任务，兼顾地质灾害监测预警管理部门需求，应符合《地质灾害监测资料归档整理技术要求》等相关规定。

(2)监测分析报告内容不仅展示专业监测分析成果、结论及下一步监测运行或防控措施建议，常规性监测运行报告(尤其是年报)还要反映专业监测合同书或任务书要求的监测任务和工作量完成情况，并且报告中的监测结论须明确，依据要充分，措施建议科学可行。

(3)不同的报告应该有针对性和侧重点。

①常规性监测运行报告应重点阐明监测时段内的监测运行、监测点变形及趋势预测、下一阶段监测工作建议及防灾减灾措施。报告内容上应较为翔实，注重分析过程的科学性(分析数据和分析方法的可靠性，分析依据的充分性)、结论的准确性和建议的合理性。常规性运行报告也要提交给监测预警管理部门，因此需要在报告前面形成内容摘要，简明扼要地阐述监测运行状态以及监测结论和建议。

②专报主要面向地质灾害监测预警管理人员而编制，在内容上应尽量简练，重点在结论和建议，尤其是对地质灾害发展趋势的判研，做到结论明确且表达准确，措施和建议要具有可行性、高效性且兼顾经济性。

(4)常规性监测运行报告应有必要的图、表、数据作为支撑。

①单体地质灾害监测分析中，应有灾害点平面图(地形图或影像图)、剖面图、监测

点布置图、各种监测方法形成的监测曲线图、位移矢量图(有变形趋势的)、宏观巡查照片等图件；监测点变形统计、监测工作量统计表；灾害点监测数据。

②区域性(多点)的监测运行报告，应在单点需具备的图、表基础上，增加区域地质环境背景图件(区域地质图、构造纲要图)、多年平均降雨量图(或多年平均月降雨量统计图)、专业监测点分布图；专业监测点建设、运行情况统计表、专业监测工作量及完成情况统计表，以及专业监测点变形情况、趋势预测和预警建议统计表。

(5)监测分析报告结论须明确。

以滑坡监测预警为例，监测结论应明确滑坡类型、影响因素(多因素影响须区分主导、次要)、所处变形阶段、局部或整体变形、运动形式、稳定性现状、变形趋势、预警级别建议、防控措施。

(6)监测分析过程和方法应尽可能参照相关技术规范和要求，以确保依据充分和结论正确。监测分析应开展以下工作：

①专业监测点趋势预测及预警预报应参照《三峡库区滑坡灾害预警预报手册》。

②对于专业监测点，尤其是开展综合立体监测的隐患点，有条件的情况下，应开展必要的数值模拟分析，甚至开展典型灾害点的物理模拟试验研究，建立其地质模型、力学模型、监测模型和预警预报模型，并结合监测数据对模型加以修正甚至调整。

③提出专业监测点的预报判据，注重灾害的成因机理分析，通过数值模拟、稳定性计算、曲线拟合等手段，建立变形与影响因素的内在关系，把握灾害点的变形规律，确定灾害点稳定性的不利工况条件，提出不同预警等级的综合预报判据，包括变形判据(变形速率、变形曲线切线角等)、降雨判据(雨量、雨强和持续时间)、库水判据(库水位、水位抬升会下降速率和持续天数)等。

④专业监测单位应加强面向监测区域的地质灾害分析，结合群测群防监测成果分析，建立区域性的预报判据，包括降雨判据、库水判据、变形判据以及地表临灾异常征兆。

(7)报告内容和结论表达应符合规范，可参照《地质灾害防治基本术语》《地球科学词典》等。

①滑坡类型：按照影响因素，可分为降雨(暴雨)、库水、人类工程活动型滑坡。其中，库水分为动水压力型、浮托减重型、混合型。

②变形阶段：包括初始变形阶段、匀速变形(蠕动变形)阶段、加速变形阶段(加速变形、加加速变形)、临滑阶段。

③运动形式：分为推移式、牵引式、混合式。

④变形特征：分为整体变形、局部变形。

⑤稳定性(现状或趋势)：分为稳定、基本稳定、欠稳定、不稳定。

⑥预警级别：分为四级，由低到高分别是蓝色、黄色、橙色、红色。

(8)监测分析报告应在规定的时间内完成。

①月报、季报、半年报、年报应在下一个月中旬之前完成并提交。其中，年报应通过审查后提交，简报可随月报或年报一起提交。

②专报应注重时效性，第一时间完成编制和提交报送。

详见表7-1。

表 7-1 **不同类型监测报告中地质灾害预测预报内容及要求**

报告类型	预报尺度	时间界限	预报对象	预报内容	需考虑的外界因素			
					天气预报	地震预报	水库调度	人工活动
专报	临灾预报	几小时至几天	处于加加速变形；出现险情或出现灾情的灾害点	发生时间预测及临灾预报；预测具有进一步发展可能的时间和范围，或者稳定性趋势，提出进入或调整预警阶段建议	短时至中期天气预报	临震预报、震后的余震预报	水库调度运行计划：蓄水调度计划；消落期调度计划；汛期调度计划	工程施工工序及进度安排；人工对险情的处置情况
月报	短期、临灾预报	几天至1个月	具有明显变形增长的地质灾害点	短期防灾预测，对短期变形趋势作出判断	中期至长期天气预报	短期、临震预报		
季报	短期预报	1至3个月	开始出现变形增加的地质灾害点	险情和危害预测，对发展趋势预测	长期预报	短期预报		
半年报	短期预报	1至6个月	单体灾害为主兼顾重点灾害群	灾害险情及可能的危害预测	长期预报	中、短期预报		
年报	中至长期预报	1年至几年	单体灾害为主兼顾区域性预测	单体灾害侧重稳定性评价及危险性预测，区域上发生地点预测或灾害早期识别	长期、超长期预报	中期预报		
注：	按天气预报的时效长短，可分为： 1. 短时预报。预报未来1~6小时的动向。 2. 短期预报。预报未来24~48小时天气情况。 3. 中期预报。对未来3~15天的预报。 4. 长期预报。指1个月到1年的预报。 5. 超长期预报。预报时效1~5年。				按地震预报的时效长短，可分为： 1. 长期预报。未来10年内可能发生破坏性地震的地域的预报； 2. 中期预报。未来1~2年内可能发生破坏性地震的地域和强度的预报； 3. 地震短期预报。对3个月内将要发生地震的时间、地点、震级的预报； 4. 临震预报。对10日内将要发生地震的时间、地点、震级的预报。			

(9)对于监测分析过程中发现有明显异常情况，有进一步发展趋势达到进入预警阶段的，或者已发布预警的，通过监测分析得出可以调整(包括提高或降低)预警级别的，须第一时间编制专报，及时上报相关部门。

7.3 监测报告内容和提纲

7.3.1 监测运行报告内容与提纲

地质灾害监测运行报告主要包括月报、季报、半年报和年报，其报告题目如下：

月　报：三峡库区××县(区)××××年×月地质灾害专业监测预警报告；

季　报：三峡库区××县(区)××××年第×季度地质灾害专业监测预警报告；

半年报：三峡库区××县(区)××××年上半年地质灾害专业监测预警报告；

年　报：三峡库区××县(区)××××年度地质灾害专业监测预警工作总结报告。

在借鉴三峡大学、中国地质调查局水文地质环境地质调查中心和中国地质科学院探矿工艺所等三峡库区地质灾害专业单位的历年监测运行成果报告基础上，提出了监测成果报告主要内容和编写提纲。

1. 内容摘要

1)监测运行情况

用简要文字概况介绍专业监测运行情况、监测工作完成情况，包括监测点数量、监测内容、设备运行情况、监测工作量，以及滑坡预警及处置情况等。

2)监测结论

(1)专业监测点变形情况。包括出现整体变形、局部变形的灾害点；变形大小分为明显变形(年变形量大于100mm，月变形量大于10mm，其中年变形量大于200mm为显著变形)、较明显变形(年变形量大于50mm，月变形量大于5mm)、缓慢变形(年变形量大于20mm)、不变形或无趋势性变形(年变形量小于20mm)。

(2)变形影响因素。按照降雨、库水(抬升、下降)、人类工程活动等影响因素对地质灾害进行分类，受多因素影响的监测点应明确主导因素。

(3)专业监测点所处的变形阶段。按照初始变形阶段、匀速变形(蠕动变形)阶段、加速变形阶段(加速变形、加加速变形)、临滑阶段四个阶段将专业监测点分类列举出来。

(4)专业监测点的稳定性现状。按照稳定、基本稳定、欠稳定和不稳定四类将专业监测点分类列举出来。

以上内容可以用文字阐述，也可以用表格列举并附以简要文字说明。

3)趋势预测

专业监测点的稳定性趋势预测结果，按照稳定、基本稳定、欠稳定和不稳定四类将专业监测点分类列举出来。

应根据接下来一段时期内的天气预报、库水调度等情况，指出当出现什么样的不利或极端工况下，哪些滑坡会出现不稳定甚至变形破坏。

4) 措施建议

(1) 明确接下来一段时间内应重点关注和加强巡查的专业监测点。

(2) 灾害点预警阶段建议。明确指出建议进入黄色及以上预警的灾害点及其预警等级；对于进入黄色以上预警阶段的灾害点，在外界影响因素作用降低的，也可以提出降低预警级别建议。

(3) 其他措施建议：包括对于变形较大的、具有较多威胁隐患点的防治建议、监测网优化建议、监测仪器维护建议等。

2. 前言

1) 监测任务由来

阐明项目来源、建设单位、承担单位，委托实施合同签订情况，合同期限等内容。

2) 监测项目概况

(1) 监测目标任务。列举合同规定的监测工作目标及主要工作任务。

(2) 监测对象及监测工作量。列举实施专业监测的灾害点及分布情况，附专业监测点分布图。监测点分布图可以用遥感影像或者行政区划图作为底图，并在底图上表明专业监测点位置；列举合同规定的监测工作量，可以用表格形式分别列举。

(3) 监测工作实施与完成情况，包括：

①监测工作组织实施。监测工作组织实施过程，包括年度监测工作的主要事件；各种制度及保障措施，包括监测人员保障、仪器设备投入。

②监测工作量完成情况。分项详细列举完成的各种工作量，对比合同约定，阐明工作完成情况。

③监测工作成果及成效。总结概述监测工作成果及成效，包括：发出或成功预警次数、保障人员安全方面。

3. 监测区域工程地质条件

(1) 自然条件。阐明监测区地理位置、交通状况、气候条件以及自然资源等。

(2) 地质环境。包括如下内容：

①地形地貌。阐明区内地貌单元划分、地貌类型、分布及特征等。可附监测区地势图（或 DEM 图），或地貌分区图。

②地层岩性。概述监测区地层岩性及出露情况。阐明地层岩性对地质灾害的控制作用，及易滑地层的工程地质特性，可附监测区地层岩性及分布简和区域地质图，并将监测点投到地质图上。

③地质构造。概述监测区所处大地构造位置，监测区内主要构造及其特征。说明控制地质灾害发育的主要构造以及地质灾害集中分布的构造部位，可附区域地质构造纲要图。

④水文地质。概述监测区水文地质条件，地下水类型及分布特征。

⑤不良地质现象。阐述区内主要不良地质现象类型、分布特征及影响控制因素，已发生的重大地质灾害事件，可附监测区不良地质现象分布图，以及已发生的典型地质灾害照片。

⑥人类工程活动。阐明区内主要人类工程活动类型、分布、强度，及其对地质灾害的影响，列举区内因人类工程活动诱发的地质灾害事件。

(3)气象条件。包括以下内容：

①历史降雨分析。根据历史降雨数据，分析监测区多年平均年降雨量、月降雨量，暴雨次数，一次降雨过程降雨量、持续天数、最大日降雨量等。附图包括降雨量分布图、暴雨分布图、平均月降雨量柱状图。

②近期降雨分析。分析近期降雨过程、降雨量，降雨次数，每次降雨持续时间，最大日降雨量、小时降雨量，与历史同期降雨对比。未来一段时间天气预报情况。

(3)库水位调度。包括如下内容：

①水库运行方式，阐述三峡水库运行调度方式。附图包括水库调度方式图、三峡水库坝前水位运行图(库水位波动曲线)

②近期水库调度。描述近期水库运行调度情况，水位变动情况，分析水位日变幅，尤其是水位快速消落期的水位下降速率大于0.6m/天的天数及连续大于0.6m的天数。

4. 监测工作实施及评述

1)监测工作依据及要求

列举监测工作所遵循的技术标准规范和相关管理规定，列举其中遵循的主要条款。

2)监测内容、方法及频率

(1)监测区内专业监测内容及布设情况；

(2)各种监测内容的监测精度、监测设备型号、生产厂家及主要技术指标；

(3)按照监测方法类型、监测方式，阐明其监测频率。

为简单明了地展示此项内容，建议以文字说明+列表的形式。

3)监测数据采集

(1)基点联测。阐明基点联测工作情况及联测解算结果。出现异常情况，调研分析产生原因。以表格的形式列出基点联测结果，内容包括滑坡名称、基准点编号、初始坐标(X、Y、H)、联测偏移量(X偏移、Y偏移、H偏移)、备注(说明基点出现变形原因)。

(2)监测点数据采集。分自动和人工的形式分别阐述监测数据采集过程，说明数据采集中的有关事项。

(3)宏观地质巡查。阐述专业监测中的宏观地质巡查制度、巡查工作安排、巡查路线、巡查内容(明确每个专业监测的巡查内容以及巡查人等)，可以用表格形式列举及巡查记录情况和有关要求。开展专业监测数据和群测群防数据的联合分析和相互验证，当出现不一致情况时，应探讨原因。

(4)监测数据质量评价。分析每个专业监测点实测中产生的误差，并与技术规范中要求的监测数据误差进行对比分析，实测误差是否在容许范围之内，以判断数据是否可靠。可用表格形式汇总每个专业监测点的变形监测数据中误差分析结果，主要反映内容包括灾害点名称、监测级别、允许中误差、实测中误差、数据可靠性等。

4)监测数据分析

(1)监测数据处理。按监测内容和方法阐述监测数据处理过程、方法和技术手段，以

GNSS 为例，数据处理包括数据解算(如位移解算，采用什么方法)、监测数据校核(从哪些方面进行了校核，如室内校核、野外校核、逻辑分析等)、观测结果的平差计算、平差成果的整编等。

(2)监测数据分析。阐述各种监测手段的数据分析内容、分析方法、思路过程，明确分析所要形成的成果图件。

以 GNSS 为例，位移分析包括位移大小、矢量方向、位移速率等，生成滑坡位移-时间曲线、监测点变形分析表(列举每个监测点的累计变形量、年变形量、月变形量、平均月变形速率、发生明显变形的时间等)；影响因素关系分析，变形与降雨、库水等关系，生成位移-降雨-库水关系图，得出滑坡变形主要影响因素，如何建立滑坡变形与影响因素之间的定量关系，为影响因素预报判据(如降雨判据、库水判据)建立和变形趋势预测奠定基础；剖面分析是一条剖面上不同监测点的变形差异情况，得出滑坡运动形式；曲线形态分类为振荡型、阶跃型、直线型等。

(3)稳定性评价与趋势预测。阐述用于专业监测点的稳定性评价和趋势预测的依据、方法、思路或流程。

①评价依据，主要是列出相关技术规范如《三峡库区滑坡预警预报手册》《滑坡防治工程勘查规范》等，或者已出版发表的权威性研究成果(论文或专著)。

②评价方法，如判断变形阶段方法、趋势预测法等，阐述所采用方法的基本原理、评价指标、数学表达式以及评判标准等。

③评价思路或流程，阐述如何利用方法开展评价预测工作，可附上评价和预测的技术路线图。

5)预警预报及建议提出

(1)预测预报模型。介绍专业监测点采用的预测预报模型，包括模型算法、指标参数、建模思路或流程等。

(2)预测预报判据。预测预报判据有区域预测预报判据和单体地质灾害预测预报判据，分为以下几个方面的判据：变形判据、影响因素判据(降雨量、库水波动)和临灾前兆异常。

(3)预警等级建议。介绍如何建立预警预报模型，提出预报判据(包括区域和单体)，详细说明预报判据及提出预报判据的依据。

6)监测仪器维护与保养

(1)介绍监测仪器维护相关规定及制度建立情况。

(2)介绍监测仪器维护与保养工作内容及方法。

(3)介绍监测仪器维护与保养工作部署、安排和完成的工作量。

7)监测信息平台维护与数据更新

(1)介绍监测信息平台维护与数据更新相关规定及制度建立情况。

(2)详细阐述信息平台维护与数据更新工作内容、方法及频率。

(3)介绍监测信息平台维护与数据更新工作安排和完成的工作量。

8)监测成果报告编制报送

概述报告编制过程及要求，报告编制的工作安排及条件的时间点。

5. 灾害点监测成果分析

此部分内容主要以监测点为对象，逐一介绍专业监测灾害点的基本情况、监测网点建设和运行情况、监测数据分析成果，以及监测结论等。

单点地质灾害监测运行报告可以参照此部分编写。

1)××滑坡

(1)滑坡基本情况，包括：

①监测点位置、几何形态与规模特征。附平面图、全面照片或高分辨率遥感影像。

②工程地质条件，包括地形地貌、地层岩性、地质构造、水文地质特征；滑体物质组成及结构、物理力学特征，以及影响因素等。附剖面图。

③监测点变形情况，按照时间顺序详细列举以往出现变形时间、部位、变形特征以及产生变形的降雨、库水等外部条件特征。附变形照片以及地表裂缝分布图，甚至历史变形情况表。

④监测点主要威胁对象。列举当前灾害体上的受威胁对象，包括人口、房屋建筑、基础设施等。如果条件允许的话，表达出涌浪威胁范围。

⑤以往预警预报、会商、应急措施等情况说明，介绍会商时间、预警等级、具体措施等。

(2)监测内容、监测网布设及运行情况，包括：

①监测内容，列举监测内容及仪器设备特征。可用表格形式列举该灾害体的监测内容、监测点数量、监测仪器型号及主要技术参数。

②监测网布设。主要介绍监测网建设情况(监测网建设时间)、监测点布置情况。附监测网点布置图。布置图底图可以用全貌照片或高分辨遥感影像，也可以用地形图。布置图上用不同的符号标识监测内容，注明其编号，有相应的图例说明，有指北针等表达内容。

③监测运行情况。包括监测设备的正常运行或损毁情况，监测数据异常及处理情况。

(3)监测变形分析，按照监测内容分为以下几方面：

①GNSS：

a. 地表位移特征。包括累计位移量、位移速率、加速度等。列出 GNSS 监测点变形分析表，反映专业监测点上的各 GNSS 变形监测点的累计变形量(初测以来)、年度变形量、变形速率(日变形速率、月变形速率、平均变形速率等)、位移方位。

附监测点累计位移-时间曲线图。监测点数量较多时，可以剖面为单位，一张图绘制一条监测剖面的累计位移-时间曲线图。

b. 位移矢量图。有明显位移的，应绘制 GNSS 的位移矢量图。用带箭头的是矢量线表示，箭头所指方向代表位移方向，线条长度代表位移量，也可以在箭头附近以数字方式标注累计位移量或年、月位移量。

c. 变形影响因素分析。主要分析灾害发生与降雨或库水之间的关系，分定性分析和定量分析。定性分析主要是确定诱发灾害的主导因素和次要因素。定量分析是建立变形行为与影响因素之间的关系，如变形速率与降雨(雨量、雨强)、库水(日降幅或升幅)之间的定量关系。绘制位移与影响因素关系图，如累计位移-降雨量-库水位-时间曲线图。

②地表裂缝：地表裂缝监测成果及分析可参照 GNSS 监测，主要是对裂缝宽度随时间的变化及其与影响因素之间的关系。

③钻孔倾斜：钻孔倾斜仪分为人工和自动两种，主要是识别滑带位置和级数，监测滑带的位移及变化情况，建立深部位移和地表位移之间的联系，分析滑带位移与影响因素之间联系。

④地下水：分析地下水位随时间变化规律，及其与其他因素(降雨、库水位波动)的相关性，建立地下水位变化与滑坡变形或稳定性之间联系。

⑤推力或下滑力：分析推力(或下滑力)大小随时间变化规律，及其与其他因素(降雨、库水位波动)的相关性，建立推力(或下滑力)与变形或稳定性之间联系。

生成推力(或下滑力)-时间曲线图，分析推力或下滑力的大小及变化。

生成推力(或下滑力)-影响因素图，分析推力与降雨、库水之间的关系。

⑥降雨：作为地质灾害影响因素，主要是对降雨比较敏感的地质灾害开展降雨监测，分析降雨过程对地质灾害稳定性的影响。

对于受降雨影响比较明显的地质灾害，应分析确定影响其变形的关键降雨指标，如属于久雨型还是暴雨型，是受累计降雨量作用还是降雨强度影响，尽可能确定不同阶段的阈值(雨量和雨强)，以及变形对降雨影响的滞后性，建立其变形与降雨之间的定量关系。

⑦宏观巡查：主要是发现宏观变形和异常，分析其空间组合特征，定性判断专业监测点所处阶段及发展趋势。详细记录野外观察到的关键信息，并附上相应的图或照片，对照片反映的关键内容进行必要的注记。

(4)综合分析，通过综合分析，建立和完善地质模型、监测模型、预警模型和判据。

①变形特征。包括：变形量、变形速率；变形发生部位，主要发生时间；各监测点上变形差异，属于整体变形还是局部变形；以及宏观变形特征。

②影响因素。明确变形诱发因素，受多因素影响时，要明确主导因素和次要因素；变形与影响因素之间的定量关系。

受降雨影响时，应分析出现变形速率明显变大时的雨量、雨强，注重历史上明显变形的降雨过程(历时时间、雨量、雨强)，以得出滑坡受降雨影响的变形规律，尽量得出获得不同阶段的降雨阈值，建立降雨预报判据。

受库水影响时，分析库水波动情况下变形响应规律，包括水位、日降幅或升幅与变形速率、变形增量的关系，建立库水预报判据。

③稳定性现状。综合变形特征与宏观巡查分析，判断所处变形阶段及稳定性现状。有条件的也可以通过稳定性计算或者数值模拟，配合监测数据，分析不同工况条件下的变形规律及其稳定性特征，获得不利工况条件及变形判据等。

④发展趋势。考虑库水调度计划、降雨预报等，建立的各种预报判据，研判未来一段时间的地质灾害变形发展趋势。

(5)监测结论与建议，包括：

①监测结论。包括：变形特征及破坏模式、影响因素；变形阶段、稳定性现状及发展趋势。

②监测建议。包括以下几个方面：预警等级建议。明确预警级别及预警关键时间段、重点部位、影响范围等；应对措施及防治建议。对于提出预警等级建议的要提出防范建议和重点，包括对防灾预案的修订与完善。必须采取工程手段时，提出工程防控目标、重点及关键部位及工程措施建议；监测运行优化建议。包括监测点布设优化；如监测点遭破坏或失效时的重建方案；

6. 监测结论及措施建议

(1)监测结论。对所有专业监测点的分析结论进行汇总，总体上概述监测期内各灾害点的变形情况、稳定性现状、趋势预测、预警等级建议等。

(2)措施建议。在监测分析与结论的基础上，提出科学的防治或应对措施建议。

为直接展示各专业监测点的情况，可用表格形式进行汇总。

7.3.2 监测专报内容与提纲

以监测滑坡变形阶段预警专题报告为例，依据《三峡库区地质灾害防治崩塌滑坡专业监测预警工作职责及相关工程程序的暂行规定》(2012年)[130]，报告提纲内容如下：

1. 报告名称

三峡库区××县××滑坡进入×色预警阶段的报告。

2. 报告提纲

1)基本概况

(1)地理位置、规模、主要危害及规划防治措施。滑坡地理行政区划位置及坐标、前后缘高程、滑坡体的规模(长、宽、厚，面积、体积)、历史变形情况、影响范围、威胁对象(滑坡范围内人员、财产及公共建筑设施等)。

规划防治措施(×期搬迁避让、专业监测、×期群测群防)及搬迁避让实施情况

(2)滑坡基本地质特征。简述滑坡体地形地貌、地层岩性、地质构造、滑坡体物质构成、滑带(面)特征、滑床物质构成特征。

必须附有滑坡平面图与专业监测设施布置平面图、滑坡剖面图与专业监测设施布置剖面图滑坡全貌照片(标注滑坡范围)。

(3)滑坡变形概述。历史上滑坡重大变形时间、规模及特征、自监测以来变形情况概述。

2)专业监测工作

(1)监测网点的布设及监测内容。

(2)监测成果与滑坡变形特征。

①GNSS监测。简述变形时段及变形量、日变形速率、监测点所控制变形范围、变形的同步性及差异性。附GNSS监测累计位移表、位移速率表、GNSS监测时程曲线图、位移矢量图(平面图)。进行与降雨、库水位的相关分析，附有关时段降雨量的直方图和降雨量统计表。

②钻孔倾斜仪监测。叙述钻孔监测的主要变形位置、变形量、变形速率，分析各钻孔的同步性、差异性，附监测曲线，以及与地表变形、降雨、库水位、地下水位相关分析。

③滑坡推力监测。简述推力监测孔监测情况，推力变化部位(埋深)量级、过程，与地表变形、钻孔倾斜变形，降雨、库水位、地下水位进行变形相关分析。附监测的推力曲线。

④地下水监测。简述地下水监测情况，进行地下水位变化受降水、库水位的影响分析。附监测地下水位监测数据表、水位变化时程曲线及钻孔检验表。

⑤宏观地质调查及相对位移监测。在平面图上标识宏观变形形迹，包括地面裂缝、井泉、房屋变形地点、地面鼓胀、地面下陷等。

标识相对位移监测点的分布、编号，阐述宏观变形的特征、规律，附相对位移监测数据表、相对位移监测曲线。

附滑坡变形区平面图、变形区剖面图变形区全貌照片(标注变形区范围)及变形特征照片。

⑥监测成果与滑坡变形特征综合分析。进行立体、多因素相关分析，地表与深部钻孔变形相结合，推力与位移、地下水相结合，进行多元相关综合分析。

3)滑坡变形阶段的级别分析认定

对产生变形的或已成灾害的滑坡类型、目前稳定程度、变形阶段、发展趋势做出监测分析结论。

按规定预警级别(预警分级为警报级(红色)、警戒级(橙色)、警示级(黄色)、注意级(蓝色)四种)，划分认定目前的预警级别。

4)危害预测

明确滑坡变形范围、规模、危害对象，变形区人员、财产、公共建筑设施情况，分析预测涌浪及范围，初步统计危害所可能造成直接及间接经济损失。

5)应急措施及建议

专业监测单位所采取的应急措施，以及当地政府已采取的应急措施。

建议当地政府以及主管部门采取的应急措施。

参考文献

[1]关凤峻，沈伟志，张志防．全国地质灾害防治分析研究与趋势预测[J]．中国地质灾害与防治学报，2018，29(1)：1-2.

[2]李晓，李守定，陈剑．地质灾害形成的内外动力耦合作用机制[J]．岩石力学与工程学报，2008，27(9)：1792-1806.

[3]孙广忠，姚宝魁．中国滑坡地质灾害及其研究[M]．中国典型滑坡．北京：科学出版社，1988：1-11.

[4]王治华，贾伟洁．基于数字滑坡技术的三峡新滩滑坡研究[J]．工程地质学报，2017，25(3)：762-771.

[5]Guo F，Luo Z J，Li H Z. Self-organized criticality of significant fording landslides in Three Gorges Reservoir area，China[J]. Environmental Earth Sciences，2016，75(7)：1-15.

[6]周家文，陈明亮，李海波．水动力型滑坡形成运动机理与防控减灾技术[J]．工程地质学报，2019，27(5)：1131-1145.

[7]李松林，许强，汤明高．三峡库区滑坡空间发育规律及其关键影响因子[J]．地球科学，2020，45(1)：341-354.

[8]朱大鹏．三峡库区典型堆积层滑坡复活机理及变形预测研究(博士学位论文)[M]．武汉：中国地质大学，2010：1-5.

[9]Jian W X，Xu Q，Yang H F. Mechanism and failure process of Qianjiangping landslide in the Three Gorges Reservoir，China[J]. Environmental Earth Sciences，2014，72(8)：2999-3013.

[10]Yin Y P，Huang B L，Chen X T. Numerical analysis on wave generated by the Qianjiangping landslide in Three Gorges Reservoir，China[J]. Landslides，2015，12(2)：355-364.

[11]岩土所新滩滑坡研究组．新滩大滑坡的监测预报取得巨大成功[J]．岩土力学，1985，6(2)：1-3.

[12]侯俊东，侯甦予，吕军．三峡库区地质灾害监测预警工程经济效益评估分析[J]．中国地质灾害与防治学报，2012，23(2)：64-69.

[13]许强，郑光，李为乐，等．2018年10月和11月金沙江白格两次滑坡——堰塞堵江事件分析研究[J]．工程地质学报，2018，26(6)：1534-1551.

[14]范宣梅，许强，黄润秋，等．丹巴县城后山滑坡锚固动态优化设计和信息化施工[J]．岩石力学与工程学报，2007，26(增2)：4139-4146.

[15]祝建，姜海波，蔡庆娥．西康高速公路K129滑坡失稳分析及治理工程动态设计与信

息化施工[J]. 工程地质学报，2012，20(3)：433-439.
[16]徐兴华，尚岳全，王迎超. 滑坡灾害综合评判决策系统研究[J]. 岩土力学，2010，31(10)：3157-3172.
[17]黄健，巨能攀. 滑坡治理工程效果评估方法研究[J]. 工程地质学报，2012，20(2)：189-194.
[18]王鸣，易武. 三峡库区杉树槽滑坡地质特征与成因机制分析[J]. 三峡大学学报(自然科学版)，2015，37(5)：44-47.
[19]李秀珍，许强，刘希林. 基于 GIS 的滑坡综合预测预报信息系统[J]. 工程地质学报，2005，13(3)：398-403.
[20]许强，董秀军，李为乐. 基于天-空-地一体化的重大地质灾害隐患早期识别与监测预警[J]. 武汉大学学报(信息科学版)，2019，44(7)：957-966.
[21]唐尧，王立娟，马国超，等. 基于“高分+”的金沙江滑坡灾情监测与应用前景分析[J]. 武汉大学学报(信息科学版)，2019，44(7)：1082-1092.
[22]黄润秋. 论滑坡预报. 国土资源科技管理[J]. 2004，21(6)：15-21.
[23]许强，黄润秋，李秀珍. 滑坡时间预测预报研究进展[J]. 地球科学进展，2004，19(3)：478-483.
[24]贺可强，陈为公，张朋. 蠕滑型边坡动态稳定性系数实时监测及其位移预警判据研究[J]. 岩石力学与工程学报，2016，35(7)：1377-1385.
[25]Louis H. Estey and Charles M. Meertens. TEQC：The multi-purpose toolkit for GPS/GLONASS data[J]. GPS Solutions，1999，3(1)：42-49.
[26]白征东，吴刚祥，任常. 北斗观测数据的质量检查与分析[J]. 测绘通报，2014，447(06)：10-13. DOI：10. 13474/j. cnki. 11-2246. 2014. 0180.
[27]张成军，杨力，陈军. 提高 GPS 载波相位平滑伪距定位精度的算法研究[J]. 大地测量与地球动力学，2009，29(4)：106-110.
[28]张涛，高玉平，张鹏飞，等. GNSS 观测数据质量检核[J]. 时间频率学报，2016，39(1)：1-7.
[29]雷洪. 粗差判别方法的比较与讨论[J]. 石油仪器，1997(01)：53-56，64.
[30]张敏，袁辉. 拉依达(PauTa)准则与异常值剔除[J]. 郑州工业大学学报，1997(01)：87-91.
[31]刘渊. 误差理论与数据处理[D]. 大连：大连理工大学，2008.
[32]李红，陈爱林，乔师. 基于狄克松准则剔除水文数据异常值[J]. 陕西水利，2021(08)：29-31. DOI：10. 16747/j. cnki. cn61-1109/tv. 2021. 08. 008.
[33]李啸啸，蒋敏，吴震宇，等. 大坝安全监测数据粗差识别方法的比较与改进[J]. 中国农村水利水电，2011(03)：102-106.
[34]中国地质调查局水文地质环境地质调查中心. 三峡后续工作巫山县地质灾害专业监测预警 2019 年度监测成果与趋势分析报告[R]. 2019.
[35]许强，曾裕平，钱江澎，等. 一种改进的切线角及对应的滑坡预警判据[J]. 地质通报，2009，28(04)：501-505.

[36]许强，汤明高，徐开祥，等．滑坡时空演化规律及预警预报研究[J]．岩石力学与工程学报，2008，199(06)：1104-1112.

[37]王珣，李刚，刘勇，等．基于滑坡等速变形速率的临滑预报判据研究[J]．岩土力学，2017，38(12)：3670-3678.

[38]廖红建，盛谦，高石夯，等．库水位下降对滑坡体稳定性的影响[J]．岩石力学与工程学报，2005(19)：56-60.

[39]徐开祥，黄学斌，付小林，等．三峡水库区地质灾害群测群防监测预警系统[J]．中国地质灾害与防治学报，2007(03)：88-91.

[40]滑坡防治工程勘查规范[S]. DZ/T 0218—2006.

[41]易庆林，易武，尚敏．三峡库区某滑坡变形影响因素分析[J]．中国水土保持，2009(07)：32-34，64. DOI：10. 14123/j. cnki. swcc. 2009. 07. 008.

[42]杨光辉，简文星，张树坡，等．基于集成学习的阶跃型滑坡阶跃点判别分析[J]．中国滑坡与防治学报，2019，30(04)：1-8. DOI：10. 16031/j. cnki. issn. 1003-8035. 2019. 04. 01.

[43]Gagon H. Remote sensing of landslides hazards on quick clays of eastern Canada[J]. Proc. 10th International Sympsium on Remote Sensing of Environment. ERIM, Ann. Arbor, Mich., 1975: 803-810.

[44]McDonald H C, Grubbs R C. Landsat imagery analysis: An aid for predicting landslide prone areas for highway construction [J]. Proc. NASA Earth Resource Symposium, Houston, Texas, 1975, Ib: 769-778.

[45]Scanvic J Y, Girault F. Imagerie SPOT-l et inventaire des mouvements de terrain: l'exemple de La Paz (Bolivie)[J]. Photo Interpretation, 1989, 89, 2(1): 1-20.

[46]Mantovani F, Soeters R, Van Westen C J. Remote sensing techniques for landslide studies and hazard zonation in Europe[J]. Geomorphology, 1996, 54(3-4): 213-225.

[47]Cheng K, Wei C, Chang S. Locating landslides using multitemporal satellite images[J]. Advances in Space Research, 2004, 33: 296-301.

[48]Lin P S, Lin J Y, Hung H C, et al. Assessing debris flow hazard in a watershed in Taiwan[J]. Engineering Geology, 2002, 66: 295-313.

[49]Zhou C, Lee C, Li J, et al. On the spatial relationship between landslides and causative factors on Lantau Island, Hong Kong[J]. Geomorphology, 2002, 43: 197-207.

[50]Bovenga F, Nutricato R, Refice A, et al. Application of multi-temporal differential interferometry to slope instability detection in urban/peri-urban areas [J]. Engineering Geology, 2006, 88: 218-239.

[51]Colesanti C, Wasowski J. Investigating landslides with space-borne Synthetic Aperture Radar (SAR) interferometry[J]. Engineering Geology, 2006, 88: 173-199.

[52]Breiman L. Random forests[J]. Machine Learning, 2001, 45: 5-32.

[53]王桂杰，谢谟文，柴小庆，等. D-InSAR 技术在库区滑坡监测上的实例分析[J]．中国矿业，2011，20(03)：94-101.

[54] Marcolongo B, Spagna V. Impiego della fotogrammetria Ierrcstre nello studio di un problema di gcomorfologia applicata: Frana da crollo avvcnuta il 10. 1. 1974 al Km. 64 f 700 della S. S. N. 25 I della Valcellina (prov. di Pordenone)[J]. Atci del XVII Conv. Naz. Strad., 3-7 giugno 1974, Venezia: 11.

[55] Chandler J H. The aquisition of spatial data from archival photographs and their application to geomorphology [D]. Department of Civil Engineering, The City University, London, 1989.

[56] Rispoll G, Tarrida S. Aplicacion de la Fotogrametria terrestre al control de taludes[J]. Proc. 11 Simp. Nat. sobre Taludesy Laderas Inestables, Andorra la Vella, 1988: 9-11.

[57] Scanvic J Y, Rouzeau O, Carnec C. Evalution du potential des donnees SAR pour la cartographic du risqué de mouvements de terrain[J]. Proc. Int. Symp. On: From optic to radar—SPOT and ERS-1 applications, 10-13 May 1993, Paris.

[58] Barrett E, Cheng M. The identification and evaluation of moderate to heavy precipitation areas using IR and SSM/I satellite imagery over the Mediterranean region for the STORM project[J]. Remote Sensing Reviews, 1996, 14: 119-149.

[59] Van Westen C, Getahun F. Analyzing the evolution of the Tessina landslide using aerial photographs and digital elevation models[J]. Geomorphology, 2003: 54, 77-89.

[60] 张永双，刘筱怡，姚鑫．基于 InSAR 技术的古滑坡复活早期识别方法研究——以大渡河流域为例[J]. 水利学报，2020，51(5)：545-555.

[61] 蔡杰华，张路，董杰，等．九寨沟震后滑坡隐患雷达遥感早期识别与形变监测[J]. 武汉大学学报(信息科学版)，2020，45(11)：1707-1716.

[62] 何朝阳，巨能攀，解明礼．InSAR 技术在地质灾害早期识别中的应用[J]. 西华大学学报自然科学版，2019，39(01)：32-39.

[63] Xie H, Roland B, Eric J, et al. Internal kinematics of the Slumgullion landslide (USA) from high-resolution UAVSAR InSAR data [J]. Remote Sensing of Environment, 2020 (251): 42-57.

[64] 冯杭建，周爱国，唐小明，等．基于确定性系数的降雨型滑坡影响因子敏感性分析[J]. 工程地质学报，2017，25(2)：436-446.

[65] 杨光，徐佩华，曹琛，等．基于确定性系数组合模型的区域滑坡敏感性评价[J]. 工程地质学报，2019，27(5)：1153-1163.

[66] Johnson D L, Domier J E J, Johnson D N. Animating the biodynamics of soil thickness using process vector analysis: A dynamic denudation approach to soil formation [J]. Geomorphology, 2005, 67(1-2): 23-46.

[67] 叶润青，李士垚，牛瑞卿．面向地质灾害防治的第四系空间信息提取研究[J]. 安全与环境工程，2020，27(1)：39-46.

[68] 李秀珍，许强．滑坡预报模型和预报判据[J]. 灾害学，2003，18(4)：71-77.

[69] 易庆林，曾怀恩，黄海峰．利用 BP 神经网络进行水库滑坡变形预测[J]. 水文地质工程地质，2013，40(01)：124-128.

[70]刘艺梁，殷坤龙，汪洋，等．基于经验模态分解和神经网络的滑坡变形预测研究[J]．安全与环境工程，2013，20(04)：14-17.

[71]李秀珍，王芳其．滑坡变形的多因素小波神经网络预测模型[J]．水土保持通报，2012，32(05)：235-238.

[72]高彩云，崔希民．滑坡变形预测灰色神经网络耦合模型的构建及适用性分析[J]．大地测量与地球动力学，2015，35(05)：835-839.

[73]陈亮青，邹宗兴，苑谊，等．考虑诱发因素影响滞后性的库岸滑坡位移预测[J]．人民长江，2018，49(10)：60-65.

[74]Zhou C，Yin K，Ying C，et al. Displacement prediction of step-like landslide by applying a novel kernel extreme learning machine method[J]. Landslides，2018，15：2211-2225.

[75]Guo Z，Chen L，Gui L，et al. Landslide displacement prediction based on variational mode decomposition and WA-GWO-BP model[J]. Landslides，2019，17(2).

[76]Gao W，Dai S，Chen X. Landslide prediction based on a combination intelligent method using the GM and ENN：Two cases of landslides in the Three Gorges Reservoir，China[J]. Landslides，2019，17(1).

[77]李麟玮，吴益平，苗发盛，等．考虑变形状态动态切换的阶跃型滑坡位移区间预测方法[J]．岩石力学与工程学报，2019，38(11)：2272-2287.

[78]许强，黄学斌，等，三峡库区滑坡灾害预警预报手册[M]．北京：地质出版社，2014.

[79]Guzzetti F，Peruccacci S. Rainfall thresholds for the initiation of landslides in central and southern Europe[J]. Meteorology and Atmospheric Physics，2007，98(3-4)：239-267.

[80]鲍其云，麻土华，李长江，等．浙江62个丘陵山区县引发滑坡的降雨强度——历时阈值[J]．科技通报，2016，32(05)：48-55，95.

[81]麻土华，李长江，孙乐玲，等．浙江地区引发滑坡的降雨强度-历时关系[J]．中国地质灾害与防治学报，2011，22(02)：20-25.

[82]赵衡，宋二祥．诱发区域性滑坡的降雨阈值[J]．吉林大学学报，2011，41(5)：1481-1487.

[83]丛佳伟．天水地区降雨型滑坡的降雨阈值研究[D]．兰州：兰州大学，2020.

[84]赵方利，崔华英，刘丽娜，等．降雨型滑坡临界启动降雨量确定方法[J]．工程建设，2017，49(12)：30-32，37.

[85]Yuri Galanti. Rainfall-induced shallow landslides in Northern Tuscany (Italy)：Geotechnical characterization and rainfall thresholds[D]. University of Pisa，2015.

[86]Abdul Muaz Abu Mansor Maturidi，Kasim Norhidayu，et al. Rainfall-induced landslides in Cameron Highland Area，Malaysia[J]. IOP Conference Series：Materials Science and Engineering，2020，917(01).

[87]Francesco Fusco，Pantaleone De Vita，Benjamin B. Mirus，et al. Physically based estimation of rainfall thresholds triggering shallow landslides in volcanic slopes of southern italy[J]. Water，2019，11(09).

[88]Ascanio Rosi, Tina Peternel. Rainfall thresholds for rainfall-induced landslides in Slovenia [J]. Landslides, 2016, 13(6): 1571-1577.

[89]陈洪凯，魏来，谭玲．降雨型滑坡经验性降雨阈值研究综述[J]. 重庆交通大学学报(自然科学版), 2012, 31(05): 990-996.

[90]雷德鑫．三峡库区王家坡滑坡降雨阈值及预警预报研究[D]. 宜昌：三峡大学，2019.

[91]胡晓猛．陈村水库坝址附近的岸坡稳定性研究[J]. 北京大学学报(自然科学版), 1999(06): 84-90.

[92]姬超，陈好．陈皓岷江电化西侧滑坡降雨阈值研究[J]. 甘肃科学学报, 2021, 33(01): 89-93.

[93]卢远航，李江，张群．降雨条件下红层土质滑坡稳定性及阈值分析——以南江县二潢坪滑坡为例[J]. 甘肃水利水电技术, 2015, 51(02): 15-18.

[94]杨仲康，陈冠，陈玺，等．缓倾黄土滑坡稳定性分析及阈值研究——以廖集村滑坡为例[J]. 兰州大学学报(自然科学版), 2019, 55(01): 79-84, 91.

[95]何玉琼，李春明，杨兴华，等．降雨条件下公路边坡稳定性分析[J]. 重庆交通大学学报(自然科学版), 2018, 37(10): 37-42.

[96]卓云，何政伟，赵银兵，等．一种改进切线角单体滑坡预报模型的单体预警系统[J]. 测绘科学, 2014, 39(2): 73-75.

[97]向小龙，孙炜锋，谭成轩，等．降雨型滑坡失稳概率计算方法[J]. 地质通报, 2020, 39(07): 1115-1120.

[98]Pinom Ering, G L Sivakumar Babu. Characterization of critical rainfall for slope prone to rainfall-induced landslides[J]. Natural Hazards Review, 2020, 21(3): 0602.

[99]Calvello M, Cascini L, Sorbino G. A numerical procedure for predicting rainfall-induced movements of active landslides along pre-existing slip surfaces[J]. International Journal for Numerical and Analytical Methods in Geomechanics, 2008, 32(4): 327-351.

[100]Ya-Sin Yang, Hsin-Fu Yeh, Roberto Tomás. Evaluate the probability of failure in rainfall-induced landslides using a fuzzy point estimate method[J]. Geofluids, 2019.

[101]Binh Thai Pham, Indra Prakash, Abolfazl Jaafari, et al. Spatial prediction of rainfall-induced landslides using aggregating one-dependence estimators classifier[J]. Journal of the Indian Society of Remote Sensing, 2018, 46(9).

[102]Massimiliano Bordoni, Yuri Galanti, Carlotta Bartelletti, et al. The influence of the inventory on the determination of the rainfall-induced shallow landslides susceptibility using generalized additive models[J]. Catena, 2020, 193.

[103]José J. Lizárraga, Giuseppe Buscarnera. Spatially distributed modeling of rainfall-induced landslides in shallow layered slopes[J]. José J. Lizárraga, Giuseppe Buscarnera, 2019, 16(2).

[104]Sung Eun Cho. Prediction of shallow landslide by surficial stability analysis considering rainfall infiltration[J]. Engineering Geology, 2017, 231.

[105] Rahardjo H, Kim Y, Satyanaga A. Role of unsaturated soil mechanics in geotechnical engineering[J]. International Journal of Geo-Engineering, 2019, 10: 1-23.

[106] 三峡大学土木与建筑学院(湖北省岩崩滑坡研究所). 三峡库区秭归县滑坡监测预警工程专业监测年报(2021 年)[R]. 宜昌: 三峡大学土木与建筑学院, 2021.

[107] 湖北省地质环境总站. 宜昌市地质灾害监测预 2019 年一级专业监测(秭归县谭家湾滑坡)工程勘查报告[R]. 武汉: 湖北省地质环境总站, 2019.

[108] 苑谊, 马霄汉, 李庆岳, 等. 由树坪滑坡自动监测曲线分析滑坡诱因与预警判据[J]. 水文地质工程地质, 2015, 42(05): 115-122, 128. DOI: 10.16030/j.cnki.issn.1000-3665.2015.05.19.

[109] Hudson J. A. Rock Mechanics Principle In Engineering Practice[D]. CIRIA Ground Engineering Report: Underground Construction, 1989.

[110] 赵建军. 公路边坡稳定性快速评价方法及应用研究[D]. 成都: 成都理工大学, 2007.

[111] 黄真理, 吴炳方, 敖良桂. 三峡工程生态与环境监测系统研究[M]. 北京: 科学出版社, 2006, 22(412): 26-30.

[112] 易武, 黄鹏程. 湖北省杉树槽滑坡成因机制分析[J]. 重庆交通大学学报(自然科学版), 2016, 35(03): 89-93, 114.

[113] 喻章. 杉树槽滑坡滑带土强度衰减特性及失稳机理研究[D]. 武汉: 中国地质大学(武汉), 2018.

[114] 丁继新, 尚彦军, 杨志法, 等. 降雨型滑坡预报新方法[J]. 岩石力学与工程学报, 2004(21): 3738-3743.

[115] 杨忠平, 李绪勇, 赵茜, 等. 关键影响因子作用下三峡库区堆积层滑坡分布规律及变形破坏响应特征[J]. 工程地质学报, 2021, 29(03): 617-627. DOI: 10.13544/j.cnki.jeg.2021-0181.

[116] 罗路广, 裴向军, 黄润秋, 等. GIS 支持下 CF 与 Logistic 回归模型耦合的九寨沟景区滑坡易发性评价[J]. 工程地质学报, 2021, 29(02): 526-535. DOI: 10.13544/j.cnki.jeg.2019-202.

[117] 杨光, 徐佩华, 曹琛, 等. 基于确定性系数组合模型的区域滑坡敏感性评价[J]. 工程地质学报, 2019, 27(05): 1153-1163. DOI: 10.13544/j.cnki.jeg.2019018.

[118] 周超, 殷坤龙, 曹颖, 等. 基于集成学习与径向基神经网络耦合模型的三峡库区滑坡易发性评价[J]. 地球科学, 2020, 45(06): 1865-1876.

[119] Crozier M J. Landslides: Causes, Consequences and Environment [M]. London: Routledge Kegan&Paul, 1986.

[120] Bruce J P, Clark R H. Introduction to Hydrometeorology[M]. London: Pergamon Press, 1969: 252-270.

[121] 林巍, 李远耀, 徐勇, 等. 湖南慈利县滑坡灾害的临界降雨量阈值研究[J]. 长江科学院院报, 2020, 37(02): 48-54.

[122] 刘广润, 晏鄂川, 练操. 论滑坡分类[J]. 工程地质学报, 2002(04): 339-342.

[123]张振华，罗先启，吴剑，等. 三峡库区滑坡监测模型建模研究[J]. 人民长江，2006，37(4)：93-94.

[124]王洪德，高幼龙，薛星桥，等. 典型滑坡监测点优化布置[J]. 吉林大学学报(地球科学版)，2013，43(3)：858-866.

[125]叶润青，付小林，郭飞，等. 三峡水库运行期地质灾害变形特征及机制分析[J]. 工程地质学报，2021，29(03)：680-692.

[126]杨全兵，杨云峰. 大坪滑坡抗滑桩加固效果监测与分析[J]. 南阳理工学院学报，2014，6(03)：98-101. DOI：10.16827/j.cnki.41-1404/z.2014.03.025.

[127]王秀丽，于光明，陈美合. 边坡"品"字形抗滑桩加固效果监测分析[J]. 兰州理工大学学报，2016，42(03)：121-127. DOI：10.13295/j.cnki.jlut.2016.03.025.

[128]王洪德，姚秀菊，高幼龙，等. 防治工程施工对链子崖危岩体的扰动. 地球学报，2003，24(4)：375-378.

[129]易庆林，文凯，覃世磊，等. 三峡库区树坪滑坡应急治理工程效果分析[J]. 水利水电技术，2018，49(11)：165-172.

[130]三峡库区地质灾害防治崩塌滑坡专业监测预警工作职责及相关工程程序的暂行规定，2012.

[131]三峡大学. 三峡库区秭归县地质灾害监测预警工程专业监测年报[R]. 2021.

[132]中国地质调查局水文地质环境地质调查中心. 三峡后续工作规划地质灾害专业监测预警巫山县2018年度工作总结报告[R]. 2018.

[133]中国地质科学院探矿工艺研究所. 三峡后续工作地质灾害防治2018年度专业监测工作总结(奉节县)[R]. 2018.